Springer-Lehrbuch

Jürgen Warnatz, Ulrich Maas

Technische Verbrennung
Physikalisch-Chemische Grundlagen, Modellbildung, Schadstoffentstehung

Mit 132 Abbildungen

Springer-Verlag
Berlin Heidelberg New York
London Paris Tokyo
Hong Kong Barcelona Budapest

Dr. rer. nat. Jürgen Warnatz
Dr. Ulrich Maas

Institut für Technische Verbrennung, Universität Stuttgart,
Pfaffenwaldring 12, 7000 Stuttgart 80

ISBN 3-540-56183-8 Springer-Verlag Berlin Heidelberg New York

Die Deutsche Bibliothek - CIP-Einheitsaufnahme
Warnatz, Jürgen: Technische Verbrennung: physikalisch-chemische Grundlagen
Modellbildung, Schadstoffentstehung / Jürgen Warnatz; Ulrich Maas.
Berlin; Heidelberg; New York; London; Paris; Tokyo; Hong Kong;
Barcelona; Budapest: Springer, 1993
Springer-Lehrbuch
ISBN 3-540-56183-8
NE: Maas, Ulrich

Dieses Werk ist urheberrechtlich geschützt. Die dadurch begründeten Rechte, insbesondere die der Übersetzung, des Nachdrucks, des Vortrags, der Entnahme von Abbildungen und Tabellen, der Funksendung, der Mikroverfilmung oder der Vervielfältigung auf anderen Wegen und der Speicherung in Datenverarbeitungsanlagen, bleiben, auch bei nur auszugsweiser Verwertung, vorbehalten. Eine Vervielfältigung dieses Werkes oder von Teilen dieses Werkes ist auch im Einzelfall nur in den Grenzen der gesetzlichen Bestimmungen des Urheberrechtsgesetzes der Bundesrepublik Deutschland vom 9. September 1965 in der jeweils geltenden Fassung zulässig. Sie ist grundsätzlich vergütungspflichtig. Zuwiderhandlungen unterliegen den Strafbestimmungen des Urheberrechtsgesetzes.

© Springer-Verlag Berlin Heidelberg 1993
Printed in Germany

Die Wiedergabe von Gebrauchsnamen, Handelsnamen, Warenbezeichnungen usw. in diesem Buch berechtigt auch ohne besondere Kennzeichnung nicht zu der Annahme, daß solche Namen im Sinne der Warenzeichen- und Markenschutz-Gesetzgebung als frei zu betrachten wären und daher von jedermann benutzt werden dürften.

Sollte in diesem Werk direkt oder indirekt auf Gesetze, Vorschriften oder Richtlinien (z.B. DIN, VDI, VDE) Bezug genommen oder aus ihnen zitiert worden sein, so kann der Verlag keine Gewähr für Richtigkeit, Vollständigkeit oder Aktualität übernehmen. Es empfiehlt sich, gegebenenfalls für die eigenen Arbeiten die vollständigen Vorschriften oder Richtlinien in der jeweils gültigen Fassung hinzuzuziehen.

Satz: Reproduktionsfertige Vorlage vom Autor
Druck: Mercedes-Druck, Berlin; Bindearbeiten: Lüderitz & Bauer, Berlin
62/3020 - 5 4 3 2 1 0 Gedruckt auf säurefreiem Papier

Vorwort

Verbrennung ist die älteste Technik der Menschheit; sie wird seit mehr als 1 000 000 Jahren benutzt. Etwa 90% unserer weltweiten Energieversorgung (zum Beispiel in Verkehr, Stromerzeugung, Heizung) beruhen heute auf Verbrennungsvorgängen, so daß es in jedem Fall lohnenswert ist, sich mit diesem Thema zu befassen.

Thema der Verbrennungsforschung war in der Vergangenheit sehr lange die Strömungsmechanik unter Berücksichtigung einer einfachen Wärmefreisetzung durch chemische Reaktion; diese Wärmefreisetzung wurde oft sogar mit Hilfe der Thermodynamik (also unter Annahme unendlich schneller Chemie) behandelt. Das ist einigermaßen nützlich, solange es nur um effektiven Ablauf stationärer Verbrennungsprozesse geht, jedoch nicht genügend, wenn instationäre Prozesse unter Einschluß von Vorgängen wie Zündung und Löschung oder wenn die Schadstoffbildung behandelt werden sollen. Gerade die Schadstoffbildung bei der Verbrennung fossiler Brennstoffe wird das zentrale Problem der Zukunft sein.

Zentrales Thema dieses Buches ist daher, die Koppelung von Chemie und Strömung zu behandeln; außerdem stehen hier verbrennungsspezifische Themen der Chemie (Oxidation von Kohlenwasserstoffen, große Reaktionsmechanismen, Vereinfachung von Reaktionsmechanismen) und verbrennungsspezifische Themen der Strömungsmechanik (turbulente Strömung mit Dichteänderung durch Wärmefreisetzung, eventuelle Erzeugung von Turbulenz durch Wärmefreisetzung) im Vordergrund der Behandlung.

Ziel dieses Buches ist es jedoch nicht, auf der Seite der Chemie die Theorie der Reaktionsgeschwindigkeiten und experimentelle Methoden der Bestimmung von Geschwindigkeitskoeffizienten und Reaktionsprodukten (dies ist Aufgabe der Reaktionskinetik) oder auf der Seite der Strömungsmechanik die Turbulenztheorie und die Erfassung von komplexen Geometrien (dies fällt in das Gebiet der Strömungsmechanik) zu behandeln, obwohl alle diese Dinge auch benötigt werden.

Dieses Buch beruht auf der schriftlichen Ausarbeitung einer Vorlesung zum Hauptfach Technische Verbrennung (*J. Wa.*) an der Universität Stuttgart. Die Behandlung des Themas ist entsprechend kompakt; daher ist auf weitergehende Literatur verwiesen

Stuttgart, im November 1992 *J. Warnatz, U. Maas*

Inhaltsverzeichnis

1	**Grundlegende Begriffe und Phänomene**	1
1.1	Einige grundlegende Begriffe	1
1.2	Grundlegende Flammentypen	2
1.3	Übungsaufgaben	6
2	**Experimentelle Untersuchungen an Flammen**	7
2.1	Messung von Geschwindigkeitsfeldern	7
2.2	Messung des Drucks	9
2.3	Messung von Dichtefeldern	9
2.4	Messung von Konzentrationsfeldern	9
2.5	Messung von Temperaturfeldern	14
2.6	Messung von Partikelgrößen	16
3	**Mathematische Beschreibung laminarer flacher Vormischflammen**	17
3.1	Erhaltungsgleichungen für laminare flache Vormischflammen	17
3.2	Wärme- und Stofftransport	21
3.3	Die Beschreibung einer laminaren flachen Vormischflammenfront	22
3.4	Übungsaufgaben	26
4	**Thermodynamik von Verbrennungsvorgängen**	27
4.1	Der Erste Hauptsatz der Thermodynamik	27
4.2	Standard-Bildungsenthalpien	28
4.3	Wärmekapazitäten	30
4.4	Der Zweite Hauptsatz der Thermodynamik	32
4.5	Der Dritte Hauptsatz der Thermodynamik	33
4.6	Gleichgewichtskriterien und Thermodynamische Funktionen	34
4.7	Gleichgewicht in Gasmischungen; Chemisches Potential	35
4.8	Bestimmung von Gleichgewichtszusammensetzungen in der Gasphase	36
4.9	Bestimmung adiabatischer Flammentemperaturen	39
4.10	Tabellierung thermodynamischer Daten	40
4.11	Übungsaufgaben	42

5	**Transportprozesse**	43
5.1	Einfache physikalische Deutung der Transportprozesse	43
5.2	Wärmeleitung	45
5.3	Viskosität	47
5.4	Diffusion	49
5.5	Thermodiffusion, Dufour-Effekt und Druckdiffusion	51
5.6	Vergleich mit dem Experiment	52
5.7	Übungsaufgaben	55
6	**Chemische Reaktionskinetik**	57
6.1	Zeitgesetz und Reaktionsordnung	57
6.2	Zusammenhang von Vorwärts- und Rückwärtsreaktion	59
6.3	Elementarreaktionen, Reaktionsmolekularität	59
6.4	Experimentelle Untersuchung von Elementarreaktionen	63
6.5	Temperaturabhängigkeit von Geschwindigkeitskoeffizienten	64
6.6	Druckabhängigkeit von Geschwindigkeitskoeffizienten	66
6.7	Übungsaufgaben	68
7	**Reaktionsmechanismen**	69
7.1	Eigenschaften von Reaktionsmechanismen	69
7.1.1	Quasistationarität	69
7.1.2	Partielle Gleichgewichte	73
7.2	Analyse von Reaktionsmechanismen	75
7.2.1	Empfindlichkeitsanalyse	75
7.2.2	Reaktionsflußanalysen	79
7.2.3	Eigenwertanalysen von chemischen Reaktionssystemen	81
7.3	Steifheit von gewöhnlichen Differentialgleichungssystemen	85
7.4	Vereinfachung von Reaktionsmechanismen	86
7.5	Radikalkettenreaktionen	87
7.6	Übungsaufgaben	90
8	**Laminare Vormischflammen**	91
8.1	Die vereinfachte thermische Theorie der Flammenfortpflanzung von Zeldovich	91
8.2	Numerische Lösung der Erhaltungsgleichungen	92
8.2.1	Ortsdiskretisierung	93
8.2.2	Anfangs- und Randwerte, Stationarität	95
8.2.3	Explizite Lösungsverfahren	96
8.2.4	Implizite Lösungsverfahren	97
8.2.5	Semi-implizite Lösung von partiellen Differentialgleichungen	97
8.2.6	Implizite Lösung von partiellen Differentialgleichungen	98
8.3	Flammenstrukturen	99
8.4	Flammengeschwindigkeit	104
8.5	Empfindlichkeitsanalyse	106
8.6	Übungsaufgaben	107

9	**Laminare Diffusionsflammen**	109
9.1	Gegenstrom-Diffusionsflammen	109
9.2	Strahldiffusionsflammen	113
9.3	Diffusionsflammen mit schneller Chemie	115
9.4	Übungsaufgaben	118
10	**Zündprozesse**	119
10.1	Vereinfachte thermische Theorie der Explosion von Semenov	120
10.2	Thermische Theorie der Explosion von Frank-Kamenetskii	121
10.3	Selbstzündungsvorgänge: Zündgrenzen	123
10.4	Selbstzündungsvorgänge: Induktionszeit	126
10.5	Fremdzündung, Mindestzündenergie	127
10.6	Detonationen	131
10.7	Übungsaufgaben	133
11	**Die Navier-Stokes-Gleichungen dreidimensionaler reaktiver Strömungen**	135
11.1	Die Erhaltungsgleichungen	135
11.1.1	Erhaltung der Gesamtmasse	137
11.1.2	Erhaltung der Speziesmassen	137
11.1.3	Erhaltung des Impulses	138
11.1.4	Erhaltung der Energie	138
11.2	Die empirischen Gesetze	139
11.2.1	Das Newtonsche Schubspannungsgesetz	139
11.2.2	Das Fouriersche Wärmeleitfähigkeitsgesetz	140
11.2.3	Ficksches Gesetz und Thermodiffusion	140
11.2.4	Ermittlung von Transportkoeffizienten aus molekularen Eigenschaften	141
11.3	Definitionen und Gesetze aus der Vektor- und Tensorrechnung	141
11.4	Übungsaufgaben	143
12	**Turbulente reaktive Strömungen**	145
12.1	Einige Grunderscheinungen	145
12.2	Direkte Simulation	147
12.3	Wahrscheinlichkeitsdichtefunktionen (PDF's)	147
12.4	Zeitmittelung und Favre-Mittelung	149
12.5	Gemittelte Erhaltungsgleichungen	151
12.6	Turbulenzmodelle	153
12.7	Mittlere Reaktionsgeschwindigkeiten	157
12.8	Eddy-Break-Up-Modelle	162
12.9	Large-Eddy Simulation (LES)	163
12.10	Turbulente Skalen	163
12.11	Übungsaufgaben	165

13 Turbulente Diffusionsflammen ... 167
13.1 Typen von turbulenten Diffusionsflammen ... 167
13.2 Diffusionsflammen mit „unendlich" schneller Chemie ... 170
13.3 Flamelet-Modell für endlich schnelle Chemie ... 172
13.4 Flammenlöschung ... 175
13.5 Übungsaufgaben ... 177

14 Turbulente Vormischflammen ... 179
14.1 Flamelet-Behandlung ... 179
14.2 Weitere Modelle ... 181
14.3 Turbulente Flammengeschwindigkeit ... 181
14.4 Flammenlöschung ... 183
14.5 Übungsaufgaben ... 186

15 Verbrennung flüssiger und fester Brennstoffe ... 187
15.1 Tröpfchen- und Spray-Verbrennung ... 187
15.1.1 Verbrennung von Einzeltröpfchen ... 188
15.1.2 Verbrennung eines Sprays ... 190
15.2 Kohleverbrennung ... 191

16 Motorklopfen ... 193
16.1 Grundlegende Phänomene ... 193
16.2 Hochtemperatur-Oxidation ... 195
16.3 Klopfschäden ... 200
16.4 Übungsaufgaben ... 200

17 Stickoxid-Bildung ... 201
17.1 Thermisches NO (Zeldovich-NO) ... 201
17.2 Promptes NO (Fenimore-NO) ... 204
17.3 Konversion von Brennstoff-Stickstoff in NO ... 207
17.4 NO-Reduktion durch primäre Maßnahmen ... 210
17.5 NO-Reduktion durch sekundäre Maßnahmen ... 210

18 Bildung von Kohlenwasserstoffen und Ruß ... 213
18.1 Unverbrannte Kohlenwasserstoffe ... 213
18.1.1 Flammenlöschung durch Streckung ... 213
18.1.2 Flammenlöschung an der Wand und in Spalten ... 214
18.2 Bildung von polyzyklischen aromatischen Kohlenwasserstoffen (PAH) ... 216
18.3 Rußbildung ... 217

19 Literaturverzeichnis ... 219

1 Grundlegende Begriffe und Phänomene

1.1 Einige grundlegende Begriffe

Bei der quantitativen Behandlung von chemisch reaktiven Gasströmungen (wie z. B. Verbrennungsprozessen) und den dabei auftretenden Gasmischungen werden einige grundlegende Definitionen und Begriffe verwendet, die an dieser Stelle kurz beschrieben werden sollen.

Die *Masse m* (Einheit kg) ist eine Grundgröße im SI-System. Der *Massenbruch* w_i ist der auf die Gesamtmasse m bezogene Massenanteil m_i des Stoffes i in einer Mischung ($w_i = m_i / m$).

Die *Stoffmenge* n_i (Einheit mol) ist ein Maß für die Anzahl von Teilchen des Stoffes i, wobei 1 mol eines Stoffes $6{,}023 \cdot 10^{23}$ Teilchen (Atome, Moleküle, o.ä.) entspricht ($N_L = $ *Loschmidt*-Zahl (auch *Avogadro*-Zahl genannt) $= 6{,}023 \cdot 10^{23}$ mol^{-1}). Der *Molenbruch* x_i des Stoffes i bezeichnet den Anteil der Stoffmenge n_i des Stoffes i an der Gesamtstoffmenge n der Mischung ($x_i = n_i / n$).

Die *molare Masse* M_i (Einheit kg/mol) des Stoffes i ist die Masse der Stoffmenge 1 mol. Beispiele sind: $M_C = 0{,}012$ kg/mol, $M_H = 0{,}001$ kg/mol, $M_O = 0{,}016$ kg/mol, $M_{CH4} = 0{,}016$ kg/mol. Die *mittlere molare Masse* eines Gemisches $\overline{M}$ (Einheit kg/mol) beschreibt die mittlere Masse der verschiedenen Stoffe in einem Gemisch ($\overline{M} = \Sigma x_i M_i$).

Oft werden statt Molen- oder Massenbrüchen die hundertfachen Werte (*Mol-%* bzw. *Massen-%*) benutzt. Für Massen- und Molenbrüche gelten die folgenden Zusammenhänge, die sich durch einfache Rechnung leicht verifizieren lassen (S bezeichnet die Anzahl verschieder Spezies):

$$w_i = \frac{M_i n_i}{\sum_{j=1}^{S} M_j n_j} = \frac{M_i x_i}{\sum_{j=1}^{S} M_j x_j}, \qquad (1.1)$$

$$x_i = \frac{w_i}{M_i}\overline{M} = \frac{w_i / M_i}{\sum_{j=1}^{S} w_j / M_j}. \qquad (1.2)$$

Dichten sind mengenunabhängige (*intensive*) Größen, die sich als Quotient der entsprechenden mengenabhängigen (*extensiven*) Größen und des Volumens V ergeben. Beispiele sind:

Massendichte (Dichte) $\qquad\qquad\qquad \rho = m/V \qquad$ (in kg/m³)

Stoffmengendichte (Konzentration) $\qquad c = n/V \qquad$ (in mol/m³)

Es gilt dann (wie sich durch einfaches Nachrechnen leicht überprüfen läßt):

$$\frac{\rho}{c} = \frac{m}{n} = \overline{M}. \qquad (1.3)$$

Bei chemischen Prozessen ist es üblich, Konzentrationen chemischer Spezies durch in eckige Klammern eingeschlossene Symbole zu kennzeichnen (z.B. $c_{H_2O} = [H_2O]$).

Für die bei Verbrennungsprozessen vorliegenden Gase und Gasmischungen läßt sich eine einfache Zustandsgleichung angeben, die den Zusammenhang zwischen Temperatur, Druck und Dichte des Gases beschreibt (*ideales Gasgesetz*),

$$pV = nRT \qquad (1.4)$$

wobei p (in Pa) den Druck, V (in m³) das Volumen, n (in mol) die Stoffmenge, T (in K) die absolute Temperatur und R die *allgemeine Gaskonstante* bezeichnen (R = 8,314 J/(mol K)). Es gilt damit:

$$c = \frac{p}{RT} \quad ; \quad \rho = \frac{p\overline{M}}{RT} = \frac{p}{RT \sum_{i=1}^{S} \frac{w_i}{M_i}} \qquad (1.5)$$

Bei sehr hohem Druck oder bei tiefen Temperaturen müssen Realgaseffekte berücksichtigt werden. Dies geschieht mittels genauerer Zustandsgleichungen (z.B. *van der Waalssche* Zustandsgleichung; Einzelheiten in Lehrbüchern der physikalischen Chemie).

1.2 Grundlegende Flammentypen

Bei Verbrennungsprozessen unterscheidet man einige grundlegende Flammentypen, die im folgenden kurz beschrieben werden sollen.

Laminare Vormischflammen: Bei laminaren Vormischflammen sind Brennstoff und Oxidationsmittel vorgemischt und die Strömung verhält sich laminar. Beispiele hierfür sind laminare flache Flammen und (unter speziellen Bedingungen) Bunsenbrennerflammen (siehe Abb. 1.1).

1.1 Einige grundlegende Begriffe

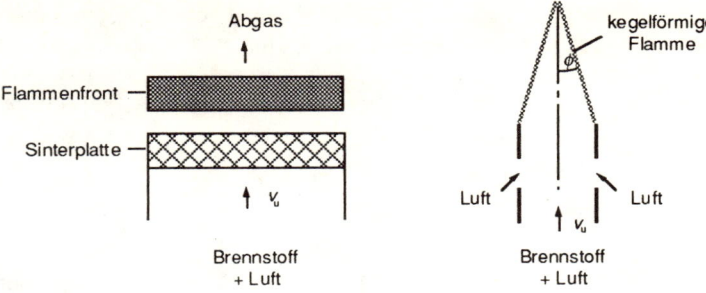

Abb. 1.1. Schematische Darstellung einer laminaren flachen Flamme (links) und einer Bunsenbrennerflamme (rechts)

Eine vorgemischte Flamme brennt *stöchiometrisch*, wenn Brennstoff (z. B. ein Kohlenwasserstoff) und Oxidationsmittel (z. B. Luft) sich gegenseitig vollständig verbrauchen unter Bildung lediglich von Kohlendioxid (CO_2) und Wasser (H_2O). Bei Überschuß von Brennstoff heißt die Verbrennung *fett*, bei Überschuß von Oxidationsmittel *mager*. Beispiele sind:

$$2\ H_2\ +\ O_2\ \rightarrow\ 2\ H_2O \qquad \text{(stöchiometrisch)}$$
$$3\ H_2\ +\ O_2\ \rightarrow\ 2\ H_2O\ +\ H_2 \qquad \text{(fett)}$$
$$CH_4\ +\ 2\ O_2\ \rightarrow\ CO_2\ +\ 2\ H_2O \qquad \text{(stöchiometrisch)}$$

Jedes Stoffsymbol in solch einer Reaktionsgleichung repräsentiert dabei die Stoffmenge 1 mol. Die erste Gleichung bedeutet also: 2 mol H_2 reagieren mit 1 mol O_2 unter Bildung von 2 mol H_2O.

Schreibt man die Reaktionsgleichung so, daß sie den Umsatz von genau einem Mol Brennstoff beschreibt, so läßt sich der Molenbruch des Brennstoffs in einer stöchiometrischen Mischung leicht berechnen:

$$x_{Br,stöch.} = \frac{1}{1+\nu} \qquad (1.6)$$

Dabei ist ν die Zahl der O_2-Moleküle in der Reaktionsgleichung bei vollständiger Umsetzung zu CO_2 und H_2O. Beispiel:

$$H_2\ +\ 0{,}5\ O_2\ \rightarrow\ H_2O \qquad \nu = 0{,}5 \qquad x_{H2,stöch.} = 2/3.$$

Bei Verbrennung mit Luft muß außerdem berücksichtigt werden, daß trockene Luft nur zu ca. 21 % aus Sauerstoff besteht (daneben 78% Stickstoff, 1% Edelgase). Mit $x_{N2} = 3{,}762\, x_{O2}$ für Luft ergibt sich damit für den Molenbruch des Brennstoffs in einer stöchiometrischen Mischung mit Luft

$$x_{Br,stöch.} = \frac{1}{1+\nu \cdot 4{,}762}, \qquad (1.7)$$

wobei auch hier ν die Zahl der O_2-Moleküle in der Reaktionsgleichung bei vollständiger Umsetzung zu CO_2 und H_2O bezeichnet. Beispiele sind

H_2	+	0,5 O_2	→	H_2O		$\nu = 0,5$	$x_{stöch.} = 29,6$ mol-%
CH_4	+	2 O_2	→	CO_2 + 2 H_2O		$\nu = 2$	$x_{stöch.} = 9,5$ mol-%
C_8H_{18}	+	12,5 O_2	→	8 CO_2 + 9 H_2O		$\nu = 12,5$	$x_{stöch.} = 16,5$ mol-%
C_7H_{16}	+	11,0 O_2	→	7 CO_2 + 8 H_2O		$\nu = 11$	$x_{stöch.} = 17,7$ mol-%

Mischungen aus Brennstoff und Luft werden durch eine *Luftzahl* $\lambda = x_{Br,stöch.}/x_{Br}$ oder deren reziproken Wert, das *Äquivalenzverhältnis* Φ ($\Phi = 1/\lambda$), charakterisiert. Man unterscheidet hiernach drei verschiedene Arten von Verbrennungsprozessen:

fette Verbrennung: $\Phi > 1$, $\lambda < 1$
stöchiometrische Verbrennung: $\Phi = 1$, $\lambda = 1$
magere Verbrennung: $\Phi < 1$, $\lambda > 1$

Der Fortschritt laminarer flacher Vormischflamme läßt sich stets durch eine *laminare Flammengeschwindigkeit* v_l (in m/s) charakterisieren, die nur vom jeweiligen Gemisch, dem Druck, und der Anfangstemperatur abhängt (siehe Kapitel 8).

Ist bei einer laminaren flachen Flamme die Flammengeschwindigkeit v_l kleiner als die Anströmgeschwindigkeit v_u des Frischgases (vergl. Abb. 1.1), so hebt die Flamme ab. Aus diesem Grund muß für die flache Flamme immer die Ungleichung $v_l > v_u$ gelten. Kurz vor dem Abheben der Flamme ist $v_l \approx v_u$, so daß sich auf diese Weise laminare Flammengeschwindigkeit messen lassen.

Beim Bunsenbrenner kann man ebenfalls näherungsweise annehmen, daß die Flamme flach ist (die Flammendicke ist sehr klein gegenüber dem Krümmungsradius). Es ergibt sich dann (vergl. Abb. 1.1)

$$v_l = v_u \sin \phi \qquad (1.8)$$

Probleme bei dieser vereinfachten Betrachtung bereiten die Flammenspitze (obige Annahme gilt hier nicht), die Abkühlung am Brennerrand und das relativ komplizierte Geschwindigkeitsfeld.

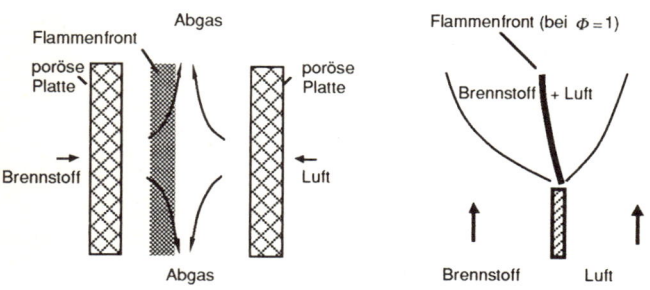

Abb. 1.2. Schematische Darstellung einer laminaren Gegenstromdiffusionsflamme (links) und einer laminaren Gleichstromdiffusionsflamme (rechts)

Laminare Diffusionsflammen: Bei laminaren Diffusionsflammen werden Brennstoff und Oxidationsmittel erst während der Verbrennung gemischt. Die Strömung verhält sich laminar. Beispiele hierfür sind *laminare Gegenstrom-* und *Gleichstromdiffusionsflammen* (siehe Abb. 1.2).

Die Flammenfronten von Diffusionsflammen sind komplexer als die von Vormischflammen, da das Äquivalenzverhältnis Φ den ganzen Bereich von 0 (Luft) bis ∞ (reiner Brennstoff) abdeckt: $0 < \Phi < \infty$, das heißt fette Verbrennung findet auf der Brennstoff-Seite, magere auf der Luft-Seite statt. Die eigentliche Flammenfront, die sich oft durch intensives Leuchten anzeigt, ist in der Nähe der stöchiometrischen Zusammensetzung zu erwarten.

Teilweise vorgemischte laminare Diffusionsflammen: Diese Flammenform liegt im Übergangsbereich zwischen reinen Vormisch- und Diffusionsflammen. Praktische Beispiele sind die Flammen in Gasherden oder die Bunsenflamme bei Zugabe von wenig Primärluft.

Turbulente Vormischflammen: Hier brennen Vormischflammenfronten in einem turbulenten Geschwindigkeitsfeld. Bei hinreichend geringer Turbulenz bilden sich lokal gekrümmte und gestreckte laminare Vormischflammenfronten aus, so daß die Beschreibung der turbulenten Vormischflamme oft als einem Ensemble von vielen laminaren Vormischflammen erfolgen kann. Dieses sogenannte *Flamelet*-Konzept wird in Kapitel 14 genauer behandelt.

Vorgemischte turbulente Verbrennung wird immer dort benutzt, wo eine intensive Verbrennung auf kleinstem Raum stattfinden soll (Beispiele: Otto-Motor, Hochleistungs-Triebwerke). Gegenüber der Verbrennung in Diffusionsflammen (siehe unten) hat die vorgemischte Verbrennung den Vorteil, daß sie weitgehend rußfrei verläuft und daß hohe Temperaturen erzeugt werden. Da jedoch Brennstoff und Luft vorgemischt werden, erfordert sie erhöhte Sicherheitsvorkehrungen, damit das vorgemischte explosionsfähige Gemisch unmittelbar nach der Mischung auch wirklich verbrennt und sich keine großvolumigen (und damit sehr gefährlichen) Gaswolken bilden können.

Vormischflammen zeigen meist ein charakteristisches blaues oder manchmal blaugrünes Leuchten, das durch die Lichtemission von angeregtem CH und C_2 bewirkt wird.

Turbulente Diffusionsflammen: Hier brennen Diffusionsflammenfronten in einem turbulenten Geschwindigkeitsfeld. Auch hier können bei nicht allzu starker Turbulenz die schon erwähnten Flamelet-Konzepte zum Verständnis herangezogen werden (siehe Kapitel 13).

Aus den schon oben erwähnten Sicherheitsgründen werden in industriellen Feuerungen und Brennern überwiegend Diffusionsflammen eingesetzt. Wenn nicht sehr aufwendige Mischtechniken verwendet werden, leuchten Diffusionsflammen gelb wegen der thermischen Strahlung von glühenden Rußteilchen, die in den brennstoffreichen Bereichen der Diffusionsflammen gebildet werden.

1.3 Übungsaufgaben

Aufgabe 1.1. Es soll ein Tresor gesprengt werden. Dazu wird ein kleines Loch in einen 100 l fassenden Panzerschrank gebohrt, 5 l H_2 eingefüllt und eine Zündschnur eingefädelt. Um Geräusche zu vermeiden, wird der Tresor in einem kalten See (T = 280K) versenkt und gezündet. Die Reaktion kann als isochor (konstantes Volumen) angenommen werden. Untersuchen Sie das Resultat dieser Aktion unter der Annahme, daß der Tresor (Druck im Tresor vor der Zündung: p = 1 bar) dem Sprengversuch standgehalten hat. a) Wieviel Mol Gas enthält der Tresor kurz vor der Zündung? Wie groß sind die Molenbrüche und Konzentrationen von Wasserstoff, Sauerstoff und Stickstoff? Wie groß ist die mittlere molare Masse? b) Wieviel Mol Gas sind nach der Reaktion noch übrig, wenn der Wasserstoff vollständig verbraucht wurde und das entstehende Wasser kondensiert? c) Wie groß ist der Druck im Tresor lange nach der Reaktion? Wie groß ist nun die mittlere molare Masse? Ist der Tresor jetzt leichter oder schwerer als vor der Zündung?

Aufgabe 1.2. a) Wieviel O_2 benötigt man zur stöchiometrischen Verbrennung von CH_4 und von C_8H_{18} (Stoffmengenverhältnis und Massenverhältnis)? b) Welche Molenbrüche und Massenbrüche besitzen stöchiometrische Gemische von CH_4 und von C_8H_{18} mit Luft? c) Wieviel Luft benötigt man zur Bereitung eines C_8H_{18}-Gemisches mit der Luftzahl λ=1.5?

2 Experimentelle Untersuchungen an Flammen

Moderne numerische Verfahren zur Simulation von Verbrennungsprozessen tragen wesentlich zu einem Verständnis der komplexen Teilprozesse (Strömung, molekularer Transport und chemische Reaktion) bei. Eine Entwicklung realistischer Simulationsmodelle ist aber nur möglich, wenn experimentelle Verfahren Informationen über Geschwindigkeit, Temperatur und Konzentrationen der reagierenden Gase mit hoher zeitlicher und räumlicher Auflösung liefern, welche die mathematischen Modelle verifizieren oder zu neuen Modellvorstellungen beitragen.

Insbesondere die Entwicklung leistungsfähiger *laserspektroskopischer Methoden* hat zu erheblichen Fortschritten auf dem Gebiet der Diagnostik von Verbrennungsprozessen beigetragen (siehe z.B. Wolfrum 1986, 1992). Auf die Diagnostik von Verbrennungsprozessen kann hier jedoch nur kurz eingegangen werden, da moderne Nachweismethoden (insbesondere die Laser-Diagnostik) sehr spezieller Natur sind und spezifische Kenntnisse hauptsächlich von Molekülbau und spektroskopischen Methoden verlangen.

Der Zustand eines chemisch reagierenden Gasgemisches in einem Punkt ist vollständig beschrieben, wenn Geschwindigkeit $\vec{v}$, Temperatur T, Druck p, Dichte ρ und die Gaszusammensetzung x_i bzw. w_i bekannt sind. Moderne Methoden arbeiten mit einer hohen örtlichen und zeitlichen Auflösung, so daß selbst zweidimensionale und in Zukunft auch dreidimensionale Felder dieser Größen gemessen werden können. Weiterhin besteht naturgemäß ein Trend zu *berührungsfreien* optischen Methoden, die im Gegensatz zu konventionellen Verfahren, wie z.B. der Probenentnahme, nicht störend in das Reaktionssystem eingreifen.

2.1 Messung von Geschwindigkeitsfeldern

Die Messung von Geschwindigkeiten in Stömungen bezeichnet man im allgemeinen als *Anemometrie*.

Ein einfaches Instrument zur Messung von Geschwindigkeiten ist das *Hitzdrahtanemometer*. Bei diesem Verfahren wird in die zu vermessende Strömung ein elektrisch beheizter Platindraht eingebracht. Je nach Strömungsgeschwindigkeit ändert sich die Temperatur und damit der Widerstand des Platindrahtes, woraus sich Betrag und Richtung der Strömungsgeschwindigkeit berechnen läßt. Nachteile dieser Methode sind die Störung des Geschwindigkeitsfeldes durch die Sonde und die Tatsache, daß die Oberfläche des Platindrahtes katalytisch in der Verbrennungsprozeß eingreifen kann.

Bei der *Teilchenspur*-Methode (engl.: *particle tracking*) werden einer Strömung Teilchen im Mikrometer-Bereich zugesetzt. Sie folgen der Strömung und können photographisch bei definierter Belichtungszeit anhand ihrer Teilchenspuren zur Vermessung von Geschwindigkeiten und sogar ganzer Geschwindigkeitsfelder verwendet werden. Auch hier ist einer der Nachteile des Verfahrens, daß die zugesetzten Teilchen den Verbrennungsprozeß beeinflussen können.

Ein Vergleich zwischen Teilchenspur-Geschwindigkeitsmessungen (Tsuji u. Yamaoka 1971) und berechneten Geschwindigkeiten (Dixon-Lewis et al. 1985) in einer Gegenstrom Diffusionsflamme (siehe Kapitel 9) ist in Abb. 2.1 dargestellt. Es zeigt sich, daß trotz einer Streuung der Meßwerte diese Methode eine recht zuverlässige Bestimmung von Geschwindigkeiten erlaubt; bei hohen Beschleunigungen gibt es jedoch ein Überschießen der Teilchen.

Auch bei der *Laser-Doppler-Anemometrie* LDA (oder auch *Laser-Doppler-Velocimetrie* LDV genannt) werden Partikel dem Strömungssystem zugesetzt. Diese Teilchen streuen eingestrahltes Licht (man bezeichnet die Streuung von Licht an Teilchen, die größer sind als die Wellenlänge des Lichtes, als *Mie-Streuung*) zweier Laserstrahlen, die sich in einem bestimmten Punkt kreuzen. Über den bekannten Doppler-Effekt (Frequenzänderung des Streulichts, siehe Lehrbücher der Physik) können zur Geschwindigkeit in diesem Punkt Aussagen gemacht werden. Der ganz wesentliche Nachteil dieser Methode ist, daß sie auf einzelne Punktmessungen beschränkt ist.

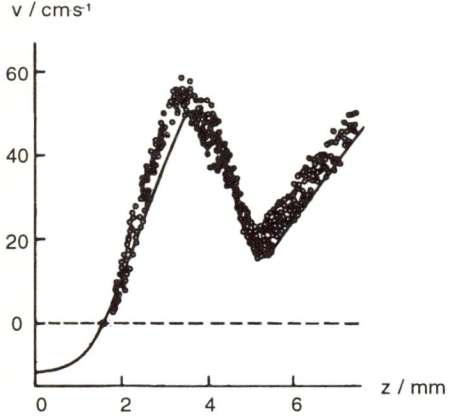

Abb. 2.1. Teilchenspur-Geschwindigkeitsmessungen (Punkte) und berechnete Geschwindigkeiten in einer Gegenstrom-Diffusionsflamme

2.2 Messung des Drucks

Druckvariationen in Flammen sind nicht sehr groß, wenn keine Stoßwellen oder Detonationen auftreten. Ist man nicht an geringen Druckschwankungen im Strömungssystem interessiert, so läßt sich der Druck leicht mittels herkömmlicher *Manometer* messen. Eine andere Methode, die auch sehr schnelle Druckschwankungen erfaßt, verwendet *piezoelektrische Umformer*. Dies sind im Prinzip Quarzkristalle, bei denen die durch Druckänderungen bedingte mechanische Deformation zu Änderungen der elektrischen Eigenschaften führen, welche sich messen lassen und Rückschlüsse auf den Druck erlauben (siehe Lehrbücher der Physik). Oft berechnet man das Druckfeld in einem Strömungssystems auch aus *Dichtemessungen* (vergl. Abschnitt 2.3).

2.3 Messung von Dichtefeldern

Ein modernes Verfahren für Dichtemessungen basiert auf dem Phänomen der *Rayleigh-Streuung*. Dies ist die elastische Streuung von Licht (Photonen) an Teilchen, die klein gegenüber der Wellenlänge des Lichts sind (z.B. Molekülen). Die Moleküle kehren nach der Wechselwirkung mit den Photonen in ihren ursprünglichen Zustand zurück (elastische Streuung). Normalerweise werden für Rayleigh-Streuung Laserlichtquellen eingesetzt, die sich durch hohe Intensität und große spektrale Auflösung auszeichnen (siehe Lehrbücher der Physik). Während ein Großteil des eingestrahlten Laserlichtes die zu untersuchende Gasmischung ungehindert durchdringt (geradelinige Licht-Ausbreitung), werden, je nach Konzentration der Teilchen, auch Photonen abgelenkt (gestreut). Aus der Messung des Streulichtes läßt sich dann auf die Dichte des Gases rückschließen. Eines der größten Probleme dieses Verfahrens ist seine Empfindlichkeit gegenüber Störungen durch Mie-Streuung, also durch Streuung von Licht an größeren Partikeln (vergl. Abschnitt 2.1). Aus diesem Grund ist eine Anwendung in technischen Systemen (Auftreten von Ruß- oder Asche-Partikeln) sehr schwierig.

Aus der Dichte läßt sich bei bekanntem Druck die Temperatur bestimmen, so daß Rayleigh-Streuung auch zur Bestimmung von Temperaturfeldern verwendet werden kann.

2.4 Messung von Konzentrationsfeldern

Probenentnahme: Eine häufig verwendete Methode zur Bestimmung der Gemischzusammensetzung in einem Verbrennungssystem ist die Probenentnahme mittels *Flammensonden*. In das System werden Kapillaren eingeführt, deren Wände gekühlt werden, um eineWeiterreaktion der Verbrennungsprodukte in der Kapillare zu vermeiden (*Einfrieren* der Reaktion). Da die während des Verbrennungsprozesses vorliegende Gasmischung stets ein komplexes Gemisch vieler verschiedener chemischer Substanzen ist, muß die Probe vor der eigentlichen Analyse zunächst in ihre Bestandteile aufgtrennt werden. Dies geschieht z.B. mittels *gaschromatographischer* Methoden, bei denen die Probe zusammen mit einem Trägergas durch eine *Trennsäule* geleitet wird. Verschiedene Substanzen werden von dem Material der Trennsäule verschieden stark adsorbiert und halten sich demnach verschieden lange in der Trennsäule auf. Die Analyse erfolgt dann z. B. durch *Massenspektrometrie* (siehe Lehrbücher der Physikalischen Chemie).

Raman-Spektroskopie: Wird ein Gas mit Laserlicht bestrahlt, so beobachtet man die elastische Streuung des Lichtes (Rayleigh-Streuung, vergl. Abschnitt 2.3). Ein sehr kleiner Teil des Lichtes wird nach Wechselwirkung mit den Molekülen jedoch nicht elastisch gestreut, sondern ändert seine Energie (*inelastische* Streuung) und damit auch seine Frequenz, die proportional zur Energie ist ($E = h\nu$, h = Plancksches Wirkungsquantum, eine Naturkonstante).

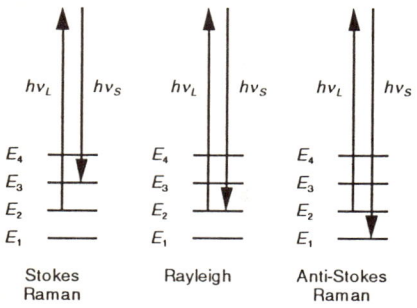

Abb. 2.2. Schematische Darstellung der Vorgänge bei der Raman Spektroskopie, E_i = Schwingungsenergien der Moleküle, $h\nu_L$ = Energie des eingestrahlten Laserlichts, $h\nu_S$ = Energie des entstehenden Steulichts

Abbildung 2.2 zeigt eine schematische Erklärung diese Effektes. Dargestellt sind verschiedene Schwingungsenergieniveaus der Moleküle (die Atome der Moleküle schwingen gegeneinander mit ganz charakteristischen Frequenzen entsprechend ganz bestimmten Schwingungsenergien). Während der größte Teil der Moleküle nach der Wechselwirkung mit dem Laserlicht wieder in den ursprünglichen Zustandzurückkehrt (Rayleigh-Streuung), erreichen einige der Moleküle einen energiereicheren Schwingungszustand. Das ausgestrahlte Licht ist demnach energieärmer, es besitzt eine niedrigere Frequenz (*Stokes-Raman-Licht*) und damit eine größere Wellenlänge (Frequenz ν und Wellenlänge λ hängen gemäß $c = \lambda\nu$, c = Lichtgeschwindigkeit, voneinander ab). Andere Moleküle erreichen Zustände niedrigerer Energie. Das ausgestrahlte Licht ist demnach energiereicher, es besitzt eine höhere

Frequenz (*Anti-Stokes-Raman-Licht*) und damit eine kleinere Wellenlänge. Dieser *Raman-Effekt* ist i.a. sehr schwach. Erst der Einsatz leistungsfähiger Laser hoher Energie erlaubt die Nutzung dieses Effekts in Verbrennungsprozessen. Durch spektral aufgelöste Messung des Streulichtes lassen sich Teilchenkonzentrationen in Verbrennungsprozessen bestimmen. Es ist sogar die simultane Messung mehrerer verschiedener Teilchenarten möglich (z.B. N_2, CO_2, O_2, CO, CH_4, H_2O, H_2, Dibble et al. 1986). Auch zweidimensionale Messungen (z.B. in turbulenten Flammen) sind möglich (Long et al. 1985).

CARS-Spektroskopie: Eng verwandt mit der Raman-Spektroskopie ist die CARS-Spektroskopie (*Coherent Anti-Stokes Raman spectroscopy*). Hier wird zusätzlich zu dem sogenannten Pumplaser der Frequenz v_P weiteres Laserlicht mit einer Frequenz v_S eingestrahlt (sogenannter Stokes-Strahl, vergl. Abb. 2.3). Durch Wechselwirkung der Laserstrahlen mit dem Molekül entsteht schließlich Licht eine Frequenz v_{CARS}, die gegeben ist durch $v_{CARS} = 2 v_P - v_S$ (siehe Abb. 2.3).

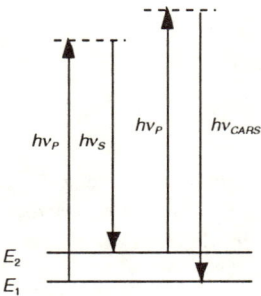

Abb. 2.3. Schematische Darstellung der Vorgänge bei der CARS-Spektroskopie

Die physikalischen Vorgänge bei diesem Prozeß sind sehr komplex, so daß hier nicht näher aus sie eingegangen werden kann (siehe z.B. Bloembergen u. Shen 1964). Bei konstanter Pump-Laserfrequenz können durch Änderung der Stokes-Laserfrequenz einzelne Energieniveaus des Moleküls abgetastet werden. Daraus lassen sich Teilchenkonzentrationen und Temperaturen berechnen.

Ein großer Vorteil der CARS-Spektroskopie ist die Tatsache, daß insgesamt drei Laserstrahlen (zwei Pumpstrahlen und ein Stokesstrahl) wechselwirken müssen. Durch spezielle Strahlanordnungen läßt sich deshalb eine sehr hohe räumliche Auflösung erzielen (siehe z.B. Hall u. Eckbreth 1984). Nachteile der CARS-Spektroskopie sind der hohe experimentelle Aufwand und die sehr komplizierte Auswertung der Meßdaten.

Laserinduzierte Fluoreszenz (LIF): Bei diesem berührungsfreien Verfahren wird abstimmbares Laserlicht zur selektiven Anregung eines elektronischen Übergangs in einem Molekül oder in einem Atom benutzt (siehe z.B. Wolfrum 1986). Bei diesem Übergang ändert sich die elektronische Struktur der Moleküle. Die Energieunterschiede zwischen Molekülen in elektronisch angeregten Zuständen und Molekülen im Grundzustand ist sehr groß. Aus diesem Grund muß zur Anregung energiereiches Licht (UV-Licht, ultraviolettes Licht) verwendet werden. Von den angeregten Zuständen kehrt das Molekül dann wieder in energieärmere Zustände zurück (*Fluoreszenz*, siehe Abb. 2.4), wobei verschiedene Schwingungsenergiezustände erreicht werden können.

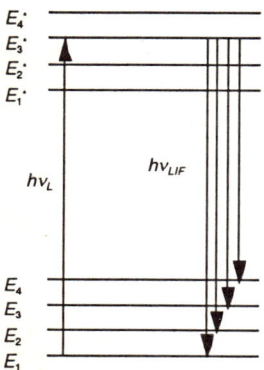

Abb. 2.4. Schematische Darstellung der Vorgänge bei der laserinduzierten Fluoreszenz. E_i^* = Schwingungsenergiezustände der elektronisch angeregten Moleküle, E_i = Schwingungsenergiezustände der Moleküle im elektronischen Grundzustand v_L = Frequenz des Anregungslasers, v_{LIF} = Frequenzen des ausgestrahlten Fluoreszenzlichtes

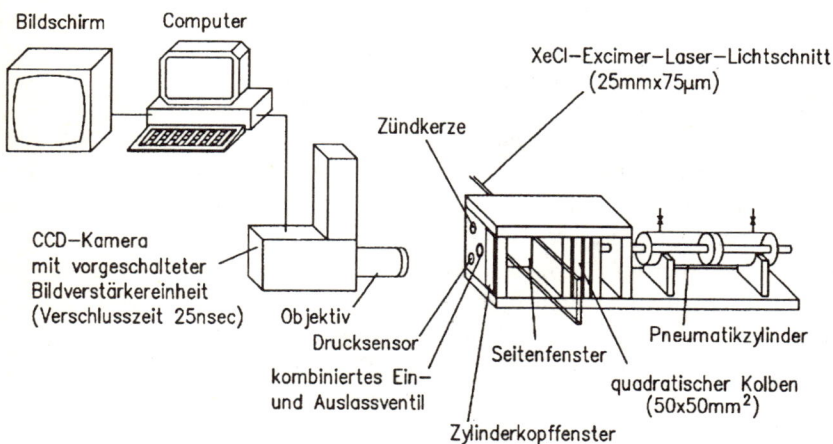

Abb. 2.5. Schematische Darstellung einer Apparatur für LIF-Spektroskopie mit Hilfe eines zweidimensionalen Laser-Lichtschnitts

2.4 Messung von Konzentrationsfeldern

Es läßt sich nun die gesamte Fluoreszenz messen (*Anregungsspektrum*) oder die spektral (also wellenlängenspezifisch) aufgelöste Fluoreszenz (*Fluoreszenzspektrum*). Vorteile der LIF sind hohe Empfindlichkeit und Selektivität. Ein Problem jedoch ist, daß diese Meßmethode geeignete elektronische Übergänge in den Molekülen oder Atomen erfordert. Nicht zuletzt bedingt durch die hohe Empfindlichkeit der LIF lassen sich viele verschiedene reaktive Zwischenprodukte, die nur in geringen Konzentrationen auftreten, messen (z.B. H, O, N, C, OH, CH, CN, NH, HNO, SH, SO, CH_3O usw.). Besonders interessant ist die Möglichkeit, nicht nur Punktmessungen vorzunehmen, sondern simultane Messungen in mehreren Raumdimensionen durchzuführen. Hierzu wird durch geeignete optische Anordnungen ein schlitzförmiger Laserstrahl (*light sheet*) in das Verbrennungssystem eingekoppelt. Die erzeugte Fluoreszenz wird dann z.B. mit Hilfe eines zweidimensionalen Detektors (Photodiodenarray) erfaßt, elektronisch gespeichert und kann dann ausgewertet werden (siehe Abb. 2.5). Besondere Bedeutung kommt diesem Verfahren bei der Erzeugung von Momentaufnahmen von turbulenten Flammen zu (vergl. Kapitel 12-14).

Abbildung 2.6 zeigt exemplarisch zweidimensionale Laser-Lichtschnittbilder (CH_3CHO-LIF) aus einem Otto-Testmotor (Becker et al. 1991), anhand derer man sehr schön den turbulenten Charakter des Verbrennungsprozesses erkennen kann.

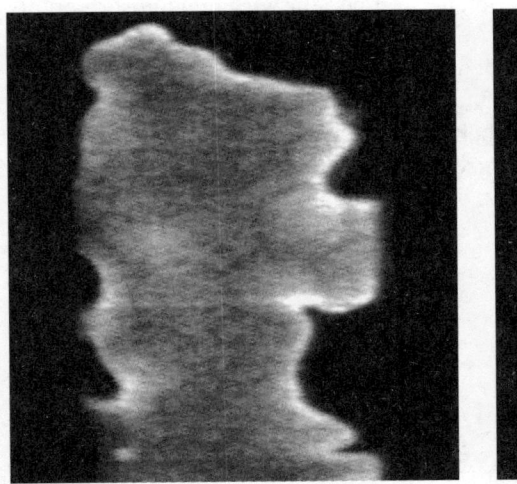
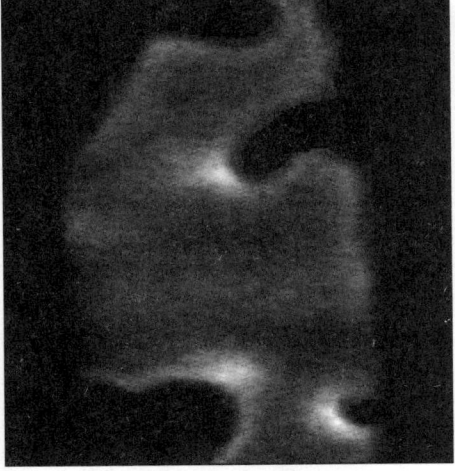

Abb. 2.6. Zweidimensionale Laser-Lichtschnittbilder (CH_3CHO-LIF) aus einem Otto-Testmotor (Becker et al. 1991)

Durch Zusatz von fluoreszierenden Molekülen (NO_2, NO, CO) zum Brennstoff kann man Informationen über Bereiche mit oder ohne Brennstoff, Temperaturen usw. erhalten. Meist sind diese Messungen jedoch nur qualitativer Natur, da eine genaue Eichung der Konzentrationsmessungen durch Fluoreszenzlöschung (Verlust der Anregungsenergie durch Stoß mit anderen Molekülen) verhindert wird, deren Einfluß in eine genaue Auswertung einzubeziehen ist (siehe z.B. Wolfrum 1986).

2.5 Messung von Temperaturfeldern

Thermoelemente: Temperaturfelder lassen sich einfach mittels Thermoelementen messen. An der Berührungsstelle zweier verschiedener Metalle oder Metall-Legierungen entsteht eine elektische Spannung, die näherungsweise proportional zur absoluten Temperatur ist. Üblicherweise verwendet man je nach Temperaturbereich verschiedene Metallkombinationen (z.B. Platin/Platin-Rhodium oder Wolfram/Wolfram-Molybdän). Der größte Nachteil von Thermoelementen ist, daß keine berührungsfreie Messung möglich ist (katalytische Reaktionen an der Oberfläche, Wärmeableitung) und daß Strahlungsverluste auftreten. Andererseits ist die Methode schnell und sehr billig.

Na-Linienumkehr-Methode: Bei diesem Verfahren wird den Reaktanden eine natriumhaltige Verbindung zugesetzt. Natriumatome können unter Aufnahme von Energie gelbes Licht absorbieren oder aber bei hoher Temperatur genau dieses Licht emittieren. Die gelbe Na-Emission von zugesetzten Na-Teilchen vor dem Hintergrund eines schwarzen Strahlers verschwindet genau dann, wenn die Teilchen dieselbe Temperatur wie der schwarze Strahler haben. Bei höherer Temperatur wird mehr Licht emittiert als absorbiert, bei tieferer Temperatur wird mehr absorbiert als emittiert.

Abb. 2.7 zeigt schematisch einen Versuchsaufbau, der die einzelnen Komponenten erkennen läßt. Abbildung 2.8 zeigt experimentell mit der Na-Linienumkehrmethode bestimmte Temperaturen sowie massenspektroskopisch gemessene Konzentrationen in einer laminaren flachen fetten vorgemischten Acetylen-Sauerstoff-Argon-Unterdruckflamme zusammen mit Ergebnissen von mathematischen Simulationen (siehe Kapitel 3).

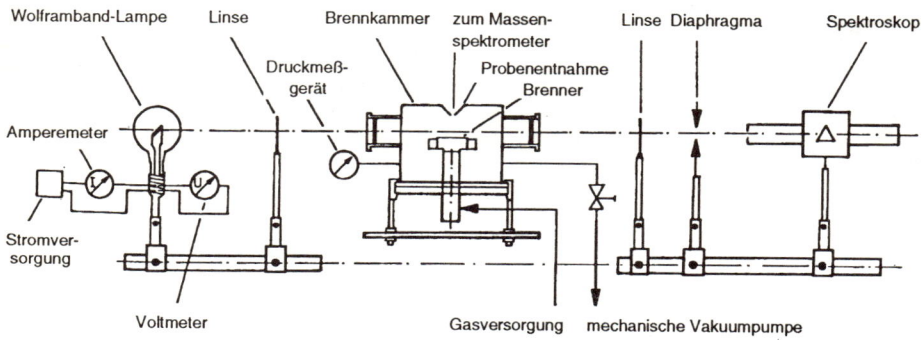

Abb. 2.7. Experimenteller Aufbau einer Apparatur zur kombinierten Messung von Temperaturen (Linienumkehr) und Konzentrationen (Massenspektrometrie über eine Probenentnahme, OH-Absorption) in einer laminaren flachen Unterdruck-Vormischflamme (Warnatz et al. 1983)

2.5 Messung von Temperaturfeldern

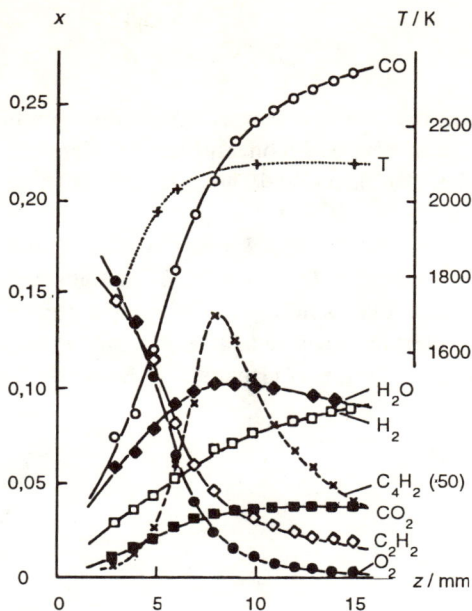

Abb. 2.8. Massenspektrometrisch bestimmte Molenbrüche und durch Na-Linienumkehr gemessene Temperaturen in einer laminaren flachen fetten vorgemischten Acetylen-Sauerstoff-Argon-Flamme (Warnatz et al. 1983); Punkte: Messungen mit der in Abb. 2.7 dargestellten Apparatur, Linien: Simulationen

CARS-Spektroskopie: Ebenso wie Konzentrationen lassen sich auch Temperaturen mittels der CARS-Spektroskopie messen. Hierzu werden hochaufgelöste Spektren mit berechneten Spektren verglichen. Temperatur und Konzentration bei der Simulation des berechneten Spektrums werden dabei bis zur bestmöglichen Übereinstimmung variiert.

Vorteile dieser Methode sind die hohe räumliche (etwa 1 mm^3) und zeitliche (etwa 1μs) Auflösung, Nachteile sind die hohen Kosten und die sehr komplizierte Auswertung der Spektren, die auf dem stark nicht-linearem Zusammenhang zwischen Meßsignal und Meßgröße beruht (Sick et al. 1990).

Laserinduzierte Fluoreszenz: Die selektive Anregung verschiedener Energiezustände in Molekülen (z.B in OH-Radikalen) kann zur Bestimmung der Verteilung der Energie auf die verschiedenen Schwingungszustände verwendet werden. Daraus lassen sich Temperaturen bestimmen (siehe Lehrbücher der Physik). Allerdings muß die Konzentration an OH ausreichend hoch für den Nachweis sein.

Um dieses Problem zu umgehen, setzt man oft geeignete fluoreszierende Substanzen zu (z.B. NO, Seitzmann et al. 1985), die einigermaßen stabil sind und deshalb in ausreichender Konzentration vorliegen. Dabei muß man allerdings sicher sein, daß diese Zusätze den Verbrennungsablauf nicht stören.

2.6 Messung von Partikelgrößen

Bei mehrphasigen Verbrennungssystemen (Spray-Verbrennung, Kohlestaubverbrennung usw.) sind neben Geschwindigkeit, Temperatur und Konzentrationsfeldern die Größe und Verteilung der Brennstoffpartikel (Kohlestaubteilchen, Tröpfchen) von Bedeutung.

Auch zur Messung von Partikelgrößen lassen sich laserspektroskopische Methoden erfolgreich einsetzen. Meist wird Mie-Streuung (vergl. Abschnitt 2.1) eingesetzt, d.h. die Streuung von Licht an Partikeln, die größer sind als die Wellenlänge des verwendeten Lichts (Arnold et al. 1990). Weiterhin lassen sich spezielle auf LIF basierende Techniken zur Bestimmung von Verteilung und Größen von Brennstofftröpfchen benutzen (Brown u. Kent 1985).

3 Mathematische Beschreibung von laminaren flachen Vormischflammen

Verbrennungsprozesse resultieren aus einer Vielfalt verschiedener Prozesse wie Strömung, chemischer Reaktion und molekularem Transport (z.B. Wärmeleitung, Diffusion, Reibung; siehe Kapitel 5). Bei einer Beschreibung von Verbrennungsprozessen müssen alle diese Vorgänge berücksichtigt werden.

Betrachtet man solch eine chemisch reagierende Strömung, so wird diese zu jeder Zeit und an jedem Ort durch Eigenschaften wie Druck, Dichte, Temperatur, Geschwindigkeit der Strömung und Zusammensetzung der Mischung beschrieben. Diese Größen können sich in Abhängigkeit sowohl von der Zeit als auch vom Ort ändern.

Einige Größen in dieser chemisch reagierenden Strömung haben die Eigenschaft, daß sie unabhängig von den stattfindenden Prozessen weder gebildet noch verbraucht werden können. Hierzu gehören die Energie, die Masse und der Impuls. Eine Bilanz über alle Prozesse, die diese *Erhaltungsgrößen* ändern, führt zu den Erhaltungsgleichungen, die die chemisch reagierende Strömung beschreiben. Eine detaillierte Beschreibung von Verbrennungsvorgängen unter Berücksichtigung aller möglichen Teilprozesse führt zu sehr komplizierten Erhaltungsgleichungen. Hier sollen aus diesem Grund die Erhaltungsgleichungen vorläufig nur für ein vereinfachtes Beispiel, eine laminare flache Vormischflamme (Hirschfelder und Curtiss 1949; Warnatz 1978), hergeleitet werden.

3.1 Erhaltungsgleichungen für laminare flache Vormischflammen

Ein einfaches Beispiel für die mathematische Behandlung von Verbrennungsprozessen sind laminare Vormischflammen auf einem flachen Brenner (siehe Abb. 3.1).

Nimmt man an, daß der Sinterbrenner ausreichend groß ist, so lassen sich Effekte an den Rändern des Brenners annähernd vernachlässigen. Man erhält eine ebene Flammenfront. Die Eigenschaften in dieser Flamme (z.B. die Temperatur und die Gemischzusammensetzung) hängen dann nur noch vom Abstand zum Brenner ab, d.h. man benötigt nur eine Ortskoordinate (z) zur Beschreibung. Für dieses Beispiel sollen nun die Erhaltungsgleichungen hergeleitet werden.

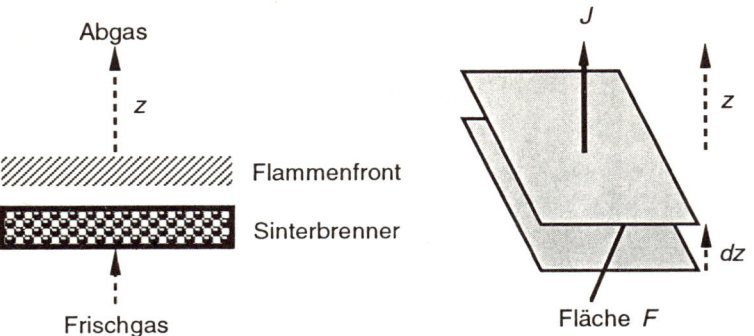

Abb. 3.1. Schematische Darstellung einer laminaren flachen Vormischflamme

Folgende Annahmen sollen vorgenommen werden, um die Behandlung zusätzlich zu vereinfachen:

- Es gilt das ideale Gasgesetz (siehe Abschnitt 1.1).
- Die Flamme wird nicht wesentlich durch externe Kräfte (z.B. Gravitation) beeinflußt.
- Das System ist kontinuierlich (die mittlere freie Weglänge von Molekülen ist klein gegenüber Flammendicke).
- Es herrscht konstanter Druck (räumliche Druckschwankungen oder Stoßwellen treten nicht auf).
- Die kinetische Energie des Gasflusses kann vernachlässigt werden (es treten z.B. keine Stoßwellen auf).
- Der reziproke Thermo-Diffusionseffekt (*Dufour-Effekt*) kann vernachlässigt werden (siehe weiter unten).
- Wärmeflüsse auf Grund von Strahlung (z.B. Strahlung von glühenden Rußteilchen) sollen nicht betrachtet werden.
- Es herrscht lokales thermisches Gleichgewicht.
- Die Flamme ist stationär (d.h. zeitliche Änderungen finden nicht statt).

Diese Annahmen sind bei typischen laminaren flachen Vormischflammen oft recht gut erfüllt.

Allgemein gilt für ein eindimensionales System (siehe Abbildung 3.1) für eine Erhaltungsgröße E (z = Ortskoordinate, t = Zeit)

$$\frac{\partial W}{\partial t} + \frac{\partial J}{\partial z} = Q \qquad (3.1)$$

wobei W die *Dichte* der Erhaltungsgröße (= E/Volumen; Einheit [E]/m^3), J ein *Fluß* (genauer eine *Stromdichte*) der Erhaltungsgröße (= E/(Fläche·Zeit); Einheit [E]/(m^2·s)) und Q eine *Quelle* der Erhaltungsgröße (= E/(Volumen·Zeit); Einheit [E]/(m^3·s)) sind.

3.1 Erhaltungsgleichungen für laminare flache Vormischflammen

Gesamtmasse m des Gemisches: Bei der Erhaltung der Gesamtmasse ist die *Dichte* W in den Erhaltungsgleichungen gegeben durch die Dichte ρ (in kg/m^3). Der *Fluß J* beschreibt die Bewegung von Masse und ergibt sich als Produkt der Dichte und der mittleren Massengeschwindigkeit (des Schwerpunkts), welche auch als Strömungsgeschwindigkeit bezeichnet wird: $J = \rho v$ (in kg/(m$^2 \cdot$s)). Da bei chemischen Reaktionen Masse weder gebildet noch verbraucht wird, tritt in der Bilanzgleichung für die Gesamtmasse kein Quellterm auf ($Q = 0$). Es ergibt sich demnach durch Einsetzen in (3.1):

$$\frac{\partial \rho}{\partial t} + \frac{\partial(\rho v)}{\partial z} = 0 \qquad (3.2)$$

Diese Gleichung wird auch *allgemeine Kontinuitätsgleichung* (hier für eindimensionale Systeme) genannt.

Masse m_i der Teilchensorte i: Hier ist die *Dichte W* gegeben durch die *partielle Dichte* ρ_i der Teilchensorte i, die die Masse der Teilchen i pro Volumeneinheit angibt ($\rho_i = m_i/V = (m_i/m)(m/V) = w_i\rho$). Der *Fluß J* ergibt sich als Produkt der partiellen Dichte und der Massengeschwindigkeit v_i der Teilchen i ($J = \rho_i v_i = w_i \rho v_i$) und besitzt die Einheit kg/(m$^2 \cdot$s).

Im Gegensatz zu der obigen Erhaltungsgleichung für die Gesamtmasse tritt hier ein Quellterm auf, der die Bildung oder den Verbrauch der Teilchen i durch chemische Reaktionen beschreibt. Er ist gegeben durch $Q = M_i \, (\partial c_i/\partial t)_{chem} = r_i$, wobei M_i die molare Masse der Teilchen i (in kg/mol), $(\partial c_i/\partial t)_{chem}$ die *Reaktionsgeschwindigkeit* des Stoffes i in chemischer Reaktion (molare Skala, Einheit mol/(m$^3 \cdot$s)) und r_i die Reaktionsgeschwindigkeit (Massenskala, in kg/(m$^3 \cdot$s)) bezeichnen. Es folgt somit aus Gleichung (3.1):

$$\frac{\partial(\rho w_i)}{\partial t} + \frac{\partial(\rho w_i v_i)}{\partial z} = r_i \qquad (3.3)$$

Die Massengeschwindigkeit v_i der Teilchen i setzt sich zusammen aus der mittleren Massengeschwindigkeit v des Schwerpunktes des Gemisches und einer *Diffusionsgeschwindigkeit* V_i (relativ zum Schwerpunkt), die durch Transport aufgrund von Gradienten der Konzentration des Stoffes i zustandekommt (siehe weiter unten):

$$v_i = v + V_i \qquad (3.4)$$

Durch einfaches Umformen (Produktregel für Differentiation) von (3.3) erhält man

$$w_i \frac{\partial \rho}{\partial t} + \rho \frac{\partial w_i}{\partial t} + \rho v \frac{\partial w_i}{\partial z} + w_i \frac{\partial(\rho v)}{\partial z} + \frac{\partial j_i}{\partial z} = r_i$$

Dabei ist j_i eine abgekürzte Schreibweise für den *Diffusionsfluß* des Stoffes i (im Schwerpunktsystem):

$$j_i = \rho w_i V_i = \rho_i V_i$$

Unter Berücksichtigung der allgemeinen Kontinuitätsgleichung (3.2) vereinfacht sich die obige Gleichung zu:

$$\rho \frac{\partial w_i}{\partial t} + \rho v \frac{\partial w_i}{\partial z} + \frac{\partial j_i}{\partial z} = r_i \qquad (3.5)$$

Enthalpie h des Gemisches: Bei der Bilanzgleichung für die Enthalpie müssen die Beiträge der verschiedenen Teilchen berücksichtigt werden. In diesem Fall ergibt sich für die einzelnen Terme in Gleichung (3.1):

$$W \quad = \sum_j \rho_j h_j \qquad = \sum_j \rho w_j h_j \qquad \text{J/m}^3$$

$$J \quad = \sum_j \rho_j v_j h_j + j_q \quad = \sum_j \rho v_j w_j h_j + j_q \quad \text{J/(m}^2\text{s)}$$

$$Q \quad = 0 \qquad\qquad\qquad\qquad\qquad \text{(Energieerhaltungssatz)}$$

Dabei ist h_j die *spezifische Enthalpie* des Stoffes i (in den Einheiten J/kg) und j_q ein *Wärmefluß*, der dem weiter oben verwendeten Diffusionsfluß j_i entspricht und durch Transport von Wärme aufgrund von Gradienten der Temperatur zustandekommt (siehe weiter unten). Der Term $\Sigma \rho_j v_j h_j$ beschreibt die Enthalpieänderung aufgrund der Strömung der Teilchen (bedingt durch die mittlere Massengeschwindigkeit v und die Diffusionsgeschwindigkeit V_j). Einsetzen in (3.1) unter Berücksichtigung von $v_j = v + V_j$ ergibt:

$$\sum_j \frac{\partial}{\partial z}(\rho v w_j h_j) + \sum_j \frac{\partial}{\partial z}(\rho V_j w_j h_j) + \frac{\partial j_q}{\partial z} + \sum_j \frac{\partial}{\partial t}(\rho w_j h_j) = 0$$

Für den ersten und den vierten Summanden (T_1, T_4) erhält man unter Verwendung von (3.3) und (3.4)

$$T_1 + T_4 \;=\; \sum_j \left[\rho v w_j \frac{\partial h_j}{\partial z} + h_j \frac{\partial(\rho v w_j)}{\partial z}\right] + \sum_j \left[\rho w_j \frac{\partial h_j}{\partial t} + h_j \frac{\partial(\rho w_j)}{\partial t}\right]$$

$$=\; \rho v \sum_j w_j \frac{\partial h_j}{\partial z} + \rho \sum_j w_j \frac{\partial h_j}{\partial t} + \sum_j h_j \left[\frac{\partial(\rho v w_j)}{\partial z} + \frac{\partial(\rho w_j)}{\partial t}\right]$$

$$=\; \rho v \sum_j w_j \frac{\partial h_j}{\partial z} + \rho \sum_j w_j \frac{\partial h_j}{\partial t} + \sum_j h_j r_j - \sum_j h_j \frac{\partial j_j}{\partial z}$$

Für den zweiten Summanden (T_2) in der Gleichung oben ergibt sich durch Umformung

$$T_2 \;=\; \sum_j \rho w_j V_j \frac{\partial h_j}{\partial z} + \sum_j h_j \frac{\partial(\rho w_j V_j)}{\partial z}$$

Summation über alle Terme unter Berücksichtigung von $j_j = \rho w_j V_j$ liefert dann schließlich den Zusammenhang

$$\rho v \sum_j w_j \frac{\partial h_j}{\partial z} + \rho \sum_j w_j \frac{\partial h_j}{\partial t} + \sum_j h_j r_j + \sum_j j_j \frac{\partial h_j}{\partial z} + \frac{\partial j_q}{\partial z} = 0 \quad (3.6)$$

Die beiden Größen j_i und j_q (Diffusionsfluß und Wärmefluß) müssen noch in Abhängigkeit von den Eigenschaften der Mischung (Druck, Temperatur und Zusammensetzung) bestimmt werden. Die empirischen Gesetze, die diesen Größen zugrundeliegen, werden im nächsten Abschnitt behandelt.

3.2 Wärme- und Stofftransport

In Abschnitt 3.1 wurde erwähnt, daß Konzentrationsgradienten einen Stofftransport durch *Diffusion* und Temperaturgradienten einen Wärmetransport durch *Wärmeleitung* bewirken. Diese Prozesse lassen sich mit Hilfe der Thermodynamik irreversibler Prozesse (Hirschfelder et al. 1964, Bird et al. 1960) erklären. Der Einfachheit halber sollen hier aber nur die empirischen Gesetzmäßigkeiten dargestellt werden.

Für den Wärmefluß j_q ergibt sich aus einer Vielzahl von Messungen das empirische Gesetz:

$$j_q = -\lambda \frac{\partial T}{\partial z} \qquad \text{J/(m}^2\cdot\text{s)} \quad (3.7)$$

wobei λ die *Wärmeleitfähigkeit* des betrachteten Gemisches (in J/(K·m·s)) ist. Für den Diffusionsfluß j_i erhält man:

$$j_i = \frac{c^2}{\rho} M_i \sum_j M_j D_{ij} \frac{\partial x_j}{\partial z} - \frac{D_{i,T}}{T} \frac{\partial T}{\partial z} \qquad \text{kg/(m}^2\cdot\text{s)} \quad (3.8)$$

wobei c die molare Konzentration in mol/m³ ist; D_{ij} (Einheit m²/s) sind *Multikomponenten-Diffusionskoeffizienten*, x_j Molenbrüche und $D_{i,T}$ der *Thermodiffusionskoeffizient* (in kg/(m·s)) des Stoffes i aufgrund des vorliegenden Temperaturgefälles. Die Eigenschaft, daß Teilchen aufgrund von Temperaturgradienten transportiert werden (Thermodiffusion), bezeichnet man auch als *Soret-Effekt*. Bei praktischen Anwendungen ist für den Diffusionsfluß j_i der vereinfachte Ansatz

$$j_i = -D_{i,M} \rho \frac{w_i}{x_i} \frac{\partial x_i}{\partial z} - \frac{D_{i,T}}{T} \frac{\partial T}{\partial z} \quad (3.9)$$

meist hinreichend genau. Hier bezeichnet $D_{i,M}$ den Diffusionskoeffizient der Teilchensorte i in die Mischung der restlichen Teilchen (vergl. Kapitel 5). Diese vereinfachte Formulierung ist für binäre Mischungen und für Stoffe, die nur in Spuren vorliegen ($w_i \to 0$) äquivalent zu (3.8). Die Annahme einer starken Verdünnung in einer Überschuß-Komponente ist z.B. gut erfüllt in Flammen mit dem Oxidationsmittel Luft, wo dann Stickstoff in großem Überschuß vorhanden ist.

3.3 Die Beschreibung einer laminaren flachen Vormischflammenfront

Zur vollständigen Beschreibung einer laminaren flachen Vormischflammenfront (Warnatz 1978) müssen als Funktion von z die Temperatur T, der Druck p, die Geschwindigkeit v und die partiellen Dichten ρ_i ($i = 1,...,N$ für N Stoffe) bzw. die Gesamtdichte ρ und die N-1 linear unabhängigen Massenbrüche $w_1,...,w_{N-1}$ bekannt sein ($w_N = 1 - w_1 - ... - w_{N-1}$). Unter Verwendung der oben angegebenen Erhaltungsgleichungen lassen sich diese Größen berechnen.

Der Druck wird als konstant angenommen (siehe Kapitel 3.1) und gleicht damit dem vorgegebenen Außendruck. Die Dichte ρ erhält man bei bekannten Werten von Temperatur, Druck und Zusammensetzung aus dem idealen Gasgesetz (1.4).

Die Geschwindigkeit v erhält man aus der allgemeinen Kontinuitätsgleichung (3.2). Da Stationarität (d.h. keine zeitliche Abhängigkeit) vorausgesetzt wurde, vereinfacht sich Gleichung (3.2) zu

$$\partial(\rho v)/\partial z = 0 \quad \text{bzw.} \quad \rho v = \text{const.} \quad (3.10)$$

Mit Hilfe des vorgegebenen Massenflusses $(\rho v)_u$ des unverbrannten Gases läßt sich dann v an jedem Punkt in der Flamme berechnen.

Die Berechnung der Massenbrüche w_i ($i = 1, ... , N$-1) erfolgt schließlich durch Lösen der Teilchenerhaltungsgleichungen. Thermodiffusionsprozesse, die nur für Stoffe mit sehr kleiner molarer Masse (in der Praxis H, H_2 und das kaum auftretende Edelgas He) einen merklichen Beitrag darstellen, sollen hier vernachlässigt werden. Dann ergibt sich durch Einsetzen des Diffusionsflusses j_i (3.9) in die Massenerhaltung (3.5):

$$\rho \frac{\partial w_i}{\partial t} = \frac{\partial}{\partial z}\left(D_{i,M} \rho \frac{\partial w_i}{\partial z}\right) - \rho v \frac{\partial w_i}{\partial z} + r_i \quad (3.11)$$

Die Temperatur läßt sich mittels der Energieerhaltungsgleichung bestimmen. Durch Einsetzen des Wärmeflusses j_q (3.7) und unter Berücksichtigung von $c_{p,j}dT = dh_j$; $c_p = \Sigma w_j c_{pj}$ (spezifische Wärmekapazität der Mischung (in J/(kg·K)) erhält man

$$\rho c_p \frac{\partial T}{\partial t} = \frac{\partial}{\partial z}\left(\lambda \frac{\partial T}{\partial z}\right) - \left(\rho v c_p + \sum_j j_j c_{p,j}\right)\frac{\partial T}{\partial z} - \sum_j h_j r_j \quad (3.12)$$

3.3 Beschreibung einer laminaren flachen Vormischflammenfront

Damit sind genügend Bestimmungsgleichungen zur Lösung des Problems gegeben. Sie bilden (nach Ausdifferenzieren) ein partielles Differentialgleichungssystem der Form

$$\frac{\partial Y}{\partial t} = A \frac{\partial^2 Y}{\partial z^2} + B \frac{\partial Y}{\partial z} + C$$

Die numerische Lösung dieses Differentialgleichungssystems soll in Kapitel 8 beschrieben werden. Insbesondere werden dabei die Konsequenzen, die sich aus der Form des Quellterms C (d.h. in diesem Fall die Reaktionsgeschwindigkeiten r_i) für das Lösungsverfahren ergeben, diskutiert werden.

Die in (3.11) und (3.12) vorkommenden Terme sollen nun näher beschrieben werden. Die Terme der Form $\partial/\partial t$ bezeichnen die jeweilige zeitliche Änderung der verschiedenen Größen am Ort z, die zweiten Ableitungen beschreiben den Transport (Diffusion, Wärmeleitung), die ersten Ableitungen beschreiben die Strömung (in (3.12) ist $\Sigma j_j c_{p,j}$ noch ein Korrekturglied, das Transport von Wärme durch Diffusion von Teilchen beschreibt) und die ableitungsfreien Terme beschreiben die lokale Änderung durch chemische Reaktion (siehe Kapitel 7). Der Einfluß der verschiedenen Terme läßt sich am besten erkennen, wenn man vereinfachte Systeme betrachtet, bei denen man einzelne Prozesse vernachlässigen kann.

Betrachtet man ein ruhendes, chemisch nicht reagierendes (inertes) Gemisch, so verschwinden sowohl die Strömungs- als auch die Quellterme. Nimmt man an, daß λ und $D_{i,M}\rho$ nicht vom Ort z abhängen, so erhält man die vereinfachten Gleichungen:

$$\frac{\partial w_i}{\partial t} = D_{i,M} \frac{\partial^2 w_i}{\partial z^2} \quad ; \quad \frac{\partial T}{\partial t} = \frac{\lambda}{\rho c_p} \frac{\partial^2 T}{\partial z^2} \qquad (3.13)$$

(2. Ficksches Gesetz)   *(2. Fouriersches Gesetz)*

Beide Gesetze beschreiben das Auseinanderlaufen von Profilen durch diffusive Prozesse, wobei die zeitliche Änderung proportional zur Krümmung (= 2. Ableitung) der Profile ist und letztlich zu einer Gleichverteilung führt. Gleichungen der Form (3.13) lassen sich leicht analytisch lösen (Braun 1988). Eine spezielle Lösung der Diffusionsgleichung, die das Auseinanderlaufen der Profile verdeutlicht, ist in Abb. 3.2 dargestellt und gegeben durch:

$$w_i(z,t) = w_i^0 \frac{1}{\sqrt{4\pi D t}} e^{-\frac{z^2}{4Dt}} \qquad (3.14)$$

Man erkennt, daß z.B. ein Teilchenhaufen, der sich anfangs zur Zeit $t = 0$ an der Stelle $z = 0$ befindet, sich langsam über den ganzen Raum verteilt. Die Profile sind in diesem Beispiel zu jeder Zeit durch Gauß-Profile mit dem mittleren Fehlerquadrat $2Dt$ gegeben.

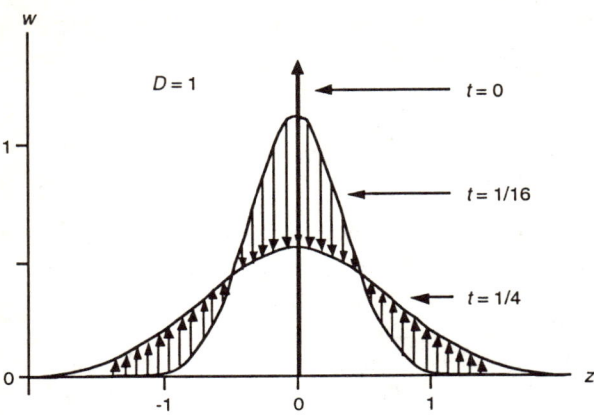

Abb. 3.2. Typischer Verlauf eines Diffusionsprozesses.

Betrachtet man nun als zweites Beispiel ein Gemisch, in dem keine chemische Reaktion und keine Transportvorgänge stattfinden, so erhält man aus (3.11) oder (3.12)

$$\frac{\partial Y}{\partial t} = -v\frac{\partial Y}{\partial z} \qquad (Y = w_i, T) \qquad (3.15)$$

Diese Gleichung beschreibt Konvektion mit einer Geschwindigkeit v. Die zeitliche Änderung ist jeweils proportional zur Steigung (= 1. Ableitung) des betrachteten Profils. Auch diese Gleichung läßt sich exakt lösen (John 1981), wobei die Lösung gegeben ist durch $Y(z,t) = Y(z-vt,0)$. Das heißt, während der Zeit t findet eine Verschiebung des Profils um den Weg vt statt. Die Form des Profils ändert sich hierbei nicht (siehe Abb. 3.3).

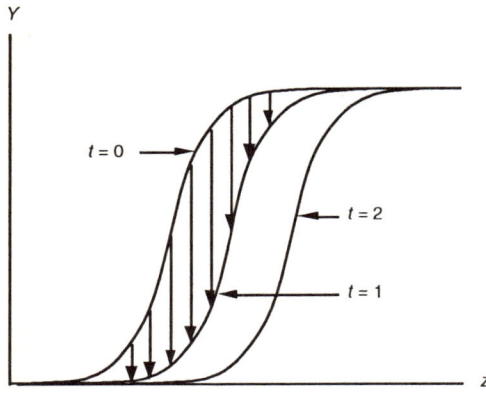

Abb. 3.3. Schematische Darstellung eines Konvektionsprozesses

Der dritte vereinfachte Fall ergibt sich schließlich, wenn man ein ruhendes Gemisch betrachtet und Transportvorgänge ausschließt. Man erhält:

$$\frac{\partial w_i}{\partial t} = \frac{r_i}{\rho} \quad ; \quad \frac{\partial T}{\partial t} = -\frac{\sum h_j r_j}{\rho c_p} \qquad (3.16)$$

Diese *Geschwindigkeitsgesetze* der Reaktionskinetik beschreiben den Stoffumsatz bei chemischen Reaktion und die damit verbundene sogenannte *Wärmetönung*. Es handelt es sich um gewöhnliche Differentialgleichungssysteme, zu deren Behandlung die genaue Form von r_i bekannt sein muß. Darauf wird in Kapitel 8 eingegangen werden.

Die oben dargestellten Erhaltungsgleichungen ermöglichen unter Verwendung der notwendigen Daten (Transportkoeffizienten, chemische Reaktionsdaten, thermodynamische Daten) eine vollständige Berechnung der Temperatur und der Konzentrationsprofile in laminaren flachen Flammen in Abhängigkeit vom Abstand z zum Brenner (siehe oben). Solche berechneten Profile lassen sich mit experimentellen Ergebnissen (wie sie in Kapitel 2 beschrieben worden sind) vergleichen. Ein typisches Beispiel für eine Ethin (C_2H_2)-Sauerstoff-Flamme bei Unterdruck ist in Abbildung 3.4 dargestellt.

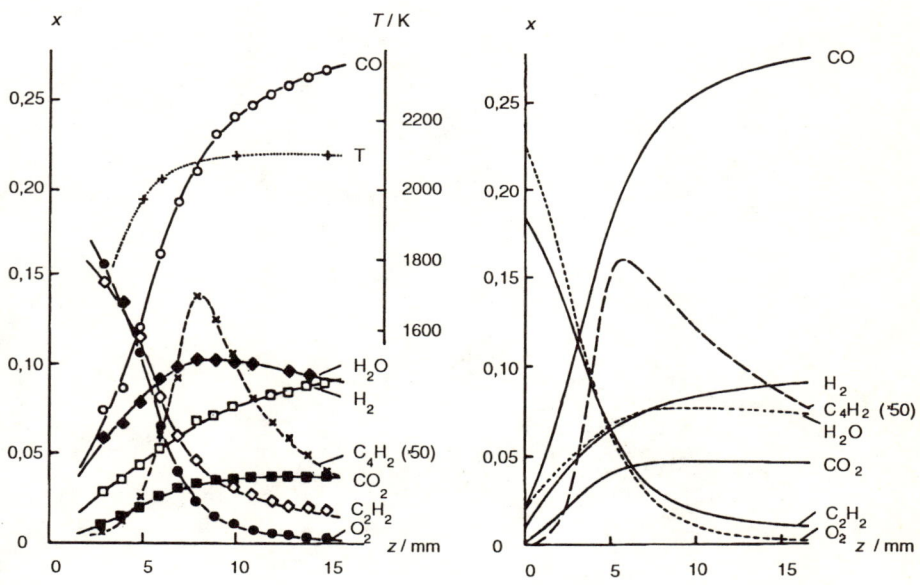

Abb. 3.4. Profile der Temperatur und der Molenbrüche von stabilen Spezies in einer flachen Ethin (Acetylen)-Sauerstoff-Flamme (verdünnt mit Argon) bei Unterdruck. Links: experimentelle Ergebnisse (siehe Kapitel 2); rechts: berechnete Profile (siehe Kapitel 8); dabei wurde auf die Lösung der Enthalpie-Erhaltung verzichtet und der experimentelle Temperaturverlauf in den Rechnungen benutzt

3.4 Übungsaufgaben

Aufgabe 3.1: Bestimmen Sie die Lage der Flammenfront eines in Luft brennenden Ethanol-Tropfens mit einem konstanten Durchmesser von 30 µm. Gehen Sie dabei von folgenden Annahmen aus: Die Reaktion laufe unendlich schnell ab, d.h. die Flammenfront sei unendlich dünn und befinde sich an der Stelle stöchiometrischen Verhältnisses von Brennstoff- und Sauerstoff-Massenstrom. Die Reaktion läuft nach folgender Formel ab:

$$C_2H_5OH + 3\,O_2 \rightarrow 2\,CO_2 + 3\,H_2O$$

Der Diffusionskoeffizient und die Dichte seien konstant und für alle Stoffe gleich. An der Tropfenoberfläche sei der Massenanteil von Ethanol $w_E = 0.988$.

Aufgabe 3.2: Berechnen Sie die Geschwindigkeit des heißen Abgases einer adiabatisch (d.h. ohne Wärmeverluste) brennenden flachen Vormischflamme, deren Frischgasgeschwindigkeit 35 cm/s beträgt. Die Frischgastemperatur sei 25°C, die Abgastemperatur betrage 1700°C.

4 Thermodynamik von Verbrennungsvorgängen

Die Thermodynamik erlaubt die Berechnung von Stoffeigenschaften, wie spezifischen Wärmekapazitäten c_p oder spezifischen Enthalpien h, die in den Erhaltungsgleichungen auftreten. Weiterhin lassen sich mittels der Thermodynamik Gleichgewichtstemperatur und Gleichgewichtszusammensetzung des Abgases hinter einer Verbrennungsfront ermitteln.

Die Thermodynamik ist eine in sich geschlossene Theorie, die allein auf der Annahme von drei Hauptsätzen beruht (siehe Lehrbücher der Thermodynamik). Die *Hauptsätze der Thermodynamik* sind Erfahrungssätze, d.h. sie sind durch experimentelle Untersuchungen belegt, können aber nicht bewiesen werden. Da diese Hauptsätze von sehr grundlegender Natur sind (siehe weiter unten), stellen die aus ihnen abgeleiteten Gesetzmäßigkeiten fundamentale Zusammenhänge dar, die auch bei einer Weiterentwicklung des Verständnisses des molekularen Aufbaus der Materie ihre Gültigkeit behalten.

4.1 Der Erste Hauptsatz der Thermodynamik

Der 1. Hauptsatz beruht auf dem *Jouleschen Versuch*, bei dem einem thermisch isolierten System Arbeit zugeführt wird. Aus der Temperaturerhöhung im System läßt sich die Wärmemenge berechnen, die der zugeführten mechanischen Arbeit äquivalent ist.

Die allgemeine Formulierung des *1. Hauptsatzes der Thermodynamik* geht auf *Hermann v. Helmholtz* zurück. Sie besagt, daß die Summe aller Energieformen in einem abgeschlossenen System konstant ist. Die Änderung der inneren Energie dU eines Systems ist demnach gegeben als die Summe der zugeführten Wärme δQ und der am System verrichteten Arbeit δW.

$$dU = \delta Q + \delta W \qquad (4.1)$$

Hierbei benutzt man die Vorzeichenkonvention, daß dem System zugeführte Energie positive, dem System entzogene Energie negative Werte besitzt. Von besonderer

Bedeutung sind die zwei verschiedenen Symbole d und δ für infinitesimale Änderungen in (4.1). Das Symbol d beschreibt eine differentielle Änderung einer *Zustandsfunktion Z*, deren Wert nur vom Zustand des betrachteten Systems, jedoch nicht von der Art, wie er erreicht wurde, abhängt (d.h. von dem Weg, auf dem die Zustandsänderung stattfindet). Diese Eigenschaft läßt sich einfach formulieren durch die Bedingung, daß das zyklische Integral der Zustandsänderung identisch 0 ist:

$$\oint dZ = 0 \qquad (4.2)$$

Arbeit kann einem System in vielfältiger Weise zugeführt werden. Beispiele sind
- *Elektrische Arbeit*, z.B. die bei einer Ladungsänderung dq in einem elektrischen Potential e verrichtete Arbeit $e\,dq$
- *Oberflächenarbeit*, d.h. die bei einer Oberflächenänderung dO gegen die Oberflächenspannung σ verrichtete Arbeit σdO
- *Hubarbeit* im Schwerefeld, d.h. die bei einer Anhebung einer Masse m um die Höhe dx verrichtete Arbeit $mg\,dx$ (mit g = Erdbeschleunigung)
- *Volumenarbeit*, d.h. Arbeit $-p\,dV$, die verrichtet werden muß, um das Volumen eines Gases bei konstantem Druck p um dV zu ändern.

Für die Behandlung der thermodynamischen Daten wird im folgenden außer der Volumenarbeit keine dieser Arbeitsformen benötigt. Der 1. Hauptsatz lautet demnach:

$$dU = \delta Q - pdV \qquad (4.3)$$

$$dU = \delta Q \qquad \text{für } V = \text{const.} \qquad (4.4)$$

Die Änderung der inneren Energie U entspricht demnach bei konstantem Volumen der zugeführten Wärmemenge.

Chemische Prozesse werden oft bei konstantem Druck durchgeführt. Aus diesem Grund definiert man eine neue Zustandsfunktion, die *Enthalpie H*.

$$H = U + pV \qquad (4.5)$$

$$dH = dU + pdV + Vdp \qquad (4.6)$$

Einsetzen von (4.3) ergibt:

$$\delta H = \delta Q + Vdp \qquad (4.7)$$

$$dH = \delta Q \qquad \text{für } p = \text{const.} \qquad (4.8)$$

4.2 Standard-Bildungsenthalpien

Enthalpie-Änderungen lassen sich nach Gl. (4.8) mit Kalorimetern (z. B. *Verbrennungsbombe*) messen. Hierbei wird eine chemische Substanz zusammen mit Sauerstoff unter ho-hem Druck in einem Autoklaven verbrannt. Die Verbrennungsbombe befindet sich in einem Wasserbad, das gegen die Umgebung thermisch isoliert ist. Aus der Erwärmung des Wassers während der Reaktion läßt sich der Energieumsatz bei der Verbrennung bestimmen. Meßbar sind nur Energieänderungen.

Eine chemische Reaktion ist in ihrer allgemeinsten Form gegeben (bei reversibler Durchführung) durch den Ausdruck.

$$v_1 A_1 + v_2 A_2 + \ldots + v_n A_n = 0 \qquad \Sigma v_i A_i = 0 \qquad (4.9)$$

wobei A_i Stoffsymbole und v_i die *stöchiometrischen Koeffizienten* bezeichnen sollen ($v_i > 0$ für Produkte, $v_i < 0$ für Edukte). Für die Verbrennung von Knallgas

$$2 H_2 + O_2 \to 2 H_2O$$

ergibt sich z.B.:

$$2 H_2 + O_2 - 2 H_2O = 0$$

mit

$$A_1 = H_2, A_2 = O_2, A_3 = H_2O, v_1 = -2, v_2 = -1, v_3 = +2$$

Die Änderung der inneren Energie oder Enthalpie bei einer chemischen Reaktion ist dann gegeben durch die Summe der inneren Energien oder Enthalpien der beteiligten Stoffe, multipliziert mit den entsprechenden stöchiometrischen Koeffizienten:

$$\Delta_R H = \Sigma n_i \Delta H_i \qquad (4.10)$$

$$\Delta_R U = \Sigma n_i \Delta U_i \qquad (4.11)$$

Absolutwerte für innere Energien oder für Enthalpien lassen sich auf diese Weise nicht bestimmen. Aus diesem Grund legt man für alle chemischen Elemente willkürlich einen Bezugszustand fest. Man vereinbart dabei: Reine Elemente in ihrem stabilsten Zustand bei $T = 298{,}15$ K und $p = 1$ atm (*Standardzustand*) haben die Enthalpie Null.

Es ist für jedes chemische Element eine Festlegung notwendig, da Elemente nicht durch chemische Reaktionen ineinander umwandelbar sind. Unter Verwendung dieser Bezugszustände können nun auf die im folgenden geschilderte Weise auch absolute Enthalpien eingeführt werden.

Man vereinbart dabei: Die *Standardbildungsenthalpie* $\Delta \overline{H}°_{f,298}$ eines Stoffes ist die Reaktionsenthalpie $\Delta_R \overline{H}°_{f,298}$ seiner Bildungsreaktion aus den reinen Elementen bei der Temperatur $T = 298{,}15$ K und dem Druck $p = 1$ atm.

Beispiel: $\qquad 1/2\ O_2(g) \to O(g) \qquad \Delta_R \overline{H}°_{f,298} = 249{,}2$ kJ/mol

Aus der Definition der Standardbildungsenthalpie ergibt sich in diesem Falle dann $\Delta \overline{H}°_{f,298}(O,g) = 249{,}2$ kJ/mol. Der Querstrich bezeichnet üblicherweise molare Größen, d.h. in diesem Fall die Enthalpie eines Mols Sauerstoffatome (siehe nächster Abschnitt).

Oft können die interessierenden Reaktionen (Herstellung eines Stoffes aus den Elementen) nicht ablaufen. Da die Enthalpie eine Zustandsfunktion ist, kann man sie jedoch indirekt bestimmen. Diese Methode geht auf *Hess* (1840) zurück und soll am Beispiel der Standardbildungsenthalpie von Ethen (C_2H_4) erklärt werden. Ethen läßt sich nicht direkt aus seinen Elementen (Kohlenstoff und Wasserstoff darstellen. Die

30   4 Thermodynamik von Verbrennungsvorgängen

Reaktionsenthalpien bei der Verbrennung von Graphit, Wasserstoff und Ethen lassen sich jedoch einfach bestimmen. Addiert man die drei Reaktionsgleichungen und die zugehörigen Reaktionsenthalpien, so erhält man die Standardbildungsenthalpie für das Ethen (Äthylen) $\Delta \overline{H}°_{f,298}(C_2H_4,g) = 52{,}1$ kJ/mol.

Nr.	Reaktion				$\overline{H}°_{298}$(kJ/mol)
(1)	2 C(Graphit) + 2 O_2(g)	=	2 CO_2(g)		-787,4
(2)	2 H_2(g) + O_2(g)	=	2 H_2O(l)		-571,5
(3)	2 CO_2(g) + 2 H_2O(l)	=	C_2H_4(g)	+ 3 O_2(g)	+1411,0
(1)+(2)+(3)	2 C(Graphit) + 2 H_2(g)	=	C_2H_4(g)		+52,1

Die in Klammern stehenden Symbole geben dabei den Aggregatzustand der Elemente bei Normalbedingungen an, wobei g für gasförmig und l für flüssig stehen (die Enthalpien z.B. dieser beiden Aggregatzustände unterscheiden sich um die Verdampfungsenthalpie). Beispiele für die Standard-Bildungsenthalpien einiger Stoffe sind in Tab. 4.1 wiedergegeben.

4.3 Wärmekapazitäten

Wird einem System Wärme zugeführt, so ändert sich seine Temperatur. Die *Wärmekapazität* C eines Systems beschreibt die Temperaturänderung dT, die stattfindet, wenn dem System die Wärmemenge δQ zugeführt wird.

$$C = \delta Q/dT \qquad (4.12)$$

Die Wärmekapazität hängt davon ab, unter welchen Bedingungen die Wärme dem System zugeführt wird. Befindet sich z.B. ein gasförmiges System unter konstantem Druck, so wird die zugeführte Wärmemenge außer zur Erhöhung der Temperatur auch zur Verrichtung von Volumenarbeit (Expansion des Systems) verwendet. Aus diesem Grund ist die Wärmekapazität größer als bei Systemen mit konstantem Volumen.

Damit ergibt sich dann aus den Formulierungen (4.4) und (4.8) des 1. Hauptsatzes für konstantes Volumen bzw. für konstanten Druck:

$$V = \text{const:} \qquad dU = \delta Q = C_V dT \qquad (4.13)$$

$$p = \text{const:} \qquad dH = \delta Q = C_p dT \qquad (4.14)$$

Experimentell lassen sich C_V und C_p bestimmen, indem man einem System eine kleine definierte Wärmemenge (z.B. Erwärmung durch einen Heizdraht) zuführt und die Temperaturänderung mißt. Außerdem lassen sich C_V und C_p mit Hilfe der statistischen Thermodynamik theoretisch berechnen (siehe Lehrbücher der statistischen Thermodynamik).

Tab. 4.1. Standard-Bildungsenthalpien und Standard-Entropien (siehe weiter unten) einiger häufig vorkommender Stoffe (Stull u. Prophet 1971, Kee et al. 1987, Burcat 1984):

Stoff	$\Delta \overline{H}^{\circ}_{f,298}$ (kJ/mol)	$\overline{S}^{0}_{298}$ (J/mol·K)
$O_2(g)$	0	205,04
$O(g)$	249,2	160,95
$O_3(g)$	142,4	238,8
$H_2(g)$	0	130,57
$H(g)$	218,00	114,60
$H_2O(g)$	-241,81	188,72
$H_2O(l)$	-285,83	69,95
$OH(g)$	39,3	183,6
$Cl_2(g)$	0	222,97
$Cl(g)$	121,29	165,08
$HCl(g)$	-92,31	186,97
$N_2(g)$	0	191,50
$N(g)$	472,68	153,19
$NO(g)$	90,29	210,66
$NO_2(g)$	33,1	239,91
$C(s,Graphit)$	0	5,74
$C(s,Diamant)$	1,895	2,38
$C(g)$	716,6	157,99
$CO(g)$	-110,53	197,56
$CO_2(g)$	-393,5	213,68
$CH_4(g)$	-74,85	186,10
$C_2H_6(g)$	-84,68	229,49
$C_2H_4(g)$	52,10	219,45
$C_2H_2(g)$	226,73	200,83
$C_3H_8(g)$	-103,85	269,91
$C_6H_6(g)$	82,93	269,20
$CH_3OH(g)$	-200,66	239,70
$C_2H_5OH(g)$	-235,31	282,00

Aus (4.13) und (4.14) lassen sich die Temperaturabhängigkeit von U und H ableiten. Durch Integration erhält man:

$$V = \text{const.:} \qquad U_T = U_{298} + \int_{298\,K}^{T} C_V dT' \qquad (4.15)$$

$$p = \text{const.:} \qquad H_T = H_{298} + \int_{298\,K}^{T} C_p dT' \qquad (4.16)$$

Die Größen U, H und C hängen von der Stoffmenge ab (sie sind extensive Größen). Oft ist es vorteilhafter, mit stoffmengenunabhängigen Größen zu rechnen. Aus diesem Grund definiert man molare und spezifische Größen. *Molare Größen* beschreiben innere Energie, Enthalpie, Wärmekapazität usw. pro Mol Stoffmenge. Sie sollen im folgenden durch einen Querstrich gekennzeichnet werden:

$$\overline{C} = C/n; \quad \overline{U} = U/n; \quad \overline{H} = H/n \quad \text{usw.}$$

Spezifische Größen beschreiben innere Energie, Enthalpie, Wärmekapazität usw. pro Einheitsmasse (1kg). Sie sollen im folgenden durch kleine Buchstaben gekennzeichnet werden (m = Gesamtmasse des Systems):

$$c = C/m; \quad u = U/m; \quad h = H/m \quad \text{usw.}$$

4.4 Der Zweite Hauptsatz der Thermodynamik

Zahlreiche physikalisch-chemische Prozesse verletzen nicht den 1. Hauptsatz der Thermodynamik, finden aber trotzdem in der Natur nie statt. Zwei Körper unterschiedlicher Temperatur werden, sobald zwischen ihnen ein Energieaustausch ermöglicht wird, eine gemeinsame Temperatur erreichen. Der umgekehrte Prozeß ist nicht möglich (man wird nie beobachten, daß sich ein Körper erwärmt, wärend sich der andere abkühlt). Aus dieser Beobachtung resultiert der *2. Hauptsatz der Thermodynamik*:

> Ein Prozeß, der einzig und allein Wärme einem kalten Körper entzieht und diese an einen warmen Körper abgibt, ist unmöglich.

Eine andere (äquivalente) Form des 2. Hauptsatzes besagt, daß zwar Arbeit vollständig in Wärme, Wärme aber nicht vollständig in Arbeit umgewandelt werden kann. Der 2. Hauptsatz enthält somit Information über die Richtung thermodynamischer Prozesse.

Thermodynamische Prozesse, bei denen ein System ohne Änderungen in der Umgebung in seinen Anfangszustand zurückkehren kann, bezeichnet man als *reversibel*. Für solche Prozesse ist es notwendig und hinreichend, daß sich das System in lokalem Gleichgewicht befindet (Beispiele sind Verdampfung und Kondensation). Bei irreversiblen Prozessen ist eine Rückkehr in den Ausgangszustand nur möglich, wenn sich die Umgebung des Systems ändert (z.B. Verbrennungsprozesse).

Während die einem System zugeführte Wärmemenge vom Weg abhängt und damit keine Zustandsfunktion ist, existiert eine extensive Zustandsfunktion, die Entropie S, für die gilt:

$$dS = \frac{\delta Q_{rev.}}{T} \qquad dS > \frac{\delta Q_{irrev.}}{T} \qquad (4.17)$$

Dabei bezeichnen der Index *rev* einen *reversiblen* und *irrev* einen *irreversiblen* Prozesse. Dieser Zusammenhang ist eine weitere äquivalente Formulierung des *2.*

Hauptsatzes der Thermodynamik. Es gilt somit für abgeschlossene Systeme ($\delta Q = 0$):

$$(dS)_{\text{rev.}} = 0 \quad ; \quad (dS)_{\text{irrev.}} > 0 \qquad (4.18)$$

Die Entropieänderung bei einem reversiblen thermodynamischen Prozeß erhält man durch Integration von (4.17):

$$S_2 - S_1 = \int_1^2 \frac{\delta Q_{\text{rev}}}{T} \qquad (4.19)$$

Der Begriff der Entropie läßt sich mittels der statistischen Theorie der Thermodynamik auch als ein Maß für die Unordnung eines Systems erklären. Auf diese Betrachtungsweise soll hier nicht eingegangen werden. Einzelheiten findet man in Lehrbüchern der statistischen Theorie der Wärme.

4.5 Der Dritte Hauptsatz der Thermodynamik

Der 2. Hauptsatz (Abschnitt 4.4) beschreibt die Entropieänderung bei thermodynamischen Prozessen. Es hat sich nun herausgestellt, daß Entropien (im Gegensatz zu den Enthalpien) einen durch die Natur festgelegten Nullpunkt haben.

Der *3. Hauptsatz der Thermodynamik* legt diesen absoluten Nullpunktes der Entropie fest:

$$\lim_{T \to 0} S = 0 \quad \text{für ideale Kristalle reiner Stoffe} \qquad (4.20)$$

Analog zu freier Energie und Enthalpie definiert man *Standard-Entropien* $S°$ als Entropien beim Standarddruck. *Reaktionsentropien* $\Delta_R S$ sind (analog zu Reaktionsenthalpie usw.) festgelegt als

$$\Delta_R S = \sum_i \nu_i S_i \qquad (4.21)$$

Für die Temperaturabhängigkeit der Entropie ergibt sich aus (4.17) mit (4.13) und (4.14):

$$dS = \frac{C_V}{T} dT \quad \text{bzw.} \quad S_T = S_{298K} + \int_{298K}^{T} \frac{C_V}{T'} dT' \quad (\text{rev.}, V = \text{const.}) \qquad (4.22)$$

$$dS = \frac{C_V}{T} dT \quad \text{bzw.} \quad S_T = S_{298K} + \int_{298K}^{T} \frac{C_V}{T'} dT' \quad (\text{rev.}, V = \text{const.}) \qquad (4.23)$$

Tabellenwerte von $\overline{S}^0_{298}$ sind in Tabelle 4.1 aufgeführt, so daß die Berechnung von Reaktionsenthalpien und Reaktionsentropien für einfache Beispiele möglich wird.

4.6 Gleichgewichtskriterien und Thermodynamische Funktionen

Ersetzt man im 1. Hauptsatz (4.3) die zugeführte Wärmemenge durch den Ausdruck für die Entropie (4.17), so erhält man die Ungleichung

$$dU + p\,dV - T\,dS \leq 0 \qquad (4.24)$$

wobei das Gleichheitszeichen für reversible, das Kleiner-Zeichen für irreversible Prozesse gilt.

Ein typischer reversibler Prozeß ist die Einstellung eines chemischen Gleichgewichts, z. B.:

$$A + B + \ldots = C + D + \ldots$$

Zugabe z. B. einer differentiell kleinen Menge von A verschiebt das Gleichgewicht nach rechts, Wegnahme einer differentiell kleinen Menge von A verschiebt das Gleichgewicht nach links (*le Chatelier*: Prinzip des kleinsten Zwanges). Man erhält demnach als Gleichgewichtsbedingung

$$dU + pdV - TdS = 0 \qquad (4.25)$$

bzw.

$$(dU)_{V,S} = 0 \qquad (4.26)$$

Diese Gleichgewichtsbedingung ist aber wegen der ungünstig festgelegten Nebenbedingungen V = const. und S = const. für praktische Anwendungen kaum zu gebrauchen, da die Entropie für die Praxis (nicht direkt meß- und regelbar) eine unhandliche Größe ist.

Zur Formulierung praktikabler Gleichgewichtsbedingungen muß man daher, wie schon bei der Einführung der Enthalpie (siehe Abschnitt 4.1), geeignete neue thermodynamische Funktionen einführen, die zu praxisgerechten Nebenbedingungen führen. Ersetzt man deshalb in (4.25) TdS durch $TdS = d(TS) - SdT$, so erhält man nach Umformung für das Gleichgewicht die Bedingung

$$d(U - TS) + pdV + SdT = 0 \qquad (4.27)$$

bzw. mit einer neuen Zustandsfunktion $F = U - TS$, die als *Freie Energie* bezeichnet wird

$$(dF)_{V,T} = 0 \qquad (4.28)$$

Entsprechend ergibt sich durch weitere Umformung dieses Ausdrucks der Zusammenhang

$$d(U - TS + pV) - Vdp + SdT = 0 \qquad (4.29)$$

so daß man mit einer weiteren Zustandsfunktion (*Freie Enthalpie* oder *Gibbs - Energie*) $G = F + pV = H - TS$ im chemischen Gleichgewicht die wegen der handlichen Nebenbedingungen oft benutzte Formulierung angeben kann:

$$(dG)_{p,T} = 0 \qquad (4.30)$$

4.7 Gleichgewicht in Gasmischungen; Chemisches Potential

Das *chemische Potential* eines Stoffes i in einem Gemisch ist definiert als die partielle Ableitung der Freien Enthalpie G nach der Stoffmenge n_i

$$\mu_i = \left(\frac{\partial G}{\partial n}\right)_{p,T,n_j} \quad (4.31)$$

Dabei bedeuten die Indizes, daß p, T und alle n_j außer n_i konstant gehalten werden. Für einen reinen Stoff ist natürlich

$$\mu = \left(\frac{\partial G}{\partial n}\right)_{p,T} = \left(\frac{\partial n\overline{G}}{\partial n}\right)_{p,T} = \overline{G} \quad (4.32)$$

Es soll nun nach einem konkreten Ausdruck für das chemische Potential eines Stoffes i in einer Gasmischung gefragt werden. Dazu betrachtet man für T = const. die Gibbs-Energie. Nach (4.29) gilt

$$(dG)_T = Vdp \quad (4.33)$$

Integration unter Zuhilfenahme des idealen Gasgesetzes führt dann zu dem Ergebnis

$$G(T,p) = G^0(T) + \int_{p^0}^{p} V\,dp' = G^0(T) + \int_{p^0}^{p} nRT\frac{dp'}{p'} = G^0(T) + nRT \cdot \ln\frac{p}{p^0} \quad (4.34)$$

Differentiation nach der Stoffmenge n ergibt :

$$\mu = \mu^0(T) + RT \cdot \ln(p/p^0) \quad (4.35)$$

Entsprechend ergibt sich (auf die Herleitung soll hier verzichtet werden) in einem idealen Gasgemisch:

$$\mu_i = \mu_i^0(T) + RT \cdot \ln(p_i/p^0) \quad (4.36)$$

In Verallgemeinerung des *totalen Differentials* der Gibbs-Energie eines reinen Stoffes

$$dG = Vdp - SdT$$

gilt mit der Definition des chemischen Potentials in einer idealen Gas-Mischung

$$dG = Vdp - SdT + \sum_i \mu_i dn_i \quad (4.37)$$

Betrachtet man nun eine im vorliegenden Gemisch ablaufende chemische Reaktion $\Sigma v_i A_i = 0$ und führt die stoffunabhängige *Reaktionslaufzahl* ξ mittels des Zusammenhanges $dn_i = v_i d\xi$ ein (d. h. zum Beispiel: $d\xi = 1$ für 1 Mol Formelumsatz), so ergibt sich aus (4.37) bei festgehaltenen T und p im Gleichgewicht ($dG = 0$):

$$\Sigma v_i \mu_i = 0 \qquad (4.38)$$

Betrachtet man nun insbesondere wieder ein reagierendes Gasgemisch im chemischen Gleichgewicht, so kann man (4.35) für die chemischen Potentiale in (4.38) einsetzen und erhält

$$\sum_i v_i \mu_i^0 + RT \sum_i v_i \ln \frac{p_i}{p^0} = 0 \qquad (4.39)$$

$$\sum_i v_i \mu_i^0 + RT \ln \prod_i \left(\frac{p_i}{p^0}\right)^{v_i} = 0. \qquad (4.40)$$

Beachtet man, daß $\Sigma v_i \mu_i^\circ = \Sigma v_i \overline{G}_i^\circ = \Delta_R \overline{G}_i^\circ$ die molare Gibbs-Energie der betrachteten chemischen Reaktion ist und führt man als Abkürzung die *Gleichgewichtskonstante* K_p der betrachteten Reaktion

$$K_p = \prod_i \left(\frac{p_i}{p^0}\right)^{v_i} \qquad (4.41)$$

ein, so ergibt sich die für die weitere Behandlung wichtige thermodynamische Beziehung

$$K_p = \exp(-\Delta_R \overline{G}^0/RT) \qquad (4.42)$$

Quantitative Aussagen über die Gleichgewichtszusammensetzung einer Gasmischung sind mit Hilfe von (4.41) nun möglich, (4.42) gibt dabei an, wie man die benötigten Gleichgewichtskonstanten aus thermodynamischen Daten bestimmen kann.

4.8 Bestimmung von Gleichgewichtszusammensetzungen in der Gasphase

In diesem Abschnitt soll die Berechnung der Gleichgewichtszusammensetzung im Abgas eines Verbrennungsvorganges beschrieben werden. Zur Illustration wird ein repräsentatives Beispiel (eine stöchiometrische Äthylen-Sauerstoff-Verbrennung) behandelt.

Auswahl des betrachteten Stoffsystems: Zur Beschreibung einer Mischung im Gleichgewicht müssen zunächst die im System vorkommenden verschiedenen Stoffe bestimmt werden (S = Anzahl verschiedener Stoffe). Hierbei müssen alle für das Problem relevanten Spezies berücksichtigt werden. Bei Bedarf kann dieses Stoffsystem erweitert werden um auch z.B. Spezies, die nur in Spuren auftreten zu berücksichtigen.
    Beispiel: Zur Beschreibung des Abgases bei der Verbrennung eines stöchiometrischen Gemisches von Äthylen mit Sauerstoff (im folgenden soll eine Temperatur von

4.8 Bestimmung von Gleichgewichtszusammensetzungen in der Gasphase

2973 K im Abgas angenommen werden; zur Berechnung von adiabatischen Flammentemperaturen siehe Abschnitt 4.9) benötigt man, wenn Spurenstoffe nicht berücksichtigt werden sollen, die Stoffe

$$CO_2, CO, H_2O, H_2, O_2, O, H, OH \quad (S = 8)$$

Kohlenwasserstoffe (z. B. der Brennstoff C_2H_4) sind im Abgas von stöchiometrischen Gemischen nicht wesentlich enthalten. In brennstoffreichen Gemischen müssen dann lediglich CH_4 (Methan) und C_2H_2 (Acetylen) berücksichtigt werden. Wird mit Luft verbrannt, muß man N_2 und gegebenenfalls Schadstoffe wie NO und HCN berücksichtigen.

Bestimmung der Komponenten des Stoffsystems: Jedes Gemisch aus S Stoffen besitzt eine Anzahl von kleinsten Bestandteilen (z. B. die beteiligten chemischen Elemente), die nicht weiter zerlegt werden sollen (*Komponenten*). Diese Komponenten sind Erhaltungsgrößen im System und können nicht durch chemische Reaktionen ineinander umgewandelt werden. Das System ist eindeutig bestimmt durch diese Komponenten. Die tatsächliche Gemischzusammensetzung ergibt sich dann dadurch, daß chemische Reaktionen das System in das Gleichgewicht führen.

Beispiel: Im C_2H_4-O_2-System liegen insgesamt $K = 3$ verschiedene chemische Elemente, d.h. Komponenten, vor: C, H und O. Für das vorliegende Beispiel sollen jedoch als kohlenstoffhaltige Komponente CO, als sauerstoffhaltige O_2 und als wasserstoffhaltige H_2 verwendet werden. Diese Komponenten sind nun keine Erhaltungsgrößen mehr, da sie durch chemische Reaktionen verbraucht oder gebildet werden können.

Die Auswahl dieser Komponenten dient allein dazu, das System eindeutig zu bestimmen. Einziger Grund für die Wahl dieser Komponenten ist, daß die entsprechenden Molenbrüche bzw. Partialdrücke im Gegensatz zu den Werten für die Elemente eine direkte physikalische Bedeutung besitzen.

Es sei hier kurz angemerkt, daß bei der Wahl der Komponenten Vorsicht geboten ist. CO_2 kann z.B. nicht als Komponente sowohl für Kohlenstoff als auch für Sauerstoff verwendet werden, da deren Mengen dann nicht unabhängig voneinander variierbar sind.

Bestimmung der unabhängigen Reaktionen: Die Stoffe im Reaktionssystem, die nicht als Komponenten des betrachteten Gemisches ausgewählt worden sind, können durch chemische Reaktionen verändert werden. Dazu müssen genau $R = S - K$ voneinander unabhängige chemische Gleichgewichtsbedingungen in der Form (4.38) spezifiziert werden:

$$\sum_{i=1}^{S} \nu_{ij} \mu_i = 0 \quad ; \quad j = 1,...,R \quad (4.43)$$

Sind weniger als R Reaktionen gegeben oder einzelne Reaktionen linear abhängig, so ist das System unterbestimmt. Sind mehr als R linear abhängige Reaktionen gegeben, ist es überbestimmt. Die Anzahl der linear unabhängigen Reaktionen im System

(4.43) muß also genau R sein. Diese Zahl kann als Rang der Matrix mit den Elementen v_{ij} bestimmt werden.

Beispiel: $R = S - K = 5$; das folgende Gleichungssystem ist linear unabhängig, da die fettgedruckten Stoffe jeweils in nur einer einzigen Gleichung vorkommen:

$$
\begin{aligned}
CO_2 &= \mathbf{CO} + 1/2\, O_2 & K_1 \\
H_2 + 1/2\, O_2 &= \mathbf{H_2O} & K_2 \\
1/2\, H_2 + 1/2\, O_2 &= \mathbf{OH} & K_3 \\
1/2\, H_2 &= \mathbf{H} & K_4 \\
1/2\, O_2 &= \mathbf{O} & K_5
\end{aligned}
$$

Aufstellen der Bestimmungsgleichungen: Bei vorgegebener Temperatur und Gesamtdruck wird das System beschrieben durch die S Partialdrücke p_i, für die S Bestimmungsgleichungen benötigt werden. Als erstes Bedingung verwendet man, daß der Gesamtdruck der Summe der Partialdrücke entspricht:

$$\sum_{i=1}^{S} p_i = p \qquad (4.44)$$

Weiterhin ist die Elementzusammensetzung der K Elemente in der Mischung konstant. Damit sind auch die $K - 1$ Atomzahlverhältnisse $N_2/N_1, N_3/N_1, ..., N_K/N_1$ konstant und gleich den Verhältnissen im vorgegebenen Ausgangsgemisch $c_{2/1}, c_{3/1}, ..., c_{K/1}$:

$$N_i/N_1 = c_{i/1} \quad ; \quad i = 2, ..., K \qquad (4.45)$$

Die Bedingungen (4.44) und (4.45) formen einen Satz von K linearen Gleichungen (siehe unten); für die restlichen R Bestimmungsgleichungen verwendet man die Gleichgewichtsbedingungen (4.43) in der Form

$$p_j = K_{p,j}^* \prod_{i=1}^{K} p_i^{v_{ij}} \quad ; \quad j = K+1, ..., S \qquad (4.46)$$

wobei $K_{p,j}^*$ eine Gleichgewichtskonstante oder ihr Kehrwert ist. Die Bedingungen (4.46) sind im allgemeinen nicht-linear.

Beispiel: Für die Gleichungen (4.43-4.46) erhält man in diesem Fall die Ausdrücke:

$N_H/N_{CO} = c_{H/CO}$: $2\, p_{H2O} + 2\, p_{H2} + p_{OH} + p_H \qquad - c_{H,CO}(p_{CO2} + p_{CO}) = 0$

$N_O/N_{CO} = c_{O/CO}$: $2\, p_{CO2} + 2\, p_{O2} + p_{CO} + p_{H2O} + p_{OH} + p_O \quad - c_{O,CO}(p_{CO2} + p_{CO}) = 0$

Gesamtdruck: $p_{CO2} + p_{CO} + p_{H2O} + p_{O2} + p_{H2} + p_{OH} + p_H + p_O - p_{ges} = 0$

Gleichgewichtsbedingungen:

$$p_{CO_2} = K_1 p_{CO} \sqrt{p_{O_2}} \qquad p_{H_2O} = K_2 p_{H_2} \sqrt{p_{O_2}} \qquad p_{OH} = K_3 \sqrt{p_{O_2} p_{H_2}}$$

$$p_H = K_4 \sqrt{p_{H_2}} \qquad p_O = K_5 \sqrt{p_{O_2}}$$

Lösung des Gleichungssystems: Nichtlineare Gleichungssysteme löst man meistens mit einem Newton-Verfahren (siehe Lehrbücher der numerischen Mathematik). Für das vorliegende gemischte System von linearen und nichtlinearen Gleichungen ist jedoch ein anderes Verfahren recht einfach: Man startet mit Schätzwerten $p_1^{(0)}$, ..., $p_K^{(0)}$ für die Komponenten. Die Partialdrücke $p_i^{(0)}$, $i = K+1$, ..., S der restlichen Spezies können dann aus den Gleichgewichtsgleichungen (4.46) berechnet werden und durch Differentiation nach der Kettenregel die Differentiale dp_i, $i = K+1$, ..., S.

Die neue Lösung für die Komponenten läßt sich dann darstellen durch $p_1 = p_1^{(0)} + dp_1, ..., p_K = p_K^{(0)} + dp_K$. Einsetzen der $p_i^{(0)} + dp_i$ in (4.44) und (4.45) liefert dann ein lineares Gleichungssystem zur Bestimmung der Korrekturen dp_i, $i = 1$, ..., K, aus denen man dann die $p_i^{(1)} = p_i^{(0)} + dp_i$ berechnen kann. Die Methode wird fortgesetzt bis zur Konvergenz (fünf bis zehn Schritte, siehe Beispiel).

Beispiel: $T = 2700\ ^0C$; $p = 1$ bar; $c_{H/C} = 2$; $c_{O/C} = 3$; $K_1 = 3{,}367$; $K_2 = 23{,}0$; $K_3 = 1{,}07$; $K_4 = 0{,}154$; $K_5 = 0{,}110$. Man schätzt z. B. $p_{CO_2}^{(0)} = 0{,}472$ bar, $p_{O_2}^{(0)} = p_{H_2}^{(0)} = 0{,}1$ bar. Es folgt: $p_{H_2O}^{(0)} = 0{,}723$ bar; $p_{CO}^{(0)} = 0{,}500$ bar; $p_{OH}^{(0)} = 0{,}107$ bar; $p_H^{(0)} = 0{,}0485$ bar und $p_O^{(0)} = 0{,}0346$ bar. Die Korrekturen sind: $dp_{H_2} = -0{,}0547$ bar, $dp_{O_2} = -0{,}0048$ bar und $dp_{CO_2} = -0{,}296$ und es ergibt sich: $p_{H_2}^{(1)} = 0{,}0453$ bar, $p_{O_2}^{(1)} = 0{,}0952$ bar, $p_{CO_2}^{(1)} = 0{,}204$ bar. Die 5. Näherung ergibt: $p_{H_2}^{(5)} = 0{,}0440$ bar, $p_{O_2}^{(5)} = 0{,}0960$ bar, $p_{CO_2}^{(5)} = 0{,}209$ bar. Es ist sehr rasche Konvergenz zu beobachten. Schon die 1. Näherung liegt nahe der Lösung, die praktisch der 5. Näherung entspricht. Auch eine sehr schlechte Schätzung der $p_i^{(0)}$ liefert schnell Ergebnisse.

4.9 Bestimmung adiabatischer Flammentemperaturen

In einem adiabatischen System ($\delta Q = 0$) folgt bei konstantem Druck aus dem 1. Hauptsatz der Thermodynamik die Energieerhaltung in der einfachen Form $dH = 0$. Zusätzlich bleibt die Gesamtmasse konstant.

Aus diesem Grund besitzen unverbranntes Frischgas (Index u) und verbranntes Abgas (Index b) dieselbe spezifische Enthalpie. Die molaren Enthalpien von Frisch- und Abgas unterscheiden sich, da Massenhaltung, jedoch keine Teilchenerhaltung vorliegt (die Stoffmenge eines Stoffsystems ändert sich i.a. bei einer chemischen Reaktion); siehe auch Kapitel 3:

$$h^{(u)} = \sum_{j=1}^{S} w_j^{(u)} h_j^{(u)} = \sum_{j=1}^{S} w_j^{(b)} h_j^{(b)} = h^{(b)} \qquad (4.47)$$

Bei konstantem Druck gilt

$$h_j^{(b)} = h_j^{(u)} + \int_{T_u}^{T_b} c_{p,j}\, dT. \qquad (4.48)$$

Mit dieser Gleichung läßt sich die *adiabatische Flammentemperatur* T_b bestimmen, d.h. die Temperatur nach einer Verbrennung, bei der angenommen wird, daß alle bei der chemischen Reaktion freigewordene Energie zum Aufheizen des Systems benutzt wird und damit Wärmeverluste an die Umgebung vernachlässigbar sind. Man kann T_b mittels einer Intervallschachtelung recht leicht bestimmen:

Zunächst berechnet man die Gleichgewichtszusammensetzungen und die Enthalpien $h^{(1)}$, $h^{(2)}$ bei zwei Temperaturen, die kleiner bzw. größer als die vermutete Flammentemperatur sind $(T_1 < T_b$ und $T_2 > T_b)$. Danach wird die Zusammensetzung und die spezifische Enthalpie $h^{(m)}$ bei der mittleren Temperatur $T_m = (T_o - T_u)/2$ bestimmt. Liegt die spezifische Enthalpie $h^{(u)}$ zwischen $h^{(1)}$ und $h^{(m)}$, so setzt man $T_2 = T_m$. Anderenfalls setzt man $T_1 = T_m$. Diese Einschachtelung wird fortgesetzt, bis das Ergebnis genügend genau ist. Daß dieses recht simple Verfahren zum Ergebnis führt, liegt daran, daß die Enthalpie eine monoton steigende Funktion der Temperatur ist.

Beispiele für adiabatische Flammentemperaturen T_b und die entsprechenden Zusammensetzungen x_b für stöchiometrische Mischungen bei 1 bar und $T_u = 298$ K sind in Tabelle 4.2 angegeben (Literatur Gaydon/Wolfhard 1979).

Tab. 4.2. Adiabatische Flammentemperaturen und Gemischzusammensetzungen stöchiometrischer Mischungen

Gemisch	H_2/Luft	H_2/O_2	CH_4/Luft	C_2H_2/Luft	C_2N_2/O_2
T_b [K]	2380	3083	2222	2523	4850
H_2O	0,320	0,570	0,180	0,070	---
CO_2	---	---	0,085	0,120	0,000
CO	---	---	0,009	0,040	0,660
O_2	0,004	0,050	0,004	0,020	0,000
H_2	0,017	0,160	0,004	0,000	---
OH	0,010	0,100	0,003	0,010	---
H	0,002	0,080	0,0004	0,000	---
O	0,0005	0,040	0,0002	0,000	0,008
NO	0,0005	---	0,002	0,010	0,0003
N_2	0,650	---	0,709	0,730	0,320

4.10 Tabellierung thermodynamischer Daten

Thermodynamische Daten einer großen Zahl von Stoffen sind in Tabellenwerken als Funktion der Temperatur tabelliert (Stull u. Phrophet 1971, Kee et al. 1987, Burcat 1984) In den *JANAF-Tables* (Stull u. Prophet 1971) findet man z.B. die Größen $\overline{C}_p^0$, $\overline{S}^0$, $-(\overline{F}^0 - \overline{H}_{298}^0)/T$, $\overline{H}^0 - \overline{H}_{298}^0$, $\Delta \overline{H}_f^0$, $\Delta \overline{F}_f^0$, $\log K_p$ für eine sehr große Anzahl verschiedener Stoffe. Wesentlich sind dabei die Werte von $\overline{C}_p^0$, $\overline{S}^0$ und $\overline{H}^0 - \overline{H}_{298}^0$, wobei aus letzterem zusammen mit $\Delta \overline{H}_f^0$ $\overline{H}^0$ berechnet werden kann. Aus diesen Größen lassen sich alle anderen thermodynamischen Funktionen berechnen. Hilfreich ist auch der $\log K_p$ für die Bildung aus den reinen Elementen, aus dem sich die freie Enthalpie $\overline{G}^0$ ermitteln läßt, siehe (4.42).

Ein Beispiel für die in den JANAF-Tabellen enthaltenen Daten ist in Tabelle 4.3 zu finden. Zusätzlich ist in Abb. 4.1 die Abhängigkeit der Wärmekapizät von Wasserstoff von der Temperatur dargestellt. Bei sehr tiefen Temperaturen sind nur die

Translationsfreiheitsgrade des Wasserstoffmoleküls angeregt und die molekulare Wärmekapazität beträgt 3/2 R. Bei höheren Temperaturen tragen zwei Rotationsfreiheitsgrade zur Wämekapazität bei, was zu einem Wert von 5/2 R führt. Bei noch höheren Temperaturen werden schließlich auch die Schwingungsfreiheitsgrade des Moleküls angeregt und die molekulare Wärmekapazität nähert sich dem Wert 7/2 R. Eine genaue Beschreibung dieser Prozesse und die theoretische Bestimmung von Wärmekapazitäten findet man in Lehrbüchern der statistischen Thermodynamik.

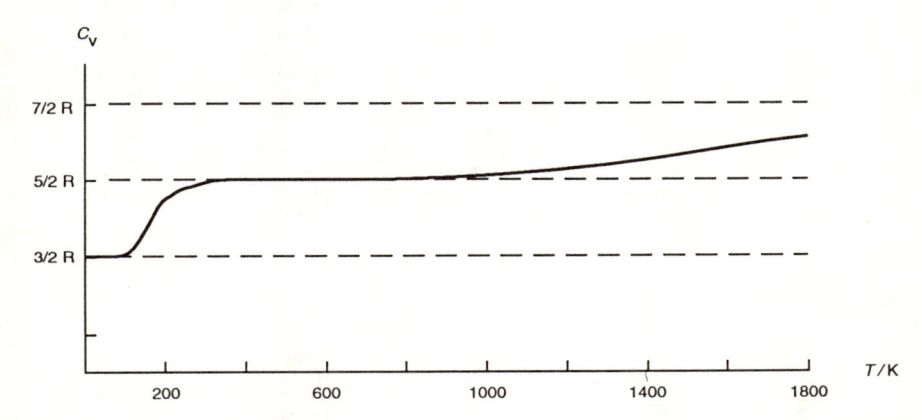

Abb. 4.1. Wärmekapazität von molekularem Wasserstoff in Abhängigkeit von der Temperatur

Die tabellierten Größen stammen zum kleineren Teil aus kalorimetrischen Messungen; der weitaus größte Teil ist aus spektroskopischen Daten und theoretischen Rechnungen abgeleitet, die für bessere Genauigkeit sorgen können. Trotz aller Bemühungen um diese Art von Tabellenwerten liegen befriedigende Daten erst für eine relativ kleine Zahl von Stoffen vor. Selbst für Stoffe wie CH_3, C_2H_3 und C_2H, die in einfachen Verbrennungssystemen zu finden sind, herrscht noch Mangel an genauen Daten (Baulch et al. 1991).

Für Computer-Berechnungen werden die thermodynamischen Daten nicht in Tabellenform, sondern in Form von Polynomansätzen verwendet. Es hat sich dabei durchgesetzt, die molaren Wärmekapazitäten $\overline{C}_p$ als Polynome 4. Grades darzustellen:

$$\overline{C}_p = \overline{C}_{p,0} + \overline{C}_{p,1} \cdot T + \overline{C}_{p,2} \cdot T^2 + \overline{C}_{p,3} \cdot T^3 + \overline{C}_{p,4} \cdot T^4 \qquad (4.49)$$

Zusätzlich zu den fünf Koeffizienten benötigt man zwei Integrationskonstanten

$$\overline{H}_T = \overline{C}_{p,6} + \int \overline{C}_p \, dT; \qquad \overline{S}_T = \overline{C}_{p,7} + \int \frac{\overline{C}_p}{T} dT \qquad (4.50)$$

zur Berechnung von Enthalpien und Entropien. Um die Genauigkeit der Polynomansätze zu erhöhen, verwendet man üblicherweise verschiedene Datensätze für niedrige ($T < 1000$ K) und hohe ($T > 1000$ K) Temperaturen.

Tab. 4.3. Thermodynamische Daten des Stickstoffmonoxids (nach Stull u. Prophet 1971)

Nitric Oxide (NO)		Ideal Gas	$M = 30{,}008$ g/mol	$\Delta \overline{H}^0_{f,298} = 21{,}56$ kcal·mol
T/K	$\overline{C}^0_p$/cal·mol·K	$\overline{S}^0$/cal·mol·K	$(\overline{H}^0 - \overline{H}^0_{298})$/kcal·mol	$\log K_p$
0	0,000	0,000	-2,197	---------
100	7,721	42,286	-1,451	-46,453
200	7,271	47,477	-0,705	-22,929
298	7,133	50,347	0,000	-15,171
300	7,132	50,392	0,013	-15,073
400	7,157	52,444	0,727	-11,142
500	7,287	54,053	1,448	-0,789
600	7,486	55,397	2,186	-7,210
700	7,695	55,397	2,186	-7,210
800	7,832	57,596	3,716	-5,243
900	7,988	58,328	4,507	-4,587
1000	8,123	59,377	5,313	-4,062
1100	8,238	60,157	6,131	-3,633
1200	8,336	60,878	6,960	-3,279
1300	8,419	61,540	7,790	-2,972
1400	8,491	62,175	8,644	-2,712
1500	8,552	62,763	9,496	-2,487
1600	8,605	63,317	10,354	-2,290
1700	8,651	63,840	11,217	-2,166
1800	8,692	64,335	12,084	-1,962
1900	8,727	64,806	12,955	-1,823
2000	8,759	65,255	13,829	-1,699
2100	8,788	65,683	14,706	-1,586
2200	8,813	66,092	15,587	-1,484
2300	8,837	66,484	16,469	-1,391
2400	8,858	66,861	17,354	-1,305
2500	8,877	67,223	18,241	-1,227
2600	8,895	67,571	19,129	-1,154
2700	8,912	67,908	20,020	-1,087
2800	8,927	68,232	20,911	-1,025
2900	8,941	68,545	21,805	-0,967
3000	8,955	68,849	22,700	-0,913
3500	9,012	70,234	27,192	-0,690
4000	9,058	71,440	31,710	-0,524
5000	9,132	73,470	40,807	-0,296

4.11 Übungsaufgaben

Aufgabe 3.1. (a) Bestimmen Sie für die Reaktion $C_2H_4 + H_2 = C_2H_6$ die Gleichgewichtskonstante K_p bei einer Temperatur von $T = 298$ K. (b) Bestimmen Sie für die unter (a) genannte Reaktion die Gleichgewichtszusammensetzung (d.h. die Partialdrücke der einzelnen Spezies) bei einer Temperatur von 298 K und einem Druck von 1 bar. Das Atomzahlverhältnis Kohlenstoff zu Wasserstoff sei $c_{C,H} = 1/3$.

Aufgabe 3.2. Berechnen Sie die adiabatische Flammentemperatur bei der stöchiometrischen Verbrennung von gasförmigem C_3H_8 mit O_2. Das Vorhandensein von Dissoziationsprodukten wie H, O, OH, ... soll dabei vernachlässigt werden, d. h. es sollen nur Wasser und CO_2 als Reaktionsprodukte betrachtet werden. ($T_u = 298$ K, $p = 1$ bar, ideales Gas). Verwenden Sie hierzu

$$\overline{C}_P(H_2O) = \overline{C}_P(CO_2) = 71 \text{ J/mol} + (T - 298 \text{K}) \cdot 0{,}080 \text{ J/mol} \cdot \text{K}$$

5 Transportprozesse

Die molekularen Transportprozesse, d.h. Diffusion, Wärmeleitung und Viskosität, haben alle gemeinsam, daß bei ihnen durch die Bewegung der Moleküle im Gas gewisse physikalische Größen transportiert werden. Diffusion ist Transport von Masse bedingt durch Konzentrationsgradienten, Viskosität ist der Transport von Impuls bedingt durch Geschwindigkeitsgradienten, und Wärmeleitung ist Transport von Energie bedingt durch Temperaturgradienten. Zusätzlich zu diesen Prozessen treten auch andere Phänomene auf, wie Massentransport durch Temperaturgradienten (Thermodiffusion, *Soret*-Effekt) oder Energietransport durch Konzentrationsgradienten (*Dufour*-Effekt). Der Einfluß dieser Prozesse ist im allgemeinen aber sehr klein und wird bei Verbrennungsvorgängen oft vernachlässigt (eine detaillierte Darstellung der Transportprozesse findet man in Hirschfelder et al. 1964 oder Bird et al. 1960).

5.1 Einfache physikalische Deutung der Transportprozesse

Ein anschauliches Bild für die Transportprozesse erhält man, wenn man zwei nebeneinander liegende Gasschichten in einem System betrachtet (siehe Abb. 5.1). Liegt ein Gradient $\partial q/\partial z$ einer Eigenschaft q in z-Richtung vor, so besitzen die Moleküle an der Stelle z im Mittel die Eigenschaft q und an der Stelle $z + dz$ die Eigenschaft $q + (\partial q / \partial z)\, dz$. Die Moleküle oder Atome des Gases bewegen sich völlig ungeordnet (*molekulares Chaos*). Ihre statistische Geschwindigkeitsverteilung ist gegeben durch die *Maxwell-Boltzmann* Verteilung (siehe Lehrbücher der Physik oder Physikalischen Chemie). Durch die molekulare Bewegung gelangen einige der Teilchen von einer Gasschicht in die andere. Da die Gasschichten unterschiedliche mittlere Eigenschaften (Impuls, innere Energie, Dichte) besitzen, wird im Mittel unterschiedlich viel Impuls, Energie und Dichte in beiden Richtungen (Schicht 1 → Schicht 2 bzw Schicht 2 → Schicht 1) übertragen. Es erfolgt ein molekularer Austausch (Fluß, Transport). Aus der kinetischen Gastheorie folgt, daß der Transport umso schneller erfolgt, je größer die mittlere Geschwindigkeit der Teilchen ist und je größer die mittlere freie Weglänge der Teilchen (der mittlere Weg, der von einem Teilchen zurückgelegt wird, bis es mit einem anderen Teilchen zusammenstößt) ist.

Die einfache Kinetische Gastheorie geht von der Annahme aus, daß die Teilchen (Atome, Moleküle) harte Kugeln sind, die vollkommen elastisch stoßen. In der Realität sind diese Annahmen jedoch nicht erfüllt. Moleküle haben eine komplizierte Struktur, die deutliche Abweichungen von einer Kugel zeigt. Während das Modell elastischer Stöße annimmt, daß die Teilchen außer während des Stoßes keinerlei Wechselwirkungen haben, existieren in der Realität Anziehungskräfte zwischen den Molekülen (z.B. *van-der-Waals*-Wechselwirkungen). Das inter-molekulare Potential, das die Anziehungs- bzw. Abstoßungskräfte zwischen Molekülen oder Atomen beschreibt, weicht somit deutlich vom idealen Potential harter elastischer Kugeln ab.

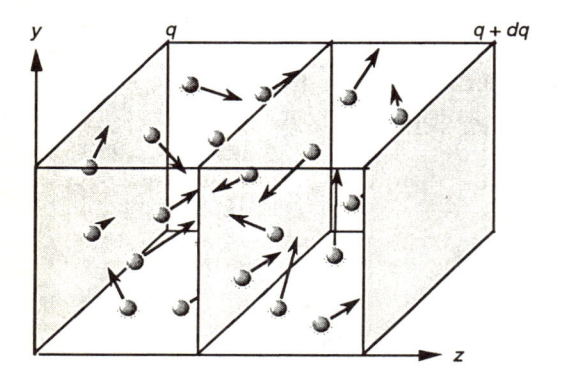

Abb. 5.1. Schematische Darstellung zweier Schichten unterschiedlicher Eigenschaften in einem Gas, Gradient $\partial q / \partial z$ der Eigenschaft q in z-Richtung.

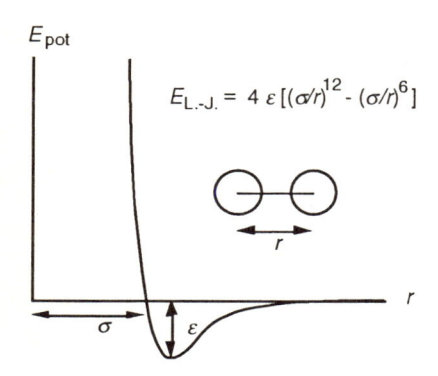

Abb. 5.2. *Lennard-Jones-6-12* Potential

Die intermolekularen Wechselwirkungen lassen sich meist durch ein *Lennard-Jones-6-12*-Potential beschreiben (Kraft $K = dE_{pot}/dr$, siehe Abb. 5.2). Das Lennard-Jones-

Potential ist charakterisiert durch den Moleküldurchmesser σ und die Tiefe des intermolekularen Potentials ε (vergl. Abb. 5.2). Die Parameter einiger häufig vorkommender Teilchen sind in Tab. 5.1 aufgelistet. Die Abweichung vom Modell der harten elastischen Kugeln (*Realgasverhalten*) läßt sich bei den molekularen Transportprozessen durch Korrekturfaktoren (sogenannte *Stoßintegrale*) berücksichtigen.

Tab. 5.1. Molekulare Daten zur Bestimmung von Transportkoeffizienten für einige häufig vorkommende Stoffe (Warnatz 1979), $k = R/N_L$ = Boltzmannkonstante

Spezies	σ [10^{-10}m]	ε/k [K]
H	2,05	145
O	2,75	80
H_2	2,92	38
O_2	3,46	107
N_2	3,62	97
H_2O	2,60	572
CO	3,65	98
CO_2	3,76	244
CH_4	3,75	140
C_2H_6	4,32	246
C_3H_8	4,98	267

5.2 Wärmeleitung

Für den Energietransport (Transport einer Wärmemenge Q) ergibt sich empirisch nach dem *Fourierschen* Wärmeleitungsgesetz, daß die Wärmestromdichte j_q (englisch: heat flux, daher im Deutschen oft: Wärmefluß) proportional zum Temperaturgradienten ist (Bird et al 1960, Hirschfelder et al. 1964):

$$j_q = \frac{\partial Q}{\partial t \cdot F} = -\lambda \frac{\partial T}{\partial z} \qquad (5.1)$$

Dies bedeutet, daß ein Wärmefluß von einem Gebiet hoher in einen Bereich niedriger Temperatur erfolgt (siehe Abb. 5.3). Den Proportionalitätsfaktor λ bezeichnet man als *Wärmeleitfähigkeitskoeffizienten*.

Anordnungen zur Messung von Wärmeleitfähigkeitskoeffizienten bestehen meist aus einem Hitzdraht oder einem beheizten Zylinder in der Achse eines anderen Zylinders. Zwischen den beiden Körpern, die eine unterschiedliche Temperatur besitzen, befindet sich das Gas, dessen Wärmeleitfähigkeitskoeffizient bestimmt werden soll. Wärmeleitung in dem Gas führt zu einem Wärmeausgleich zwischen den zwei Körpern und damit zu einer Temperaturänderung. Aus den Temperaturen der Körper läßt sich der Wärmeleitfähigkeitskoeffizient bestimmen.

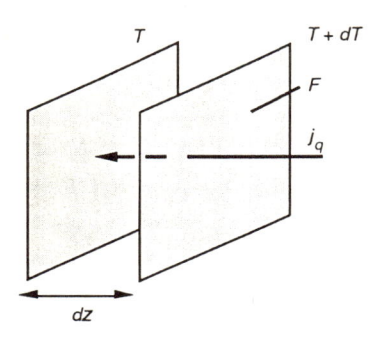

Abb. 5.3. Schematische Darstellung eines Wärmeflusses j_q bedingt durch einen Temperaturgradienten

Für ein ideales Gas liefert die kinetische Gastheorie für das Modell der harten elastischen Kugeln (Bird et al 1960, Hirschfelder et al. 1964):

$$\lambda = \frac{25}{32} \cdot \frac{\sqrt{\pi m k T}}{\pi \sigma^2} \cdot \frac{c_V}{m}. \tag{5.2}$$

Zur Berücksichtigung des Realgas-Effekts muß ein Korrekturfaktor $\Omega^{(2,2)*}$ (*reduziertes Stoßintegral*) einbezogen werden:

$$\lambda = \frac{25}{32} \cdot \frac{\sqrt{\pi m k T}}{\pi \sigma^2 \Omega^{(2,2)*}} \cdot \frac{c_V}{m} \tag{5.3}$$

mit m = Teilchenmasse, $k = R/N_L$ = *Boltzmannkonstante*, T = absolute Temperatur, σ = Teilchendurchmesser und c_V = molekulare Wärmekapazität ($c_V = \overline{C}_V / N_L$). Das reduzierte Stoßintegral $\Omega^{(2,2)*}$ ist bei Annahme eines *Lennard-Jones*-6-12-Potentials eine eindeutige Funktion der reduzierten Temperatur T^*, welche sich aus der absoluten Temperatur T und der Tiefe des intermolekularen Potentials berechnet gemäß $T^* = kT/\varepsilon$. Die Temperaturabhängigkeit des Stoßintegrals $\Omega^{(2,2)*}$ ist in Abb. 5.4 dargestellt.

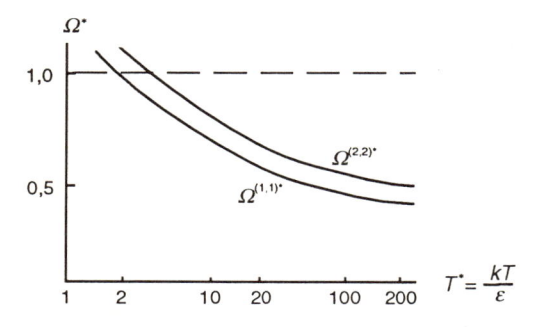

Abb. 5.4. Temperaturabhängigkeit der Stoßintegrale $\Omega^{(2,2)*}$ und $\Omega^{(1,1)*}$ (siehe Abschnitt 5.4)

Für praktische Rechnungen empfiehlt sich oft die einfach auswertbare Formulierung

$$\lambda = 8,323 \cdot 10^{-6} \frac{\sqrt{T/M}}{\sigma^2 \Omega^{(2,2)*}} \frac{J}{cm \cdot K \cdot s} \qquad (5.4)$$

Dabei sind die vorkommenden Größen in folgenden Einheiten einzusetzen: T in K, M in g/mol, σ in nm. Aus (5.4) läßt sich direkt ersehen, daß die Wärmeleitfähigkeit proportional zur Wurzel der Temperatur ($\lambda \sim T^{1/2}$) und unabhängig vom Druck ist.

Bei Verbrennungsprozessen besteht das Gas aus einer komplexen Mischung vieler verschiedener Spezies. In diesem Fall benötigt man zur Beschreibung der Wärmeleitung den Wärmeleitfähigkeitskoeffizienten der Mischung. Für Gasgemische läßt sich mit etwa 10-20% Genauigkeit der Wärmeleitfähigkeitskoeffizient mittels eines einfachen empirischen Gesetzes aus den Wärmeleitfähigkeitskoeffizienten λ_i und den Molenbrüchen x_i der reinen Stoffe berechnen (Mathur et al. 1967):

$$\lambda = \frac{1}{2} \cdot \left[\sum_i x_i \lambda_i + \left(\sum \frac{x_i}{\lambda_i} \right)^{-1} \right]. \qquad (5.5)$$

Bei höherer Anforderung an die Genauigkeit (etwa 5-10%) läßt sich die aufwendigere Beziehung

$$\lambda = \sum_{i=1}^{S} \frac{\lambda_i}{1 + \sum_{k \neq i} x_k \cdot 1,065 \Phi_{ik}} \qquad (5.6)$$

verwenden, wobei die Korrekturfaktoren Φ_{ik} in einer recht komplizierten Weise von den Viskositätskoeffizienten μ_i (siehe Abschnitt 5.3) und den molaren Massen M_i der Spezies i abhängen:

$$\Phi_{ik} = \frac{1}{2\sqrt{2}} \left(1 + \frac{M_i}{M_k}\right)^{-\frac{1}{2}} \cdot \left[1 + \left(\frac{\mu_i}{\mu_k}\right)^{\frac{1}{2}} \cdot \left(\frac{M_i}{M_k}\right)^{\frac{1}{4}}\right]^2 \qquad (5.7)$$

5.3 Viskosität

Für den Impulstransport ergibt sich empirisch nach dem *Newtonschen* Schubspannungsgesetz, daß die Impulsstromdichte (englisch: *momentum flux*, daher im Deutschen oft: Impulsfluß) proportional zum Geschwindigkeitsgradienten ist (siehe z.B. Bird et al. 1960, Hirschfelder et al. 1964):

$$j_{mv} = \frac{\partial (mu)}{\partial t \cdot F} = -\mu \frac{\partial u}{\partial z} \qquad (5.8)$$

Dies bedeutet, daß ein Impulsfluß von einem Gebiet hoher in einen Bereich niedriger Geschwindigkeit erfolgt (siehe Abb. 5.5). Den Proportionalitätsfaktor μ bezeichnet man als *Viskositätskoeffizienten*. (5.8) gilt nur für das einfache Beispiel in Abb. 5.5, bei dem nur ein Geschwindigkeitsgradient in z-Richtung betrachtet wird. Für den allgemeinen Fall ergeben sich recht komplizierte Gesetze, die in Kapitel 11 ausführlich beschrieben werden.

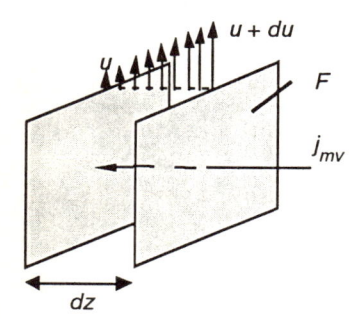

Abb. 5.5. Schematische Darstellung eines durch einen Geschwindigkeitsgradienten bedingten Impulsflusses j_{mv}

Viskositätskoeffizienten lassen sich (vergleiche Messung von Wärmeleitfähigkeitskoeffizienten in Abschnitt 5.2) dadurch messen, daß man zwischen zwei rotierenden konzentrischen Zylindern die zu untersuchende Substanz einbringt. Durch Messung der auftretenden Reibungskräfte läßt sich die Viskosität bestimmen. Eine anderes Verfahren geht vom *Hagen-Poiseulleschen* Gesetz aus, nach dem das pro Zeiteinheit Δt durch eine Kapillare strömende Volumen ΔV umgekehrt proportional zur Viskosität ist (mit r = Radius der Kapillare, l = Länge, Δp = Druckdifferenz).

$$\frac{\Delta V}{\Delta t} = \frac{\pi r^4 \Delta p}{8 \mu l} \qquad (5.9)$$

Für ein ideales Gas liefert die kinetische Gastheorie für das *Modell der harten Kugeln* (siehe z.B. Bird et al. 1960, Hirschfelder et al. 1964):

$$\mu = \frac{5}{16} \frac{\sqrt{\pi m k T}}{\pi \sigma^2} \quad \text{bzw.} \quad \mu = \frac{2}{5} \cdot \frac{m}{c_v} \cdot \lambda \qquad (5.10)$$

Berücksichtigt man Realgaseffekte durch ein *Lennard-Jones*-6-12-*Potential*, so muß wiederum der Korrekturfaktor $\Omega^{(2,2)*}$ (*reduziertes Stoßintegral*) einbezogen werden:

$$\mu = \frac{5}{16} \frac{\sqrt{\pi m k T}}{\pi \sigma^2 \Omega^{(2,2)*}} \qquad (5.11)$$

5.3 Viskosität

Wie der Wärmeleitfähigkeitskoeffizient hängt der Viskositätskoeffizient nicht vom Druck ab und ist proportional zur Wurzel aus der Temperatur ($\mu \sim T^{1/2}$).
Für praktische Rechnungen benutzt man wieder die leicht auswertbare Formulierung:

$$\mu = 2{,}6693 \cdot 10^{-7} \frac{\sqrt{MT}}{\sigma^2 \Omega^{(2,2)*}} \frac{g}{cm \cdot s}, \quad (5.12)$$

wobei m in g/mol, T in K und σ in nm einzusetzen sind. Für Gemische ergibt sich analog zu der Wärmeleitfähigkeit eine empirische Näherung (~10% Fehler):

$$\mu = \frac{1}{2} \cdot \left[\sum_i x_i \mu_i + \left(\sum_i \frac{x_i}{\mu_i} \right)^{-1} \right] \quad (5.13)$$

Bei höheren Ansprüchen an die Genauigkeit kann man wieder auf eine kompliziertere Formulierung mit einer Genauigkeit von etwa 5% zurückgreifen (Wilke 1950), wobei Φ_{ik} nach (5.7) aus den molaren Massen und den Viskositätskoeffizienten berechnet wird:

$$\mu = \sum_{i=1}^{S} \frac{\mu_i}{1 + \sum_{k \neq i} \frac{x_k}{x_i} \Phi_{ik}} \quad (5.14)$$

5.4 Diffusion

Für den Massentransport aufgrund eines Konzentrationsgradienten ergibt sich empirisch gemäß dem *Fickschen* Gesetz, daß die Massenstromdichte (englisch: *mass flux*, daher im Deutschen oft: Massenfluß) proportional zum Konzentrationsgradienten ist (siehe z.B. Bird et al. 1960, Hirschfelder et al. 1964).

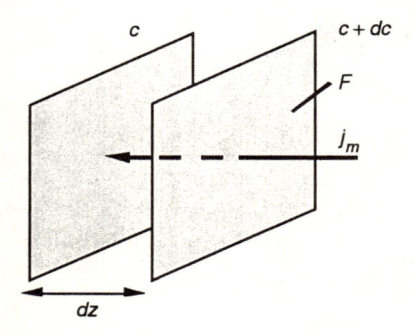

Abb. 5.6. Schematische Darstellung eines durch einen Konzentrationsgradienten bedingten Massenflusses j_m

$$j_m = \frac{\partial m}{\partial t \cdot F} = -D\frac{\partial c}{\partial z} \qquad (5.15)$$

Den Proportionalitätsfaktor μ bezeichnet man als *Diffusionskoeffizienten*. Diffusionskoeffizienten lassen sich z.B. durch Wanderung von isotopenmarkierten Teilchen messen. Wichtig bei Diffusionsmessungen ist, daß Konvektion, welche die Ergebnisse verfälscht, verhindert wird.

Für ein ideales Gas liefert das Modell der harten elastischen Kugeln den *Selbstdiffusionskoeffizienten* (siehe z.B. Bird et al. 1960, Hirschfelder et al. 1964):

$$D = \frac{3}{8}\frac{\sqrt{\pi m k T}}{\pi \sigma^2}\frac{1}{\rho} \quad \text{bzw.} \quad D = \frac{6}{5}\frac{1}{\rho}\mu \qquad (5.16)$$

Berücksichtigt man durch ein *Lennard-Jones-6-12-Potential* die intermolekulare Anziehung und Abstoßung und damit die *Realgas-Effekte*, so muß ein Korrekturfaktor $\Omega^{(1,1)*}$ (*reduziertes Stoßintegral*) einbezogen werden:

$$D = \frac{3}{8}\frac{\sqrt{\pi m k T}}{\pi \sigma^2 \Omega^{(1,1)*}}\frac{1}{\rho} \qquad (5.17)$$

Das reduzierte Stoßintegral $\Omega^{(1,1)*}$ ist bei Annahme eines *Lennard-Jones*-6-12-Potentials ebenso wie das Stoßintegral $\Omega^{(2,2)*}$ eine eindeutige Funktion der reduzierten Temperatur T^*, welche sich aus der absoluten Temperatur T und der Tiefe des intermolekularen Potentials berechnet gemäß $T^* = kT/\varepsilon$. Die Temperaturabhängigkeit des Stoßintegrals $\Omega^{(1,1)*}$ ist in Abb. 5.4 zusammen mit der von $\Omega^{(2,2)*}$ dargestellt

Für eine Mischung von zwei Stoffen (nur hierbei ist Diffusion von praktischem Interesse) wird die Masse durch die sogenannte *reduzierte Masse* $m_1 m_2/(m_1+m_2)$ ersetzt, und man erhält für den binären Diffusionskoeffizienten D_{12} eines Stoffes 1 in einen Stoff 2:

$$D_{12} = \frac{3}{8}\frac{\sqrt{\pi k T \cdot 2 \cdot \dfrac{m_1 \cdot m_2}{m_1 + m_2}}}{\pi \sigma_{12}^2 \Omega^{(1,1)*}\left(T_{12}^*\right)}\frac{1}{\rho} \qquad (5.18)$$

In praktischen Anwendungen verwendet man für *binäre* Diffusionskoeffizienten

$$D_{12} = 2{,}662 \cdot 10^{-5} \frac{\sqrt{T^3 \cdot \dfrac{M_1 + M_2}{2 \cdot M_1 \cdot M_2}}}{p\, \sigma_{12}^2 \Omega^{(1,1)*}\left(T_{12}^*\right)} \frac{\text{cm}^2}{\text{s}} \qquad (5.19)$$

wobei der Druck p in bar, die Temperatur T in K, der Molekülradius σ in nm und die molare Masse M in g eingesetzt werden. Die mittleren Molekülparameter σ_{12} und ε_{12} und damit auch die reduzierte Temperatur T^*_{12} lassen sich gemäß Kombinationsregeln aus den Parametern der verschiedenen Moleküle berechnen:

$$\sigma_{12} = \frac{\sigma_1 + \sigma_2}{2} \quad ; \quad \varepsilon_{12} = \sqrt{\varepsilon_1 \varepsilon_2} \tag{5.20}$$

Im Gegensatz zu Wärmeleitfähigkeits- und Viskositätskoeffizienten gilt für den Diffusionskoeffizienten $D \sim T^{3/2}$ und $D \sim 1/p$; der Diffusionskoeffizient hängt vom Druck ab!

In Gemischen kann man ein empirisches Gesetz für die Diffusion des Stoffes i in eine Mischung M verwenden (Stefan 1874):

$$D_{i,M} = \frac{1 - w_i}{\sum_{j \neq i} \frac{x_j}{D_{ij}}} \quad , \tag{5.21}$$

wobei w_i den Massenbruch der Spezies i, x_j die Molenbrüche der Spezies j und D_{ij} die binären Diffusionskoeffizienten bezeichnen. Die Fehler betragen für diese bekannte Mischungsformel etwa 10%. Die Theorie nach *Chapman/Enskog* (siehe z.B. Bird et al. 1960, Hirschfelder et al. 1964) liefert genauere Ausdrücke für Wärmeleitfähigkeit, Viskosität und Diffusionskoeffizienten in Gemischen; diese Ausdrücke verlangen jedoch einen wesentlich größeren Rechenaufwand als die hier angegebenen.

5.5 Thermodiffusion, Dufour-Effekt und Druckdiffusion

Als *Thermodiffusion* (*Soret*-Effekt) bezeichnet man die Diffusion von Masse aufgrund eines Temperaturgradienten (siehe Thermodynamik der irreversiblen Prozesse). Sie tritt zusätzlich zur normalen Diffusion auf. Der Diffusionsfluß $j_{m,i}$ der Spezies i ergibt sich unter Berücksichtigung der Thermodiffusion zu (Bird et al 1960, Hirschfelder et al. 1964)

$$j_{m,i} = -D_{M,i} \rho \frac{\partial w_i}{\partial z} - \frac{D_{T,i}}{T} \frac{\partial T}{\partial z}. \tag{5.22}$$

wobei $D_{T,i}$ als *Thermodiffusionskoeffizient* bezeichnet wird. Die Thermodiffusion ist nur bei tiefen Temperaturen und leichten Teilchen (H, H_2, He) von Bedeutung. Sie wird daher bei der Betrachtung von Verbrennungsprozessen oft vernachlässigt.

Gemäß der Thermodynamik irreversibler Prozesse tritt als reziproker Prozeß zur Thermodiffusion ein Wärmetransport bedingt durch Konzentrationsgradienten auf (Hirschfelder et al. 1964). Dieser sogenannte *Dufour*-Effekt ist bei Verbrennungsprozessen vernachlässigbar klein. Ein weiterer Effekt, der bei Verbrennungsprozessen meist vernachlässigbar ist, ist die *Druckdiffusion*, d.h die Diffusion bedingt durch Druckgradienten (Hirschfelder et al. 1964).

5.6 Vergleich mit dem Experiment

Die folgenden Abbildungen enthalten einige Beispiele für Vergleiche von gemessenen und mit den weiter oben geschilderten Methoden berechneten Transportgrößen μ, λ und D.

Das erste Beispiel (Warnatz 1978) ist ein Vergleich von gemessenen (Punkte) und berechneten (Linie) Viskositätskoeffizienten (Abb. 5.7). Dabei ist die Viskosität zur besseren Darstellung ihrer Temperaturabhängigkeit durch Division durch die Temperatur reduziert. Deutlich ist zu sehen, daß vom Absolutwert her schlechte Meßergebnisse (nämlich die gefüllten Quadrate) einen wertvollen Beitrag (nämlich über den Temperaturverlauf von μ) liefern können. Die Abweichungen zwischen den experimentellen und den berechneten Viskositäten betragen normalerweise nicht mehr als 1%.

Das zweite Beispiel (Warnatz 1979) zeigt einen Vergleich von gemessenen (Punkte) und gerechneten (Linie) Wärmeleitfähigkeiten. Die Abweichungen zwischen den experimentellen und den berechnete Werten beträgt hier mehrere Prozent. Es ergeben sich außerdem bei den gezeigten Molekülen CO und CO_2 (wie auch allgemein bei den mehratomigen Teilchen) Probleme insbesondere bei tiefen Temperaturen mit dem Beitrag innerer Freiheitsgrade, die in Abschnitt 5.2 nicht angesprochen werden konnten.

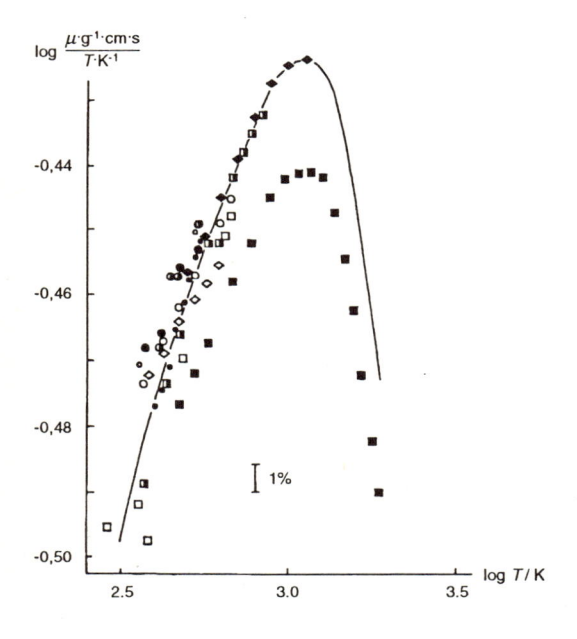

Abb. 5.7. Vergleich von gemessenen (Punkte) und berechneten (Linie) Viskositätskoeffizienten von Wasser (Warnatz 1978).

5.6 Vergleich mit dem Experiment

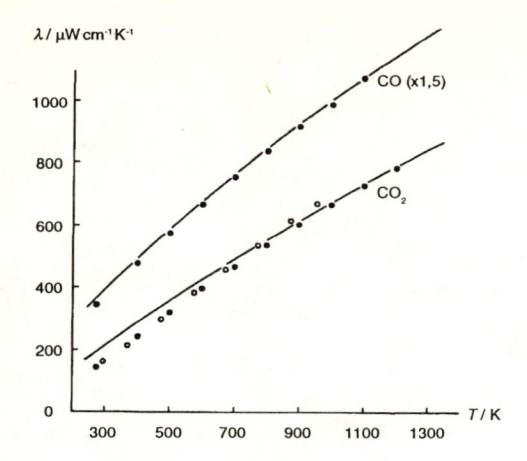

Abb. 5.8. Vergleich von gemessenen (Punkte) und berechneten (Linien) Wärmeleitfähigkeiten von Kohlenmonoxid und Kohlendioxid (Warnatz 1979)

Abbildungen 5.9 und 5.10 (Warnatz 1978a, 1979) zeigen Vergleiche von experimentellen (Punkte) und berechneten (Linien) binären Diffusionskoeffizienten. Es sei darauf hingewiesen, daß es, wie in Abbildung 5.9 für Diffusionskoeffizienten von Wasserstoffatomen und molekularem Wasserstoff demonstriert, auch zahlreiche Messungen über die Diffusion von atomaren Spezies gibt. Die Abweichungen zwischen den einzelnen Messungen sind hier jedoch verständlicherweise erheblich größer als bei Messungen mit stabilen Molekülen.

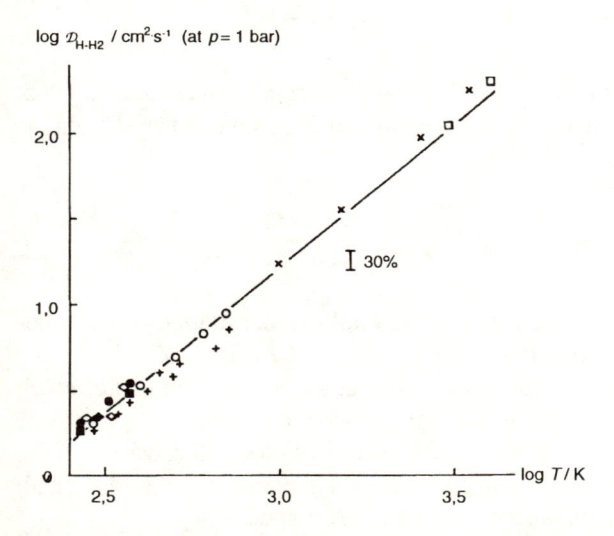

Abb. 5.9. Vergleich von gemessenen (Punkte) und berechneten (Linie) binären Diffusionskoeffizienten von Wasserstoffatomen und molekularem Wasserstoff (Warnatz 1978a)

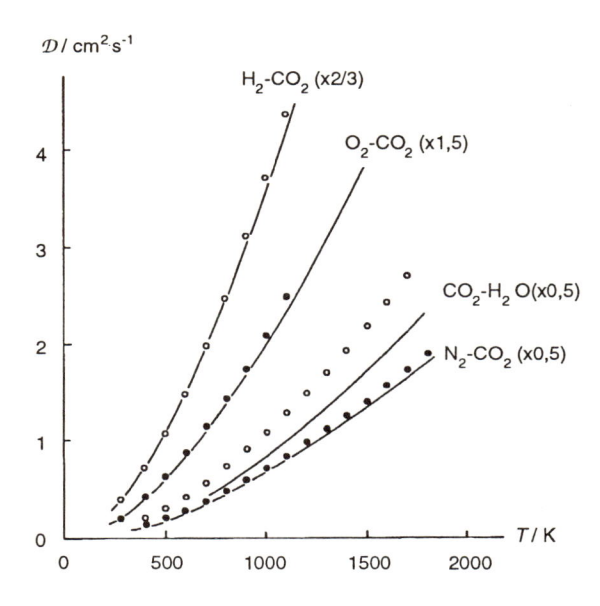

Abb. 5.10. Vergleich von gemessenen (Punkte) und berechneten (Linien) binären Diffusionskoeffizienten (Warnatz 1979)

Das letzte Beispiel (Abb. 5.11) zeigt schließlich zwei Vergleiche von Messungen (Punkte) und Simulationen (Linien) der Thermodiffusion. Dazu wird üblicherweise in einer Zweistoff-Mischung das mit dem Thermodiffusionskoeffizienten $D_{T,i}$ gemäß

$$D_{T,i} = k_{T,i} \frac{c M_1 M_2}{\rho} D_{12} \quad ; \quad i = 1, 2 \tag{5.23}$$

korrelierte *Thermodiffusions-Verhältnis* k_T benutzt (Fristrom u. Westenberg 1965, Warnatz 1982). Für Gemische, in denen sich die molaren Massen nicht zu sehr unterscheiden, gilt weiter (es sei $M_1 > M_2$)

$$k_{T,1} = -k_{T,2} = x_1 \cdot x_2 \frac{105}{118} \frac{M_1 - M_2}{M_1 + M_2} R_T \tag{5.24}$$

Dabei ist der Reduktionsfaktor *RT* eine universelle Funktion der reduzierten Temperatur T^* (tabellierte Werte sind bei Hirschfelder et al. 1964 zu finden).

In Vielstoff-Gemischen ist dies ist eine stark vereinfachte Formulierung, die jedoch dadurch gerechtfertigt ist, daß die Thermodiffusion - wie vorher schon erwähnt - nur für sehr leichte Teilchen wesentlich ist, so daß solche *binären* Ansätze genügen. Sogenannte *Multikomponenten-Thermodiffusionskoeffizienten* (Hirschfelder et al. 1964) erfordern dagegen einen unangemessen hohen Aufwand.

Im Gegensatz zu umfangreichen Daten über μ, λ und D liegen Messungen von k_T leider nur für wenige Stoffsysteme vor (siehe z. B. Bird et al. 1960, Warnatz 1982).

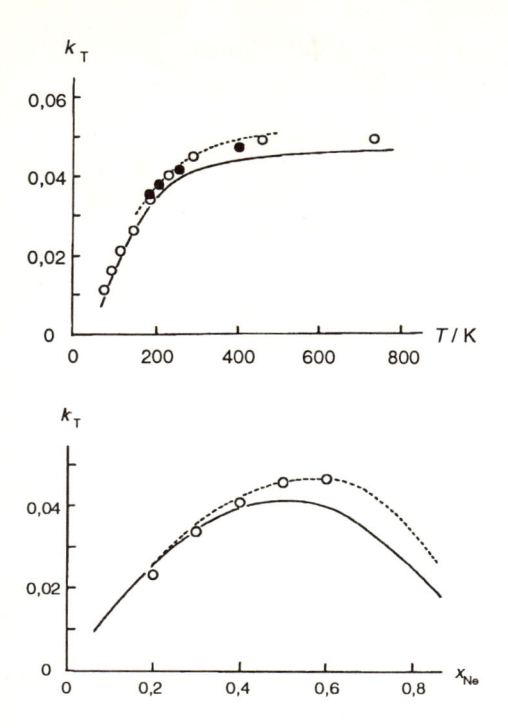

Abb. 5.11. Vergleich von gemessenen (Punkte) und nach (5.24) berechnete (durchgezogene Linien) Thermodiffusionsverhältnissen im System Ar-Ne; oben: Temperaturabhängigkeit, unten: Abhängigkeit von der Gemischzusammensetzung. Gestrichelte Linien: berechnete Multikomponenten-Thermodiffusionsverhältnisse (Hirschfelder et al. 1964)

5.7 Übungsaufgaben

Aufgabe 5.1. Die Viskosität von Kohlendioxid CO_2 wurde durch Vergleich der Durchström-Geschwindigkeit durch ein sehr langes enges Rohr mit derjenigen von Argon nach der Hagen-Poiseuilleschen Formel $(dV/dt) = \pi r^4 \Delta p/(8\mu l)$ verglichen. Für die gleiche Druckdifferenz brauchten gleiche Volumenmengen von Kohlendioxid und Argon 55 s bzw. 83 s. Argon hat bei 25 °C eine Viskosität von $2.08 \cdot 10^{-5}$ kg/(m s). Wie groß ist dann die Viskosität von Kohlendioxid? Wie groß ist der Moleküldurchmesser des Kohlendioxids? (Für das reduzierte Stoßintegral sei angenommen $\Omega^{(2,2)*} = 1$; die Masse eines Protons bzw. Neutrons ist $1.6605 \cdot 10^{-27}$ kg.)

Aufgabe 5.2 In einem kühlen Weinkeller (10 °C, 1 bar) hat sich durch heftiges Gären eines all zu guten Weinjahrganges die Luft mit 50% Kohlendioxid angereichert. Durch ein Loch in der Tür und einen 10 m langen Gewölbegang mit 2 m² Querschnittsfläche diffundiert es jedoch langsam nach außen. Bestimmen Sie zunächst den Diffusionskoeffizienten unter der Annahme, daß die Umgebung nur aus Stickstoff bestehe und $\Omega^{(1,1)*}= 1$ sei. Wie groß ist der Kohlendioxidstrom, wenn man ein lineares Konzentrationsgefälle zugrundelegt?

6 Chemische Reaktionskinetik

Die in Kapitel 4 beschriebenen thermodynamischen Gesetze ermöglichen die Bestimmung des Gleichgewichtszustandes eines chemischen Reaktionssystems. Nimmt man an, daß die chemischen Reaktionen sehr schnell gegenüber den anderen Prozessen, wie z.B. Diffusion, Wärmeleitung und Strömung, ablaufen, so ermöglicht die Thermodynamik allein die Beschreibung eines Systems (siehe z.B. Abschnitt 13.2). In den meisten Fällen jedoch laufen chemische Reaktionen mit einer Geschwindigkeit ab, die vergleichbar ist mit der Geschwindigkeit der Strömung und der molekularen Transportprozesse. Aus diesem Grund werden Informationen über die Geschwindigkeit chemischer Reaktionen, d.h. die *chemische Reaktionskinetik*, benötigt. Hierzu sollen die grundlegenden Gesetzmäßigkeiten im folgenden beschrieben werden.

6.1 Zeitgesetz und Reaktionsordnung

Unter dem Zeitgesetz für eine chemische Reaktion, die in einer allgemeinen Schreibweise gegeben sein soll durch

$$A + B + C + \ldots \xrightarrow{k^{(f)}} D + E + F + \ldots, \qquad (6.1)$$

wobei A, B, C, ... verschiedene an der Reaktion beteiligte Stoffe bezeichnen, versteht man einen empirischen Ansatz für die *Reaktionsgeschwindigkeit*, d.h. der Geschwindigkeit, mit der ein an der Reaktion beteiligter Stoff gebildet oder verbraucht wird (siehe z. B. Homann 1975). Betrachtet man z.B. den Stoff A, so läßt sich die Reaktionsgeschwindigkeit in der Form

$$\frac{d[A]}{dt} = -k^{(f)} [A]^a [B]^b [C]^c \ldots \qquad (6.2)$$

darstellen. Dabei sind $a, b, c, \ldots$ die *Reaktionsordnungen* bezüglich der Stoffe A, B, C, ... und $k^{(f)}$ ist der *Geschwindigkeitskoeffizienten* der chemischen Reaktion. Die Summe aller Exponenten ist die *Gesamt-Reaktionsordnung* der Reaktion.

Oft liegen einige Stoffe im Überschuß vor. In diesem Fall ändert sich ihre Konzentration nur unmerklich. Bleiben z.B. [B], [C], ... während der Reaktion annähernd konstant, so läßt sich aus dem Geschwindigkeitskoeffizienten und den Konzentrationen der Stoffe im Überschuß ein neuer Geschwindigkeitskoeffizient definieren, und man erhält z.B. mit $k = k^{(f)} [B]^b [C]^c \ldots$

$$\frac{d[A]}{dt} = -k [A]^a . \tag{6.3}$$

Aus diesem Zeitgesetz läßt sich durch Integration (Lösung der Differentialgleichung) leicht der zeitliche Verlauf der Konzentration des Stoffes A bestimmen.

Für *Reaktionen 1. Ordnung* ($a = 1$) ergibt sich durch Integration aus (6.3) das Zeitgesetz 1. Ordnung (durch Einsetzen von (6.4) in (6.3) leicht nachzuprüfen)

$$\ln \frac{[A]_t}{[A]_0} = -k (t - t_0), \tag{6.4}$$

wobei $[A]_0$ und $[A]_t$ die Konzentrationen des Stoffes A zur Zeit t_0 bzw. t bezeichnen.

Entsprechend ergibt sich für Reaktionen 2. Ordnung das Zeitgesetz

$$\frac{1}{[A]_t} - \frac{1}{[A]_0} = k (t - t_0) \tag{6.5}$$

und für Reaktionen 3. Ordnung das Zeitgesetz

$$\frac{1}{[A]_t^2} - \frac{1}{[A]_0^2} = 2k (t - t_0) \tag{6.6}$$

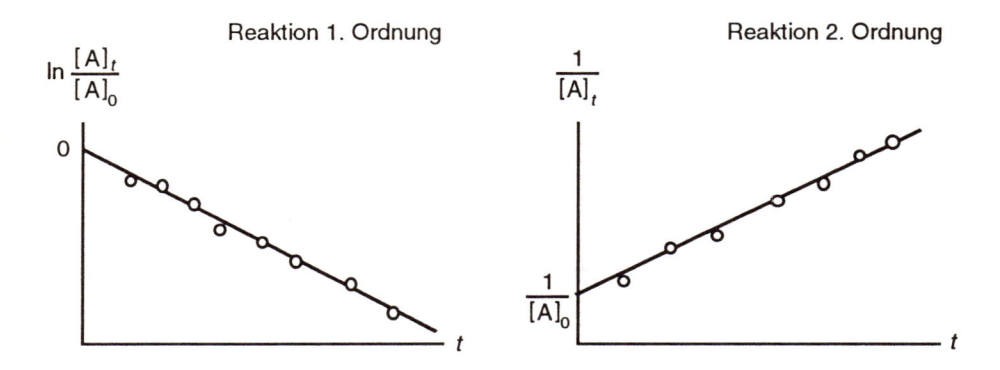

Abb. 6.1. Zeitliche Verläufe der Konzentrationen bei Reaktionen 1. und 2. Ordnung

Wird der zeitliche Verlauf der Konzentration während einer chemischen Reaktion experimentell bestimmt, so läßt sich daraus die Reaktionsordnung ermitteln. Eine logarithmische Auftragung der Konzentration gegen die Zeit für Reaktionen 1. Ordnung bzw. eine Auftragung von 1/[A]$_t$ gegen die Zeit für Reaktionen 2. Ordnung ergeben lineare Verläufe (siehe Beispiele in Abb. 6.1).

6.2 Zusammenhang von Vorwärts- und Rückwärtsreaktion

Für die Rückreaktion von Reaktion (6.1) gilt analog zu Gleichung (6.2) das Zeitgesetz

$$\frac{d[A]}{dt} = k^{(r)} [D]^d [E]^e [F]^f \ldots \qquad (6.7)$$

Im chemischen Gleichgewicht laufen mikroskopisch Hin- und Rückreaktion gleich schnell ab (die Hinreaktion wird durch den Superskript (f), die Rückreaktion durch den Superskript (r) gekennzeichnet). Makroskopisch ist kein Umsatz mehr zu beobachten. Aus diesem Grund gilt:

$$k^{(f)} [A]^a [B]^b [C]^c \ldots = k^{(r)} [D]^d [E]^e [F]^f \ldots$$

bzw.

$$\frac{[D]^d [E]^e [F]^f \cdot \ldots}{[A]^a [B]^b [C]^c \cdot \ldots} = \frac{k^{(f)}}{k^{(r)}}. \qquad (6.8)$$

Der Ausdruck auf der linken Seite entspricht der Gleichgewichtskonstanten der Reaktion, die sich aus thermodynamischen Daten bestimmen läßt (siehe Kapitel 4), so daß für die Beziehung zwischen den Geschwindigkeitskoeffizienten von Hin- und Rückreaktion gilt:

$$K_c = \frac{k^{(f)}}{k^{(r)}} \qquad (6.9)$$

6.3 Elementarreaktionen, Reaktionsmolekularität

Eine *Elementarreaktion* ist eine Reaktion, die auf molekularer Ebene genau so abläuft, wie es die Reaktionsgleichung beschreibt (siehe z.B. Homann 1975). Die an der Wasserstoffverbrennung wesentlich beteiligte Reaktion von Hydroxi-Radikalen (OH) mit molekularem Wasserstoff (H_2) zu Wasser und Wasserstoffatomen zum Beispiel ist eine solche Elementarreaktion.

$$OH + H_2 \rightarrow H_2O + H \qquad (6.10)$$

Durch die Bewegung der Moleküle im Gas treffen Hydroxi-Radikale mit Wasserstoffmolekülen zusammen. Bei nicht-reaktiven Stößen kollidieren die Moleküle und fliegen wieder auseinander. Bei reaktiven Stößen jedoch reagieren die Moleküle und die Produkte H_2O und H werden gebildet. Die Reaktion

$$2\,H_2 + O_2 \rightarrow 2\,H_2O \qquad (6.11)$$

ist dagegen keine Elementarreaktion, denn bei ihrer detaillierten Untersuchung bemerkt man, daß als Zwischenprodukte die reaktiven Teilchen H, O und OH auftreten und auch Spuren von anderen Endprodukten als H_2O auftreten. Man spricht dann von *zusammengesetzten Reaktionen, komplexen Reaktionen* oder *Brutto-Reaktionen*. Diese zusammengesetzten Reaktionen haben meistens recht komplizierte Zeitgesetze der Form (6.2) oder noch komplexer; die Reaktionsordnungen a, b, c, ... sind i.a. nicht ganzzahlig, können auch negative Werte annehmen (*Inhibierung*), hängen von der Zeit und von den Versuchsbedingungen ab, und eine Extrapolation auf Bereiche, in denen keine Messungen vorliegen, ist äußerst unzuverlässig oder sogar unsinnig. Eine reaktionskinetische Interpretation dieser Zeitgesetze ist normalerweise nicht möglich.

Zusammengesetzte Reaktionen lassen sich jedoch in allen Fällen (zumindestens im Prinzip) in eine Vielzahl von Elementarreaktionen zerlegen. Dies ist jedoch meist sehr mühsam und aufwendig. Die Wasserbildung (6.11) läßt sich z.B. durch 37 Elementarreaktionen beschreiben (siehe z.B. Baulch et al. 1991, Maas u. Warnatz 1988), die in Tab. 6.1 dargestellt sind.

Das Konzept, Elementarreaktionen zu benutzen, ist äußerst vorteilhaft: Die Reaktionsordnung von Elementarreaktionen ist unter allen Umständen (insbesondere unabhängig von der Zeit und von irgendwelchen Versuchsbedingungen) gleich und leicht zu ermitteln. Dazu betrachtet man die *Molekularität* einer Reaktion als Zahl der zum Reaktionskomplex (das ist der Übergangszustand der Moleküle während der Reaktion) führenden Teilchen. Es gibt nur drei in der Praxis wesentliche Werte der Reaktionsmolekularität:

Unimolekulare Reaktionen beschreiben den Zerfall oder die Umlagerung eines Moleküls

$$A \rightarrow \text{Produkte} \qquad (6.12)$$

Sie besitzen ein Zeitgesetz erster Ordnung. Bei Verdoppelung der Ausgangskonzentration verdoppelt sich auch die Reaktionsgeschwindigkeit.

Bimolekulare Reaktionen sind der am häufigsten vorkommende Reaktionstyp (siehe Tab. 6.1). Sie erfolgen gemäß den Reaktionsgleichungen

$$A + B \rightarrow \text{Produkte}$$
bzw. $\qquad\qquad\qquad\qquad\qquad\qquad\qquad\qquad\qquad\qquad (6.13)$
$$A + A \rightarrow \text{Produkte}$$

Bimolekulare Reaktionen haben immer ein Zeitgesetz zweiter Ordnung. Die Verdoppelung der Konzentration jedes einzelnes Partners trägt jeweils zur Verdoppelung der Reaktionsgeschwindigkeit bei.

Trimolekulare Reaktionen sind meist Rekombinationsreaktionen (siehe z.B. neunte und elfte Reaktion in Tab. 6.1). Sie befolgen grundsätzlich ein Zeitgesetz dritter Ordnung:

bzw.
$$A + B + C \rightarrow \text{Produkte}$$

bzw.
$$A + A + B \rightarrow \text{Produkte} \quad (6.14)$$

bzw.
$$A + A + A \rightarrow \text{Produkte}$$

Tab. **6.1.** Elementarreaktionen des Wasserstoff/Sauerstoff Systems; M bezeichnet einen Stoßpartner in einer trimolekularen Reaktion

OH	+ H_2		$\rightarrow$	H_2O	+ H			(1)
H_2O	+ H		$\rightarrow$	OH	+ H_2			(2)
H	+ O_2		$\rightarrow$	OH	+ O			(3)
OH	+ O		$\rightarrow$	H	+ O_2			(4)
O	+ H_2		$\rightarrow$	OH	+ H			(5)
OH	+ H		$\rightarrow$	O	+ H_2			(6)
OH	+ OH		$\rightarrow$	H_2O	+ O			(7)
H_2O	+ O		$\rightarrow$	OH	+ OH			(8)
H	+ H	+ M	$\rightarrow$	H_2	+ M			(9)
H_2	+ M		$\rightarrow$	H	+ H	+ M		(10)
H	+ O_2	+ M	$\rightarrow$	HO_2	+ M			(11)
HO_2	+ M		$\rightarrow$	H	+ O_2	+ M		(12)
H	+ HO_2		$\rightarrow$	H_2	+ O_2			(13)
H_2	+ O_2		$\rightarrow$	H	+ HO_2			(14)
H	+ HO_2		$\rightarrow$	OH	+ OH			(15)
OH	+ OH		$\rightarrow$	H	+ HO_2			(16)
OH	+ HO_2		$\rightarrow$	H_2O	+ O_2			(17)
H_2O	+ O_2		$\rightarrow$	OH	+ HO_2			(18)
O	+ HO_2		$\rightarrow$	OH	+ O_2			(19)
OH	+ O_2		$\rightarrow$	O	+ HO_2			(20)
H	+ OH	+ M	$\rightarrow$	H_2O	+ M			(21)
H_2O	+ M		$\rightarrow$	H	+ OH	+ M		(22)
O	+ O	+ M	$\rightarrow$	O_2	+ M			(23)
O_2	+ M		$\rightarrow$	O	+ O	+ M		(24)
HO_2	+ H		$\rightarrow$	H_2O	+ O			(25)
H_2O	+ O		$\rightarrow$	HO_2	+ H			(26)
HO_2	+ HO_2		$\rightarrow$	H_2O_2	+ O_2			(27)
OH	+ OH	+ M	$\rightarrow$	H_2O_2	+ M			(28)
H_2O_2	+ M		$\rightarrow$	OH	+ OH	+ M		(29)
H_2O_2	+ H		$\rightarrow$	HO_2	+ H_2			(30)
HO_2	+ H_2		$\rightarrow$	H_2O_2	+ H			(31)
H_2O_2	+ H		$\rightarrow$	H_2O	+ OH			(32)
H_2O	+ OH		$\rightarrow$	H_2O_2	+ H			(33)
H_2O_2	+ O		$\rightarrow$	HO_2	+ OH			(34)
HO_2	+ OH		$\rightarrow$	H_2O_2	+ O			(35)
H_2O_2	+ OH		$\rightarrow$	HO_2	+ H_2O			(36)
HO_2	+ H_2O		$\rightarrow$	H_2O_2	+ OH			(37)

6 Chemische Reaktionskinetik

Allgemein gilt für Elementarreaktionen, daß die Reaktionsordnung der Reaktionsmolarität entspricht. Daraus lassen sich leicht die Zeitgesetze ableiten. Sei die Gleichung einer Elementarreaktion r gegeben durch:

$$\sum_{s=1}^{S} \nu_{rs}^{(a)} A_s \xrightarrow{k_r} \sum_{s=1}^{S} \nu_{rs}^{(p)} A_s, \qquad (6.15)$$

dann folgt für das Zeitgesetz der Bildung der Spezies i in der Reaktion r:

$$\left(\frac{\partial c_i}{\partial t}\right)_{chem,r} = k_r \left(\nu_{ri}^{(p)} - \nu_{ri}^{(a)}\right) \prod_{s=1}^{S} c_s^{\nu_{rs}^{(a)}}. \qquad (6.16)$$

Dabei sind $n_{rs}^{(a)}$ und $n_{rs}^{(p)}$ stöchiometrische Koeffizienten für Ausgangsstoffe bzw. Produkte und c_s Konzentrationen der S verschiedenen Stoffe s.

Betrachtet man z.B. die Elementarreaktion $H + O_2 \to OH + O$, so erhält man auf diese Weise die Geschwindigkeitsgesetze

$$\partial[H]/\partial t = -k_r [H][O_2] \qquad \partial[O_2]/\partial t = -k_r [H][O_2]$$

$$\partial[OH]/\partial t = k_r [H][O_2] \qquad \partial[O]/\partial t = k_r [H][O_2].$$

Für die Elementarreaktion $OH + OH \to H_2O + O$ (oder $2\,OH \to H_2O + O$) ergibt sich

$$\partial[OH]/\partial t = -2 k_r [OH]^2 \qquad \partial[H_2O]/\partial t = k_r [OH]^2$$

$$\partial[O]/\partial t = k_r [OH]^2.$$

Für Reaktionsmechanismen, die aus Sätzen von Elementarreaktionen bestehen, lassen sich demnach immer die Zeitgesetze bestimmen. Umfaßt der Mechanismus alle möglichen Elementarreaktionen des Systems (vollständiger Mechanismus), so gilt er für alle möglichen Bedingungen, d.h. für alle Temperaturen und Zusammensetzungen.

Für einen Mechanismus bestehend aus R Reaktionen von S Stoffen, die gegeben sind durch

$$\sum_{s=1}^{S} \nu_{rs}^{(a)} A_s \xrightarrow{k_r} \sum_{s=1}^{S} \nu_{rs}^{(p)} A_s \quad ; \quad r = 1,\ldots,R \qquad (6.17)$$

ergibt sich die Bildungsgeschwindigkeit einer Spezies i durch Summation über die Zeitgesetze (6.16) in den einzelnen Elementarreaktionen:

$$\left(\frac{\partial c_i}{\partial t}\right)_{chem} = \sum_{r=1}^{R} k_r \left(\nu_{ri}^{(p)} - \nu_{ri}^{(a)}\right) \prod_{s=1}^{S} c_s^{\nu_{rs}^{(a)}} \quad ; \quad i = 1,\ldots,S \qquad (6.18)$$

6.4 Experimentelle Untersuchung von Elementarreaktionen

Apparaturen zur experimentellen Untersuchung von chemischen Elementarreaktionen lassen sich meistens durch drei Merkmale charakterisieren: Die Art des Reaktors, die Herstellung der reaktiven Reaktionspartner und die Art der Analyse (siehe z. B. Homann 1975).

Reaktoren: Man arbeitet im wesentlichen mit *statischen Reaktoren* (thermostatisiertes Gefäß wird einmal mit Reaktanden beschickt und dann der zeitliche Verlauf von Konzentrationen gemessen) und *Strömungsreaktoren* (zeitlicher Verlauf wird in einer stationären Strömung in einen örtlichen Verlauf von Konzentrationen umgesetzt).

Herstellung der reaktiven Spezies: In den meisten Fälle müssen reaktive Atome (z.B. H, O, N, ...) oder *Radikale* (z. B. OH, CH, CH_2, CH_3, C_2H_5, ...) als Ausgangsreaktionspartner hergestellt werden. Das geschieht entweder durch Mikrowellenentladung (H_2, O_2, ... bilden H, O, ... -Atome), durch Blitzlichtphotolyse oder Laserphotolyse (Dissoziation durch energiereiches UV-Licht) oder thermisch durch hohe Temperatur (z. B. Dissoziation im Stoßwellenrohr, wo durch eine Stoßwelle adiabatisch aufgeheizt wird). Hohe Verdünnung mit einem Edelgas (He, Ar) verlangsamt die Reaktion dieser reaktiven Teilchen mit sich selbst.

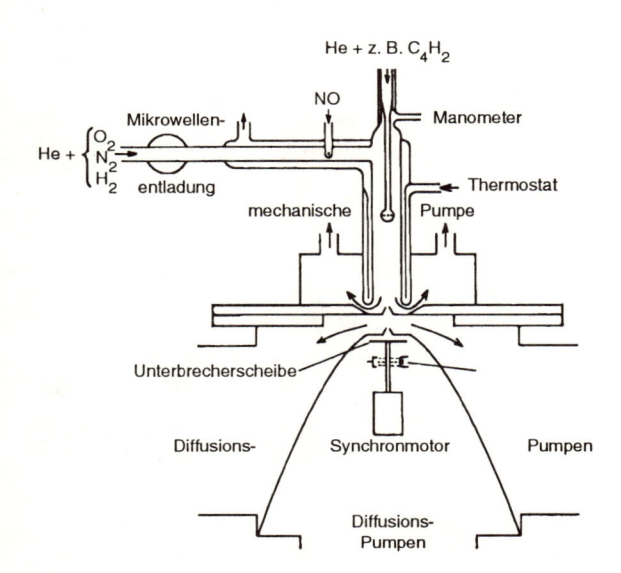

Abb. 6.2. Kombination von Mikrowellenentladung/Strömungssystem/Massenspektrometer zur Untersuchung von Elementarreaktionen, hier die Reaktion von H-, O- oder N-Atomen mit einem stabilen Reaktionspartner (Schwanebeck und Warnatz 1972)

Analyse: Die Konzentrationsmessung muß sehr schnell oder sehr empfindlich erfolgen können (wenn z. B. durch Verdünnung bei bi- oder trimolekularen Reaktionen die Reaktionsgeschwindigkeit verlangsamt wird). Gängige Methoden sind *Massenspektrometrie*, *Elektronenspinresonanz*, alle Arten von *optischer Spektroskopie* und *Gas-Chromatographie*.

Abbildung 6.2 zeigt schematisch eine Apparatur zur Messung von Geschwindigkeitskoeffizienten (Schwanebeck und Warnatz 1972). Die Erzeugung von Radikalen (hier H-Atomen und O-Atomen) erfolgt durch eine Mikrowellenentladung. Die chemische Reaktion (hier z.B. mit dem stabilen Kohlenwasserstoff Butadiin, C_4H_2) findet in einem Strömungssystem statt, und die Reaktionsprodukte werden mittels Massenspektroskopie nachgewiesen.

6.5 Temperaturabhängigkeit von Geschwindigkeitskoeffizienten

Ein Charakteristikum chemischer Reaktionen ist, daß ihre Geschwindigkeitskoeffizienten extrem stark und nicht-linear von der Temperatur abhängen und auf diese Weise Verbrennungsvorgänge ganz typisch prägen können. Nach *Arrhenius* (1889) kann man diese Temperaturabhängigkeit in relativ einfacher Weise beschreiben durch den Ansatz (*Arrhenius-Gleichung*)

$$k = A \cdot \exp\left(-\frac{E_a}{RT}\right) \qquad (6.19)$$

Bei genauen Messungen bemerkt man oft auch noch eine (im Vergleich zur exponentiellen Abhängigkeit geringe) Temperaturabhängigkeit des *präexponentiellen Faktors* A

$$k = A' \, T^b \cdot \exp\left(-\frac{E_a'}{RT}\right) \qquad (6.20)$$

Die *Aktivierungsenergie* E_a entspricht einer Energieschwelle, die man beim Ablauf der Reaktion überwinden muß. Sie entspricht maximal den beteiligten Bindungsenergien (z. B. ist die Aktivierungsenergie bei Dissoziationsreaktionen etwa gleich der Bindungsenergie der betroffenen chemischen Bindung), kann aber auch wesentlich kleiner sein (bis herunter zu Null), wenn simultan zur Bindungsbrechung auch neue Bindungen geknüpft werden.

Abbildung 6.3 zeigt exemplarisch die Temperaturabhängigkeit einiger Elementarreaktionen (hier: Reaktionen von Halogenatomen mit molekularem Wasserstoff). Aufgetragen sind die Logarithmen der Geschwindigkeitskoeffizienten k gegen die reziproke Temperatur. Gemäß (6.19) ergibt sich eine lineare Abhängigkeit (log k = log A - const./T); eine eventuelle Temperaturabhängigkeit des präexponentiellen Faktors wird durch die Meßfehler verdeckt.

6.5 Temperaturabhängigkeit von Geschwindigkeitskoeffizienten 65

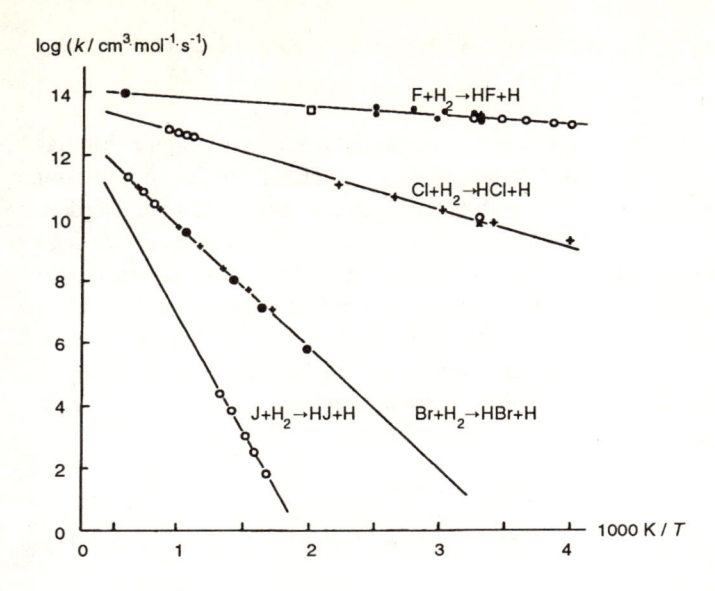

Abb. 6.3. Temperaturabhängigkeit $k=k(T)$ für die Reaktionen von Halogen-Atomen mit H_2 (siehe Homann 1970)

Bei verschwindender Aktivierungsenergie oder sehr hohen Temperaturen nähert sich der Exponentialterm in (6.19) dem Wert 1. Die Reaktionsgeschwindigkeit wird dann allein von dem präexponentiellen Faktor A bzw. $A'T^b$ bestimmt. Dieser präexponentielle Faktor hat bei uni-, bi- und trimolekularen Reaktionen verschiedene physikalische Bedeutungen.

Für unimolekulare Reaktionen entspricht der Kehrwert von A einer mittleren Lebensdauer eines reaktiven (aktivierten) Moleküls. Bei Dissoziationsreaktionen wird diese Lebensdauer bestimmt durch die Frequenz mit der die an der Molekülbindung beteiligten Atome schwingen. Der präexponentielle Faktor ist danach gegeben durch die doppelte Schwingungsfrequenz der betroffenen Bindung. Aus den üblichen Schwingungsfrequenzen in Molekülen ergibt sich $A = 10^{14} - 10^{15}$ s^{-1}.

Bei bimolekularen Reaktionen entspricht der präexponentielle Faktor A einer *Stoßzahl*, d.h. der Anzahl von Stößen zwischen zwei Molekülen pro Zeit, denn durch die Stoßzahl wird die Reaktionsgeschwindigkeit bei fehlender Aktivierungsschwelle oder sehr großer Temperatur nach oben begrenzt. Die kinetische Gastheorie liefert Zahlenwerte für A zwischen 10^{13} und 10^{14} $cm^3 mol^{-1} s^{-1}$.

Für trimolekulare Reaktionen muß während des bimolekularen Stoßes ein dritter Partner den Stoßkomplex treffen, der die bei der Reaktion freiwerdende Energie aufnimmt (*Stoßpartner*). Stoßen z.B. zwei Wasserstoffatome, so würde ein kurzzeitig gebildetes Wasserstoffmolekül wegen der großen vorhandenen Energie sofort wieder zerfallen. Da nur sehr schwer zu definieren ist, wann der Stoß dreier Moleküle als hinreichend gleichzeitig zu bezeichnen ist, lassen sich Zahlenwerte nicht explizit berechnen.

6.6 Druckabhängigkeit von Geschwindigkeitskoeffizienten

Die Druckabhängigkeit von Reaktionsgeschwindigkeitskoeffizienten von Dissoziations- und Rekombinationsreaktionen (siehe z. B. Reaktionen 9-12 in Tab. 6.1) beruht darauf, daß hier komplexe Reaktionsfolgen als Elementarreaktionen behandelt werden. Im einfachsten Fall lassen sich die Verhältnisse anhand des *Lindemann-Modells* (1922) verstehen. Ein unimolekularer Zerfall eines Moleküls ist nur dann möglich, wenn das Molekül eine zur Spaltung einer Bindung ausreichende Energie besitzt. Aus diesem Grund ist es notwendig, daß vor der eigentlichen Bindungsspaltung dem Molekül durch einen Stoß mit einem anderen Teilchen Energie zugeführt wird, welche z.B. zur Anregung der inneren Molekülschwingungen dient. Das so angeregte Molekül kann dann in die Reaktionsprodukte zerfallen:

$$
\begin{aligned}
A + M &\xrightarrow{k_a} A^* + M \quad &\text{(Aktivierung)} \\
A^* + M &\xrightarrow{k_{-a}} A + M \quad &\text{(Desaktivierung)} \\
A^* &\xrightarrow{k_u} P\text{(rodukte)} \quad &\text{(Unimolekulare Reaktion)}
\end{aligned}
\quad (6.21)
$$

Für diesen Reaktionsmechanismus ergeben sich gemäß Abschnitt 6.3 die Geschwindigkeitsgleichungen

$$\frac{d[P]}{dt} = k_u [A^*]$$

$$\frac{d[A^*]}{dt} = k_a [A][M] - k_{-a}[A^*][M] - k_u[A^*]$$

(6.22)

Nimmt man an, daß die Konzentration des reaktiven Zwischenproduktes A^* quasistationär ist, d.h. sich zeitlich nicht ändert (siehe Abschnitt 7.1)

$$\frac{d[A^*]}{dt} = 0, \quad (6.23)$$

so folgt daraus für die Konzentration des aktivierten Teilchens $[A^*]$ und die Bildung des Reaktionsproduktes P:

$$[A^*] = \frac{k_a[A][M]}{k_{-a}[M] + k_u}$$

$$\frac{d[P]}{dt} = \frac{k_u k_a[A][M]}{k_{-a}[M] + k_u}$$

(6.24)

Man unterscheidet nun zwei Extremfälle, nämlich Reaktionen bei sehr niedrigem und bei sehr hohem Druck.

Für den *Niederdruckbereich* ist die Konzentration der Stoßpartner M sehr gering; mit $k_{-a}[M] \ll k_u$ folgt daraus das vereinfachte Geschwindigkeitsgesetz 2. Ordnung

$$\frac{d[P]}{dt} = k_a[A][M].\tag{6.25}$$

Die Reaktionsgeschwindigkeit ist danach proportional zu den Konzentrationen des Stoffes A und des Stoßpartners M, da bei niedrigem Druck die Aktivierung des Moleküls langsam und somit geschwindigkeitsbestimmend ist.

Für den *Hochdruckbereich* ist die Konzentration der Stoßpartner M sehr hoch und mit $k_{-a}[M] \gg k_u$ erhält man das vereinfachte Geschwindigkeitsgesetz 1. Ordnung

$$\frac{d[P]}{dt} = \frac{k_u k_a}{k_{-a}}[A].\tag{6.26}$$

Die Reaktionsgeschwindigkeit ist hier unabhängig von der Konzentration der Stoßpartner, da bei hohem Druck sehr oft Stöße stattfinden und deshalb nicht die Aktivierung, sondern der Zerfall des aktivierten Teilchens A^* geschwindigkeitsbestimmend ist.

Der Lindemann-Mechanismus ist ein einfaches Beispiel dafür, daß die Reaktionsordnungen bei einer komplexen Reaktion von den jeweiligen Bedingungen abhängt. Allerdings ist der Lindemann-Mechanismus selbst ein vereinfachtes Modell. Genaue Ergebnisse für die Druckabhängigkeit unimolekularer Reaktionen lassen sich mittels der *Theorie der unimolekularen Reaktionen* (siehe z.B. Robinson und Holbrook 1972, Homann 1975) erhalten. Diese Theorie berücksichtigt, daß in der Realität nicht nur ein aktiviertes Teilchen A^* vorliegt, sondern daß je nach dem Energieübertrag bei der Aktivierung verschiedene Aktivierungsgrade resultieren.

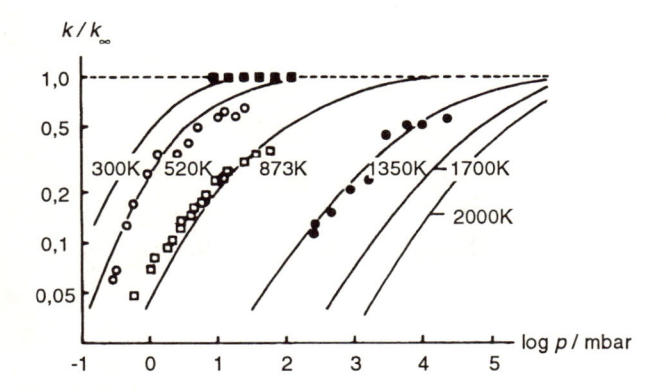

Abb. 6.4. Fall-off Kurven für den unimolekularen Zerfall $C_2H_6 \rightarrow CH_3 + CH_3$ (Warnatz 1984)

Schreibt man das Geschwindigkeitsgesetz einer unimolekularen Reaktion gemäß $d[P]/dt = k[A]$, so ist der Geschwindigkeitskoeffizient k von Druck und Temperatur abhängig. Aus der *Theorie der unimolekularen Reaktionen* erhält man sogenannte *fall-off*-Kurven, die die Abhängigkeit des Geschwindigkeitskoeffizienten k vom Druck für verschiedene Temperaturen beschreiben. Aufgetragen ist meist der Logarithmus des Geschwindigkeitskoeffizienten gegen den Logarithmus des Drucks.

Typische fall-off-Kurven sind dargestellt in Abb. 6.4. Für $p \to \infty$ nähert sich k dem Grenzwert k_∞, d.h. der Geschwindigkeitskoeffizient wird unabhängig vom Druck (6.26). Für niedrigen Druck ist der Geschwindigkeitskoeffizient k proportional zum Druck (6.25) und es ergibt sich eine lineare Abhängigkeit. Wie aus Abb. 6.4 ersichtlich ist, sind die fall-off-Kurven stark temperaturabhängig. Daher zeigen die Geschwindigkeitskoeffizienten unimolekularer Reaktionen für verschiedene Werte des Drucks oft stark unterschiedliche Temperaturabhängigkeiten (siehe Abb. 6.5).

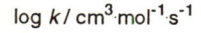

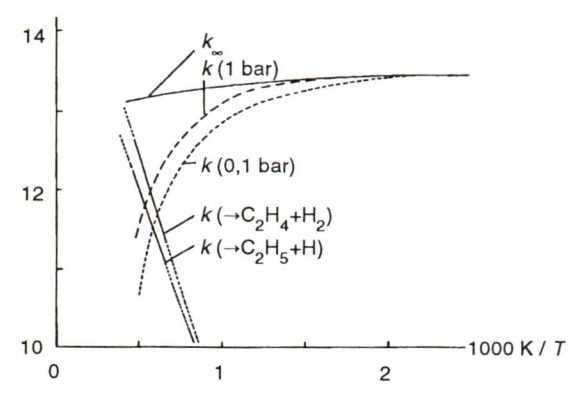

Abb. 6.5. Temperaturabhängigkeit der Geschwindigkeitskoeffizienten für die Reaktion $CH_3 + CH_3 \to$ Produkte (Warnatz 1984)

6.7 Übungsaufgaben

Aufgabe 6.1. Stellen Sie Zeitgesetze für die Bildung von Wasserstoffatomen (H) im folgenden Reaktionsmechanismus auf (alle Reaktionen seien Elementarreaktionen).

1. $H + H + M \to H_2 + M$
2. $H_2 + M \to H + H + M$
3. $H + H + H \to H_2 + H$
4. $H + O_2 \to OH + O$
5. $H + O_2 + M \to HO_2 + M$

Aufgabe 6.2. Welches Zeitgesetz befolgt der Zerfall von Oktan in zwei Butylradikale

$$C_8H_{18} \to C_4H_9 + C_4H_9 \;?$$

Wie muß man in der Reaktion gemessene C_8H_{18}-Konzentrationen als Funktion der Zeit auftragen, um eine lineare Auftragung zu erhalten? Wie groß ist die Halbwertszeit für den Zerfall von C_8H_{18} bei 1500 K, wenn $k = 1 \cdot 10^{16} \exp(-340\,kJ\cdot mol^{-1}/RT)\,s^{-1}$?

7 Reaktionsmechanismen

Der Verbrennung selbst von relativ kleinen Kohlenwasserstoffen liegen sehr umfangreiche Reaktionsmechanismen zugrunde. Zum Teil sind mehrere tausend Elementarreaktionen (z.B. bei der Selbstzündung von Cetan) am Gesamtgeschehen beteiligt. Das Wechselspiel dieser Elementarreaktionen beeinflußt den gesamten Verbrennungsvorgang. Unabhängig von den spezifischen Eigenschaften des Brennstoffs weisen alle Reaktionsmechanismen Eigenschaften auf, die für Verbrennungsprozesse charakteristisch sind. So ergibt sich z.B., daß selbst bei großen Reaktionsmechanismen nur wenige Elementarreaktionen die Gesamtgeschwindigkeit beeinflussen.

In diesem Kapitel sollen nun charakteristische Eigenschaften von Mechanismen, Methoden zur Analyse von Reaktionsmechanismen, Grundlagen für ihre Vereinfachung und die Konsequenzen für die mathematische Modellierung beschrieben werden. Dies ist von besonderem Interesse, da die Verwendung detaillierter Reaktionsmechanismen mit mehr als 1000 verschiedenen chemischen Spezies heute zwar bei der Simulation räumlich homogener Reaktionssysteme leicht möglich ist (siehe Kapitel 16), für reale Systeme (dreidimensional, turbulent wie z.B. in Motoren oder Feuerungen) aber zu einem nicht zu bewältigenden Rechenzeitaufwand führen würde.

7.1 Eigenschaften von Reaktionsmechanismen

Unabhängig von dem speziellen Problem weisen Reaktionsmechanismen einige charakteristische Eigenschaften auf. Eine Kenntnis dieser Charakteristiken trägt zum Verständnis der chemischen Reaktion bei und kann überaus wertvolle Hinweise für die spätere Vereinfachung von Reaktionsmechanismen liefern. Besonders erwähnenswert bei Verbrennungsprozessen sind dabei *Quasistationarität* und *partielle Gleichgewichte*, welche im folgenden eingehend behandelt werden sollen.

7.1.1 Quasistationarität

Es soll eine einfache Reaktionsfolge aus zwei Schritten betrachtet werden, die auch in den folgenden Abschnitten als Beispiel verwendet werden wird:

7 Reaktionsmechanismen

$$S_1 \xrightarrow{k_{12}} S_2 \xrightarrow{k_{23}} S_3 \tag{7.1}$$

Die Zeitgesetze für die auftretenden Stoffe sind dann gegeben durch die Ausdrücke:

$$\frac{d[S_1]}{dt} = -k_{12}[S_1] \tag{7.2}$$

$$\frac{d[S_2]}{dt} = k_{12}[S_1] - k_{23}[S_2] \tag{7.3}$$

$$\frac{d[S_3]}{dt} = k_{23}[S_2] \tag{7.4}$$

Nimmt man an, daß zur Zeit $t = 0$ nur der Stoff S_1 vorliegt, so ergibt sich mit $[S_1]_{t=0} = [S_1]_0$, $[S_2]_{t=0} = 0$ und $[S_3]_{t=0} = 0$ nach einer recht langwierigen Rechnung die exakte Lösung (durch Einsetzen in 7.2-7.4 leicht nachprüfbar):

$$\begin{aligned}
[S_1] &= [S_1]_0 \exp(-k_{12}t) \\
[S_2] &= [S_1]_0 \frac{k_{12}}{k_{12} - k_{23}} \{\exp(-k_{23}t) - \exp(-k_{12}t)\} \\
[S_3] &= [S_1]_0 \left\{1 - \frac{k_{12}}{k_{12} - k_{23}} \exp(-k_{23}t) + \frac{k_{23}}{k_{12} - k_{23}} \exp(-k_{12}t)\right\}
\end{aligned} \tag{7.5}$$

Es soll nun angenommen werden, daß S_2 ein sehr reaktives und daher kurzlebiges Teilchen ist ($k_{23} \gg k_{12}$). Als Beispiel ist die Lösung (7.5) in Abbildung 7.1 für $k_{12}/k_{23} = 0{,}1$ dargestellt. Die Konzentration $[S_1]$ des Ausgangsstoffes nimmt mit der Zeit ab, während das Endprodukt $[S_3]$ gebildet wird. Da $k_{23} \gg k_{12}$, tritt das Zwischenprodukt $[S_2]$ nur in einer sehr geringen Konzentration auf. Sobald es in dem langsamen ersten Schritt der Reaktionsfolge gebildet wird, wird es sofort durch die schnelle Folgereaktion verbraucht. Dieser Sachverhalt führt zu einer *Quasistationarität* des Zwischenprodukts.

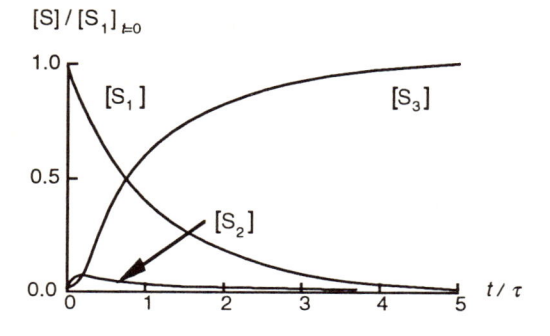

Abb. 7.1. Exakter zeitlicher Verlauf der Reaktion $S_1 \to S_2 \to S_3$ (τ = Lebensdauer von S_1)

7.1 Eigenschaften von Reaktionsmechanismen

Da S_2 sehr reaktiv sein soll, muß die Verbrauchsgeschwindigkeit von S_2 ungefähr gleich der Bildungsgeschwindigkeit von S_2 sein (*Quasistationaritätsannahme*), so daß man angenähert schreiben kann

$$\frac{d[S_2]}{dt} = k_{12}[S_1] - k_{23}[S_2] \approx 0. \qquad (7.6)$$

Der zeitliche Verlauf der Konzentration von S_1 läßt sich einfach bestimmen, da (7.2) leicht integrierbar ist. Man erhält (siehe Gleichung 7.5):

$$[S_1] = [S_1]_0 \exp(-k_{12}t) \qquad (7.7)$$

Interessiert man sich für die Geschwindigkeit der Bildung des Endproduktes S_3, so liefert (7.4) nur eine schlechte zu gebrauchende Aussage, da nur die Konzentration des schwer zu fassenden Zwischenproduktes S_2 im Geschwindigkeitsgesetz für S_3 auftaucht. Mit Hilfe der Quasistationaritätsannahme (7.6) erhält man jedoch eine einfach verwendbare Formulierung

$$\frac{d[S_3]}{dt} = k_{12}[S_1].$$

Durch Einsetzen von (7.7) in diesen Ausdruck ergibt sich die Differentialgleichung

$$\frac{d[S_3]}{dt} = k_{12}[S_1]_0 \exp(-k_{12}t),$$

die sich sehr einfach integrieren läßt; es ergibt sich dabei als Lösung die Gleichung:

$$[S_3] = [S_1]_0 \left[1 - \exp(-k_{12} \cdot t)\right]. \qquad (7.8)$$

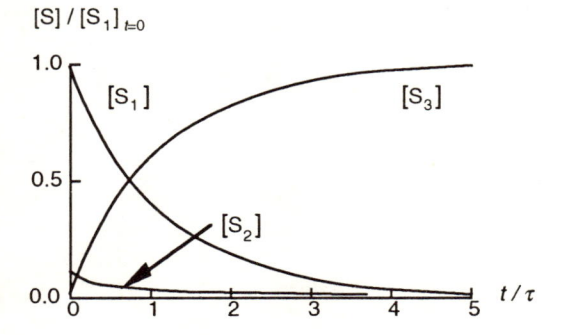

Abb. 7.2. Zeitlicher Verlauf der Reaktion $S_1 \rightarrow S_2 \rightarrow S_3$ bei Quasistationarität für $[S_2]$

Die gemäß (7.6-7.8) berechenbaren zeitlichen Konzentrationsverläufe sind somit eine Näherungslösung für (7.2-7.4) unter Verwendung der *Quasistationaritätsannahme* für S_2. Die Ergebnisse für das oben angegebene Beispiel sind in Abb. 7.2 dargestellt. Man erkennt anhand eines Vergleiches der Abb. 7.1 und 7.2, daß die Quasistationaritätsannahme eine gute Näherung für den Prozeß darstellt. Lediglich zu Beginn der Reaktion ergeben sich geringe Abweichungen.

Als einfaches, aber dennoch praktisch relevantes Beispiel für die Nützlichkeit der Quasistationaritätsannahme soll die Verbrennung von Wasserstoff mit Chlor betrachtet werden (Bodenstein u. Lind 1906):

$$
\begin{align}
(1) \quad & Cl_2 + M \to Cl + Cl + M \\
(2) \quad & Cl + H_2 \to HCl + H \\
(3) \quad & H + Cl_2 \to HCl + Cl \\
(4) \quad & Cl + Cl + M \to Cl_2 + M
\end{align}
\tag{7.9}
$$

Für die reaktiven Zwischenprodukte H und Cl ergibt sich bei Annahme von Quasistationarität:

$$\frac{d[Cl]}{dt} = 2k_1[Cl_2][M] - k_2[Cl][H_2] + k_3[H][Cl_2] - 2k_4[Cl]^2[M] = 0$$

$$\frac{d[H]}{dt} = k_2[Cl][H_2] - k_3[H][Cl_2] = 0 \;;\; \text{d. h.} \; [H] = \frac{k_2[Cl][H_2]}{k_3[Cl_2]}$$

Die Addition der beiden Zeitgesetze liefert weiterhin auch einen Ausdruck für [Cl]:

$$k_4[Cl]^2 = k_1[Cl_2] \;,\; \text{d. h.} \; [Cl] = \sqrt{\frac{k_1}{k_4}[Cl_2]}$$

Für das Zeitgesetz für die Bildung von HCl ergibt sich damit der einfache Ausdruck:

$$\begin{align}
\frac{d[HCl]}{dt} &= k_2[Cl][H_2] + k_3[H][Cl_2] = 2k_2[Cl][H_2] \\
&= 2k_2\sqrt{\frac{k_1}{k_4}}[Cl_2]^{\frac{1}{2}}[H_2] = k_{\text{total}}[Cl_2]^{\frac{1}{2}}[H_2]
\end{align}
\tag{7.10}$$

Die Bildung von Chlorwasserstoff läßt sich also direkt in Abhängigkeit von den Konzentrationen der Reaktanden (H_2 und Cl_2) beschreiben. Das Konzept der Quasistationarität erlaubt also, zu Ergebnissen zu kommen, obwohl der Ausgangspunkt der Betrachtungen ein System von gekoppelten Differentialgleichungen ist, das in seiner exakten Form nicht analytisch lösbar ist. Die Reaktion von Wasserstoff mit Chlor ist außerdem ein Beispiel dafür, daß das Zeitgesetz für die zusammengesetzte Gesamtreaktion

$$H_2 + Cl_2 \to 2HCl \tag{7.11}$$

nicht die bei naiver Betrachtungsweise zu erwartende Reaktionsordnung 2 ergibt, sondern die Ordnung 1,5 (siehe 7.10), da (7.11) keine Elementarreaktion darstellt.

7.1.2 Partielle Gleichgewichte

Es soll hier der in Kapitel 6 dargestellte Mechanismus (Tab. 6.1) für die Wasserstoff-Verbrennung betrachtet werden. Eine Analyse von Experimenten oder Simulationen ergibt, daß für hohe Temperaturen ($T > 1800$ K bei $p = 1$ bar) die Reaktionsgeschwindigkeiten von Vorwärts- und Rückreaktionen so schnell sind, daß sich für die Reaktionen

(1,2) $\quad\quad\quad\quad$ OH + H$_2$ $\quad$ = $\quad$ H$_2$O + H
(3,4) $\quad\quad\quad\quad$ H + O$_2$ $\quad\quad$ = $\quad$ OH + O
(5,6) $\quad\quad\quad\quad$ O + H$_2$ $\quad\quad$ = $\quad$ OH + H

ein sogenanntes *partielles Gleichgewicht* einstellt, bei dem sich jedes der einzelnen Reaktionspaare im Gleichgewicht befindet; Vorwärts- und Rückreaktion sind danach gleich schnell, und es folgt auf einfache Weise durch Gleichsetzen der Reaktionsgeschwindigkeiten (Warnatz 1981).

$$k_1[\text{OH}][\text{H}_2] = k_2[\text{H}_2\text{O}][\text{H}]$$
$$k_3[\text{H}][\text{O}_2] = k_4[\text{OH}][\text{O}]$$
$$k_5[\text{O}][\text{H}_2] = k_6[\text{OH}][\text{H}]$$

Dieses Gleichungssystem läßt sich nach [O], [H] und [OH] auflösen, und es ergibt sich:

$$[\text{H}] = \left(\frac{k_1^2 k_3 k_5 [\text{O}_2][\text{H}_2]^3}{k_2 k_4 k_6 [\text{H}_2\text{O}]^2}\right)^{\frac{1}{2}} \quad\quad (7.12)$$

$$[\text{O}] = \frac{k_1 k_3 [\text{O}_2][\text{H}_2]}{k_2 k_4 [\text{H}_2\text{O}]} \quad\quad (7.13)$$

$$[\text{OH}] = \left(\frac{k_3 k_5}{k_4 k_6}[\text{O}_2][\text{H}_2]\right)^{\frac{1}{2}} \quad\quad (7.14)$$

Die Konzentrationen der (schlecht meßbaren, da Eichungen schwierig sind) instabilen Teilchen lassen sich also auf die der (gut meßbaren) stabilen Teilchen H$_2$, O$_2$ und H$_2$O zurückführen.

Abbildung 7.3 zeigt Molenbrüche der Radikale H, O und OH in vorgemischten stöchiometrischen H$_2$-Luft-Flammen (Warnatz 1981a) bei $p = 1$ bar, $T_u = 298$ K (Temperatur des unverbrannten Gases) in Abhängigkeit von der lokalen Temperatur, die mit einem vollständigen Mechanismus und unter Annahme der partiellen Gleichgewichts berechnet wurden. Es zeigt sich, daß die Annahme eines partiellen Gleichgewichts nur bei hohen Temperaturen befriedigende Ergebnisse liefert; bei Temperaturen unter etwa 1600 K stellt sich das partielle Gleichgewicht nicht mehr ein.

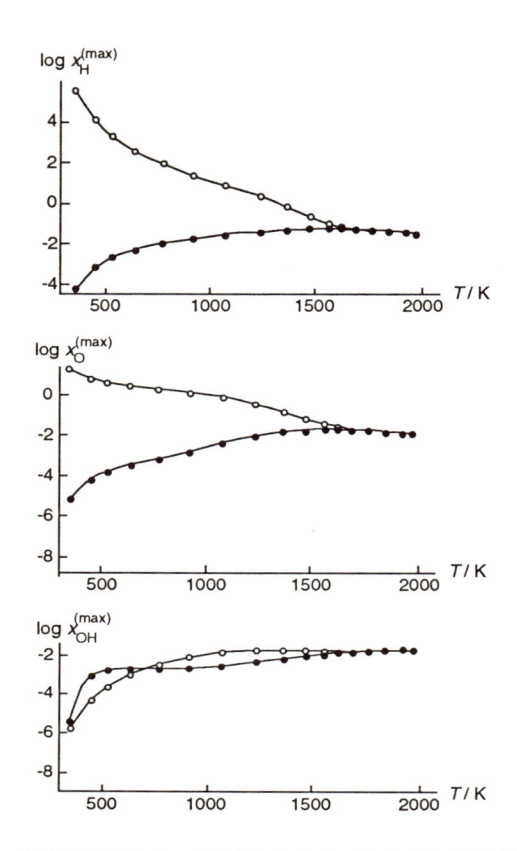

Abb. 7.3. Maximale Molenbrüche der Radikale H, O und OH in vorgemischten stöchiometrischen H_2-Luft-Flammen (Warnatz 1981a) bei $p = 1$ bar, $T_u = 298$ K, berechnet mit einem vollständigen Mechanismus (dunkle Punkte) und unter Annahme des partiellen Gleichgewichts (helle Punkte)

Abbildung 7.4 zeigt schließlich räumliche Profile der Molenbrüche von Sauerstoffatomen in einer vorgemischten stöchiometrischen C_3H_8-Luft-Flamme bei $p = 1$ bar, $T_u = 298$ K, berechnet mit einem vollständigen Mechanismus, mit der Annahme partiellen Gleichgewichts und mit der Annahme vollständigen Gleichgewichts. Während die Annahme eines vollständigen Gleichgewichts bei allen Temperaturen nur unbefriedigende Ergebnisse liefert, beschreibt das partielle Gleichgewicht die Molenbrüche von Sauerstoffatomen zumindest bei hinreichend hohen Temperaturen befriedigend. Es sei hier angemerkt, daß die hier betrachtete Menge an Sauerstoffatomen in einem Reaktionssystem entscheidend die Bildung von Stickoxiden beeinflußt (siehe Kapitel 17).

Diese Beispiele zeigen deutlich, daß der Gültigkeitsbereich der Annahme partieller Gleichgewichte nur sehr beschränkt ist. Generell sind bei Verbrennungsprozessen Quasistationaritätsannahmen meist genauer als die Annahme von partiellen Gleichgewichten.

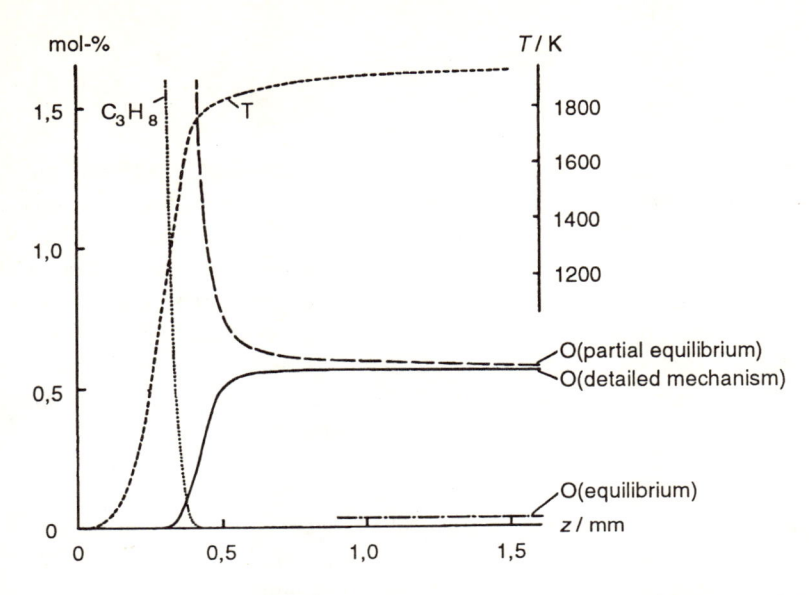

Abb. 7.4. Molenbrüche von O in einer vorgemischten stöchiometrischen C_3H_8-Luft-Flamme bei $p = 1$ bar, $T_u = 298$ K, berechnet mit einem vollständigen Mechanismus, mit der Annahme partiellen Gleichgewichts und vollständigen Gleichgewichts (Warnatz 1987)

7.2 Analyse von Reaktionsmechanismen

Wie schon erwähnt, bestehen Reaktionsmechanismen für die Kohlenwasserstoffoxidation zum Teil aus mehreren tausend Elementarreaktionen. Deshalb sind Methoden von Interesse, die eine Analyse dieser komplexen Mechanismen erlauben, d.h. deren wesentlichen Eigenschaften erkennen und beschreiben. Man unterscheidet hierbei verschiedene Verfahren:

Empfindlichkeitsanalysen (*Sensitivitätsanalysen*) identifizieren die geschwindigkeitsbestimmenden Reaktionsschritte, *Reaktionsflußanalysen* ermitteln die charakteristischen Reaktionspfade und *Eigenvektoranalysen* ermitteln die charakteristischen Zeitskalen und Richtungen der chemischen Reaktion. Die mittels dieser Methoden gewonnenen Informationen lassen sich zur Vereinfachung von Reaktionsmechanismen verwenden.

7.2.1 Empfindlichkeitsanalyse

Die Zeitgesetze für einen Reaktionsmechanismus von R Reaktionen mit S beteiligten Stoffen lassen sich in Form eines Systems von gewöhnlichen Differentialgleichungen schreiben (vergleiche Kapitel 6):

$$\frac{dc_i}{dt} = F_i(c_1, \ldots, c_S ; k_1, \ldots, k_R)$$
$$c_i(t = t_0) = c_i^0 \qquad i = 1, 2, \ldots, S \qquad (7.15)$$

Dabei ist die Zeit t die *unabhängige Variable*, die Konzentrationen c_i von i sind die *abhängigen Variablen*, und k_r die *Parameter* des Systems, c_i^0 bezeichnen die Anfangsbedingungen. Es sollen hier nur die Geschwindigkeitskoeffizienten der chemischen Reaktionen als Parameter des Systems betrachtet werden; vollkommen analog lassen sich aber bei Bedarf auch die Anfangsbedingungen, der Druck usw. als Systemparameter definieren. Die Lösung des Differentialgleichungssystems (7.15) hängt sowohl von den Anfangsbedingungen als auch von den Parametern ab. Interessant ist nun die Frage: Wie ändert sich die Lösung (d.h. die Konzentrationen zur Zeit t), wenn die Systemparameter, d.h. die Geschwindigkeitskoeffizienten der chemischen Reaktionen, verändert werden? Die Antwort auf diese Frage liefert sowohl Informationen über die geschwindigkeitsbestimmenden Reaktionsschritte als auch Hinweis darauf, welchen Einfluß Ungenauigkeiten der Geschwindigkeitskoeffizienten auf die Gesamtreaktion ausüben (einige der bei Verbrennungsprozessen verwendeten Elementarreaktionen sind nur auf eine Größenordnung genau bekannt).

Als *Empfindlichkeiten* oder *Sensitivitäten* bezeichnet man die Abhängigkeit der Lösung c_i von den Parametern k_r. Man unterscheidet hier absolute und relative (normierte) Sensitivitäten:

$$E_{i,r} = \frac{\partial c_i}{\partial k_r} \qquad \text{bzw.} \qquad E_{i,r}^{(rel)} = \frac{k_r}{c_i}\frac{\partial c_i}{\partial k_r} = \frac{\partial \ln c_i}{\partial \ln k_r} \qquad (7.16)$$

Es soll nun wieder die einfache Reaktionsfolge aus zwei Schritten (7.1) betrachtet werden, für die in Abschnitt 7.1.1 sowohl die exakte analytische als auch eine Näherungslösung beschrieben wurden. Untersucht wird, wie die Geschwindigkeitskoeffizienten die Geschwindigkeit der Bildung des Endproduktes beeinflussen. Hierzu berechnet man die Sensitivitätskoeffizienten, indem man die Konzentration [S_3], d.h. (7.3), partiell nach den Geschwindigkeitskoeffizienten ableitet (man beachte, daß in diesem Fall die Zeit konstant gehalten wird). Es ergibt sich:

$$E_{S_3,k_{12}}(t) = \frac{\partial [S_3]}{\partial k_{12}} = [S_1]_0 \frac{k_{23}}{(k_{12}-k_{23})^2}\left\{(k_{23}t-k_{12}t-1)\exp(-k_{12}t)+\exp(-k_{23}t)\right\}$$

$$E_{S_3,k_{23}}(t) = \frac{\partial [S_3]}{\partial k_{23}} = [S_1]_0 \frac{k_{12}}{(k_{12}-k_{23})^2}\left\{\exp(-k_{12}t)+(k_{12}t-k_{23}t-1)\exp(-k_{23}t)\right\}$$

Die relativen Sensitivitäten lassen sich daraus gemäß

$$E_{S_3,k_{12}}^{rel}(t) = \frac{k_{12}}{[S_3]}E_{S_3,k_{12}}(t) \qquad ; \qquad E_{S_3,k_{23}}^{rel}(t) = \frac{k_{23}}{[S_3]}E_{S_3,k_{23}}(t) \qquad (7.17)$$

berechnen. Die zeitlichen Verläufe der relativen Sensitivitätskoeffizienten sind zusammen mit der Konzentration des Endproduktes in Abb. 7.5 hier für $k_{12}=1$, $k_{23}=100$

und $[S_1]_0 = 1$ dargestellt. Man erkennt, daß die relative Sensitivität bezüglich der schnellen Reaktion (23) nach einer sehr kurzen Zeit gegen Null geht, während die relative Sensitivität bezüglich der langsamen Reaktion (12) über den gesamten Reaktionsverlauf einen recht großen Wert besitzt. Ergebnis der Empfindlichkeitsanalyse ist also: Bezüglich der langsamen (d. h. geschwindigkeitsbestimmenden) Reaktion (12) ergibt sich eine große relative Sensitivität der Bildung von S_3; für die schnelle (und daher den Reaktionsverlauf nicht hemmende) Reaktion (23) ergibt sich eine kleine relative Empfindlichkeit.

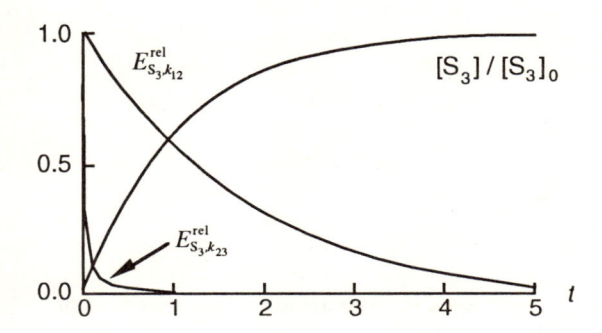

Abb. 7.5. Zeitlicher Verlauf der relativen Sensitivitätskoeffizienten für die Reaktion $S_1 \rightarrow S_2 \rightarrow S_3$

Eine Sensitivitätanalyse kann also die geschwindigkeitsbestimmenden Reaktionen identifizieren! Sensitivitätsanalysen sind daher wichtige Instrumente zum Verständnis von komplexen Reaktionsmechanismen (vergl. z.B. Nowak u. Warnatz 1988).

In praktischen Anwendungen ist natürlich eine analytische Lösung des Differentialgleichungssystems und anschließende partielle Differentiation nicht möglich. Aus diesem Grund leitet man durch partielle Differentiation von (7.15) eine Differentialgleichung für die Sensitivitätskoeffizienten ab.

$$\frac{\partial}{\partial k_r}\left(\frac{\partial c_i}{\partial t}\right) = \frac{\partial}{\partial k_r} F_i(c_1, ..., c_S; k_1, ..., k_R)$$

$$\frac{\partial}{\partial t}\left(\frac{\partial c_i}{\partial k_r}\right) = \left(\frac{\partial F_i}{\partial k_r}\right)_{c_l, k_{l \neq r}} + \sum_{n=1}^{S}\left\{\left(\frac{\partial F_i}{\partial c_n}\right)_{c_{l \neq n}, k_l}\left(\frac{\partial c_n}{\partial k_r}\right)_{k_{l \neq j}}\right\}$$

$$\frac{\partial}{\partial t} E_{i,r} = \left(\frac{\partial F_i}{\partial k_j}\right)_{c_l, k_{l \neq r}} + \sum_{n=1}^{S}\left\{\left(\frac{\partial F_i}{\partial c_n}\right)_{c_{l \neq n}, k_l} E_{n,r}\right\} \quad (7.18)$$

In diesen Gleichungen bezeichnet bei den partiellen Ableitungen z.B. c_l, daß alle c_l konstant gehalten werden sollen und $c_{l \neq n}$ daß alle c_l außer c_n konstant gehalten werden sollen. Diese Gleichungen bilden ein lineares Differentialgleichungssystem, das sich zusammen mit (7.1) numerisch lösen läßt.

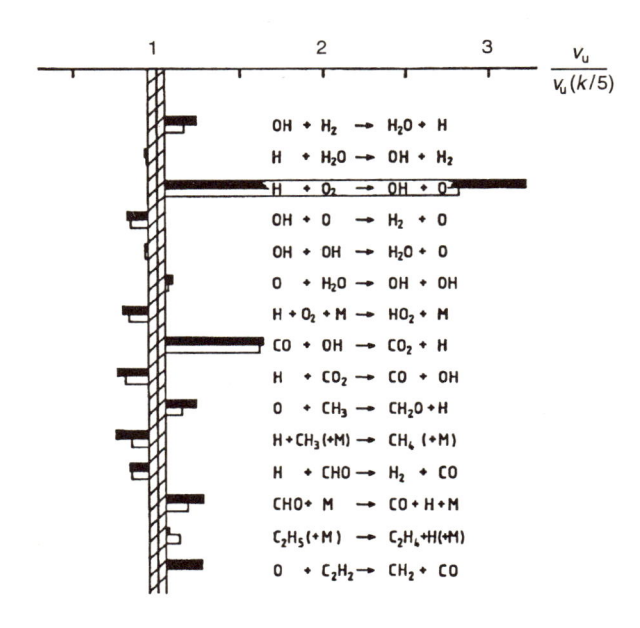

```
                    1           2           3        v_u
                    |           |           |      ──────
                                                   v_u(k/5)

                    OH + H₂    →   H₂O + H
                    H + H₂O    →   OH + H₂
                    H + O₂     →   OH + O
                    OH + O     →   H₂ + O
                    OH + OH    →   H₂O + O
                    O + H₂O    →   OH + OH
                    H + O₂ + M →   HO₂ + M
                    CO + OH    →   CO₂ + H
                    H + CO₂    →   CO + OH
                    O + CH₃    →   CH₂O + H
                    H + CH₃(+M)→   CH₄ (+M)
                    H + CHO    →   H₂ + CO
                    CHO + M    →   CO + H + M
                    C₂H₅(+M)   →   C₂H₄ + H(+M)
                    O + C₂H₂   →   CH₂ + CO
```

Abb. 7.6. Sensitivitäts-Analyse für die Flammengeschwindigkeit v_l in vorgemischten stöchiometrischen CH_4- (schwarz) und C_2H_6-Luft-Flammen (weiß) bei $p = 1$ bar, $T_u = 298$ K (Warnatz 1984).

Gerade bei Verbrennungsprozessen sind die Geschwindigkeiten der zugrundeliegenden Elementarreaktionen sehr unterschiedlich. Sensitivitätsanalysen zeigen, daß meist nur wenige Elementarreaktionen geschwindigkeitsbestimmend sind. Andere Reaktionen sind so schnell, daß die genauen Werte ihrer Geschwindigkeitskoeffizienten nur von untergeordneter Bedeutung sind.

Für die Praxis hat das bedeutende Konsequenzen: Die Geschwindigkeitskoeffizienten von Elementarreaktionen mit großer Sensitivität müssen sehr genau bekannt sein, da sie die Ergebnisse der Modellierung stark beeinflussen. Bei Reaktionen geringer Sensitivität reichen sehr grobe Werte für die Geschwindigkeitskoeffizienten. Sensitivitätsanalysen geben somit Hinweise darauf, welche Elementarreaktionen mit besonderer Genauigkeit gemessen werden müssen.

Beispiele typischer Ergebnisse von Sensitivitätsanalysen bei Verbrennungsprozessen finden sich in Abb. 7.6 und 7.7. Gezeigt werden dabei lediglich die maximalen Sensitivitäten während des ganzen Verbrennungsprozesses. In Abb. 7.6 ist eine Sensitivitätsanalyse für die Flammengeschwindigkeit v_l in vorgemischten stöchiometrischen CH_4- und C_2H_6-Luft-Flammen dargestellt. Diejenigen Elementarreaktionen, die nicht in dem Diagramm dargestellt sind, haben eine vernachlässigbar kleine Sensitivität. Man erkennt, daß nur wenige der vielen Elementarreaktionen sensitiv sind. Außerdem ergibt sich für die sehr verschiedenen Systeme (CH_4 und C_2H_6) das gleiche qualitative Bild, was darauf hindeutet, daß bei Verbrennungsprozessen unabhängig von dem betrachteten Brennstoff einige Elementarreaktionen stets geschwindigkeitsbestimmend sind.

7.2 Analyse von Reaktionsmechanismen

Abbildung 7.7 zeigt schließlich eine Sensitivitätsanalyse für die Hydroxi-Radikalkonzentration in einem zündenden stöchiometrischen C_7H_{16}-Luft-Gemisch (Chevalier et al. 1990a, 1990b). Zündprozesse, insbesondere bei niedriger Anfangstemperatur, sind von Natur aus sensitiver als stationäre Flammen. Aus diesem Grund sind bei Zündprozessen mehr Reaktionen geschwindigkeitsbestimmend als bei stationären Flammen (vergl. Abb. 7.6).

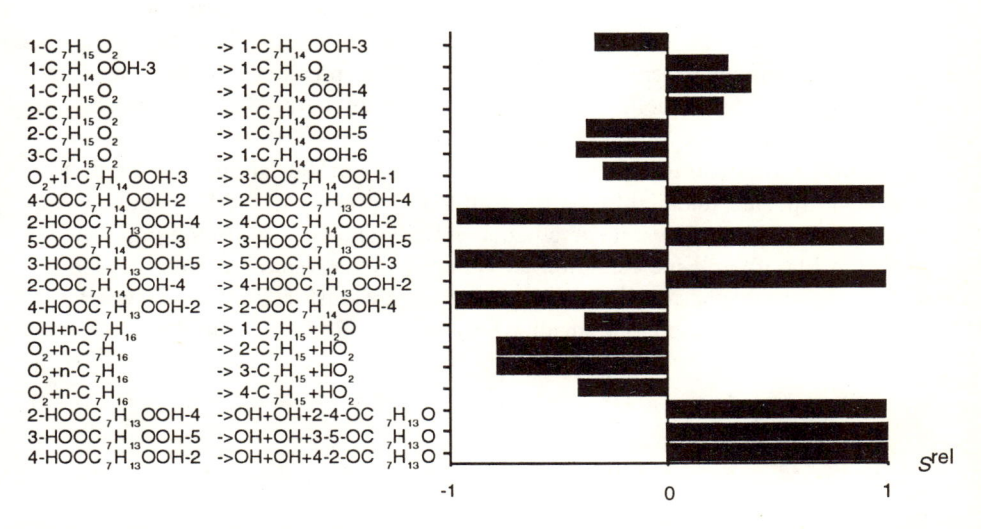

Abb. 7.7. Sensitivitäts-Analyse für die OH-Konzentration in einem zündenden stöchiometrischen C_7H_{16}-Luft-Gemisch bei $p = 20$ bar, $T_u = 650$K (Chevalier et al. 1990a, 1990b)

7.2.2 Reaktionsflußanalysen

Bei der numerischen Simulation von Verbrennungsprozessen lassen sich leicht Reaktionsflußanalysen durchführen. Es wird betrachtet, welcher Prozentsatz eines Stoffes s ($s=1,...,S$) in der Reaktion r ($r=1,...,R$) gebildet (bzw. verbraucht) wird. Dabei ergibt sich ein Zahlenschema z.B. der folgenden Form:

Reaktion ⇓	Stoff ⇒ 1	2	3	.....	S-1	S
1	20%	3%	0	.....	0	0
2	0	0	0	.....	0	0
3	2%	5%	0	.....	100%	90%
.	.	.	.		.	.
.	.	.	.		.	.
R-1	78%	90%	100%	.....	0	5%
R	0	2%	0	.....	0	0

So wird z.B. gemäß diesem Schema Stoff 1 zu 20% in Reaktion 1, zu 2% in Reaktion 3 und zu 78% in Reaktion R-1 gebildet. Die Prozentsätze in den Spalten müssen sich jeweils zu 100% aufaddieren. Anhand solcher Tabellen lassen sich dann Reaktionsflußdiagramme konstruieren.

Man unterscheidet *integrale und lokale Reaktionsflußanalysen*. Bei **integralen Reaktionsflußanalysen** werden die gesamte Bildung bzw. der gesamte Verbrauch der Spezies während des Verbrennungsprozesses betrachtet. Hierzu wird z.B. bei homogenen zeitabhängigen Prozessen über die ganze Reaktionszeit bzw. bei stationären Flammen über die ganze Verbrennungszone integriert. Eine Reaktion kann als unwichtig betrachtet werden (hier z. B. Reaktion 2), wenn alle Eintragungen in einer Zeile (sowohl in der Tabelle für die Bildung als auch für den Verbrauch) eine willkürlich zu wählende Schranke unterschreiten (Warnatz 1981).

Bei **lokalen Reaktionsflußanalysen** betrachtet man die Bildung und den Verbrauch der Spezies lokal, d.h. zu bestimmten Zeitpunkten bei homogenen zeitabhängigen Prozessen bzw. an verschiedenen Punkten in der Verbrennungszone bei stationären Flammen. Eine Reaktion ist gemäß lokalen Reaktionsflußanalysen unwichtig (wesentlich schärfer als integrales Kriterium), wenn für die Reaktionsgeschwindigkeit $\Re_{t,r,s}$ zu allen Zeiten bzw. an allen Orten t in der Reaktion r für den Stoff s gilt:

$$\left| \Re_{t,r,s} \right| \;<\; \varepsilon \; \left| \underset{r=1}{\overset{R}{Max}} \; \Re_{t,r,s} \right| \qquad s = 1,...,S \;\; ; \qquad t = 0,...,T \qquad (7.19)$$

Dabei ist ε wieder eine Schranke, die willkürlich gesetzt werden muß, z. B. $\varepsilon = 1\%$.

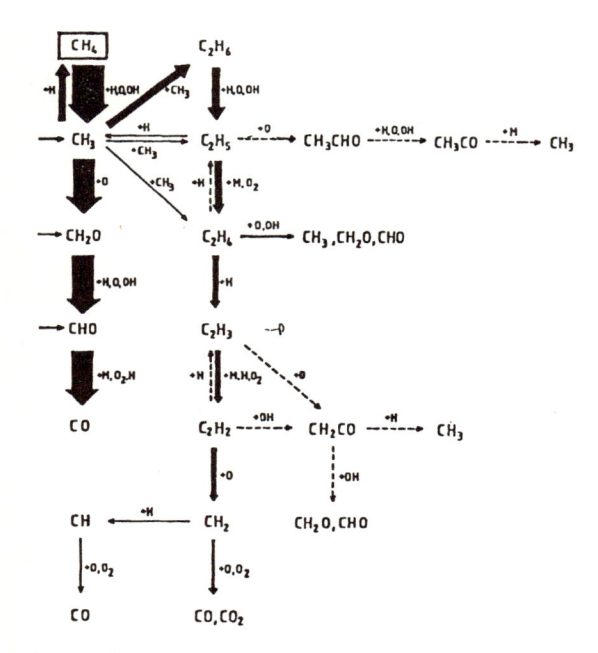

Abb. 7.8. Integrale Reaktionsfluß-Analyse in einer vorgemischten stöchiometrischen CH_4-Luft-Flamme bei $p = 1$ bar, $T_u = 298$ K (Warnatz 1984).

7.2 Analyse von Reaktionsmechanismen 81

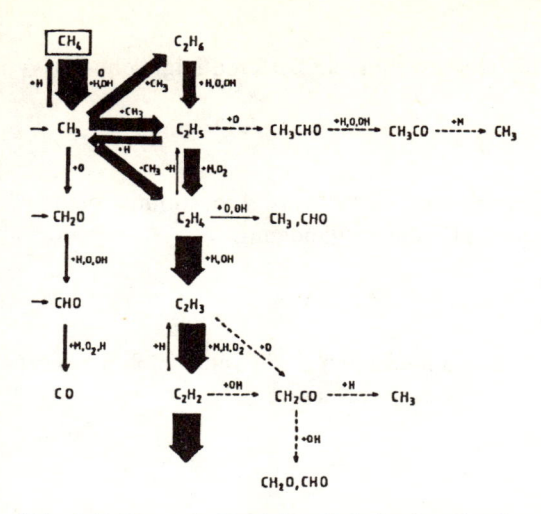

Abb. 7.9. Integrale Reaktionsfluß-Analyse in einer vorgemischten brennstoffreichen CH_4-Luft-Flamme bei $p = 1$ bar, $T_u = 298$ K (Warnatz 1984)

Abbildungen 7.8 und 7.9 zeigen integrale Reaktionsflußanalysen in vorgemischten stöchiometrischen bzw. fetten Methan- Luft-Flammen (Warnatz 1984). Es zeigt sich deutlich, daß je nach den Reaktionsbedingungen verschiedene Reaktionspfade eingeschlagen werden. Bei der stöchiometrischen Flamme wird das Methan zum größten Teil direkt oxidiert, während bei der fetten Flamme gebildete Methylradikale zu Ethan (C_2H_6) rekombinieren, welches dann oxidiert wird.

7.2.3 Eigenwertanalysen von chemischen Reaktionssystemen

Es soll wieder die einfache Reaktionsfolge (7.1) aus zwei Schritten betrachtet werden

$$S_1 \xrightarrow{k_{12}} S_2 \xrightarrow{k_{23}} S_3,$$

wobei die Zeitgesetze für die auftretenden Stoffe durch (7.2-7.4) gegeben sind. Diese Gleichungen lassen sich in Vektorschreibweise einfach zusammenfassen:

$$\begin{pmatrix} d[S]_1/dt \\ d[S]_2/dt \\ d[S]_3/dt \end{pmatrix} = \begin{pmatrix} -k_{12} & 0 & 0 \\ k_{12} & -k_{23} & 0 \\ 0 & k_{23} & 0 \end{pmatrix} \begin{pmatrix} [S]_1 \\ [S]_2 \\ [S]_3 \end{pmatrix} \qquad (7.20)$$

Führt man als Abkürzung die Vektoren $\vec{Y}$ und $\vec{Y}'$ sowie die Matrix J ein

$$\vec{Y} = \begin{pmatrix} [S]_1 \\ [S]_2 \\ [S]_1 \end{pmatrix} \qquad \vec{Y}' = \begin{pmatrix} d[S]_1/dt \\ d[S]_2/dt \\ d[S]_1/dt \end{pmatrix} \qquad J = \begin{pmatrix} -k_{12} & 0 & 0 \\ k_{12} & -k_{23} & 0 \\ 0 & k_{23} & 0 \end{pmatrix}$$

so erhält man das folgende einfache lineare gewöhnliche Differentialgleichungssystem

$$\vec{Y}' = J\vec{Y} \qquad (7.21)$$

Nun sollen die Eigenwerte und Eigenvektoren der Matrix J bestimmt werden. Eigenwerte und Eigenvektoren erfüllen die Eigenwertgleichung

$$J\vec{v}_i = \vec{v}_i \lambda_i \qquad \text{bzw.} \qquad JV = V\Lambda \qquad (7.22)$$

(siehe Lehrbücher der Linearen Algebra). Da die Matrix J die Dimension 3 besitzt erhält man drei Eigenwerte und 3 zugehörige Eigenvektoren:

$$\lambda_1 = 0 \qquad \lambda_2 = -k_{23} \qquad \lambda_3 = -k_{12}$$

$$\vec{v}_1 = \begin{pmatrix} 0 \\ 0 \\ 1 \end{pmatrix} \qquad \vec{v}_2 = \begin{pmatrix} 0 \\ 1 \\ -1 \end{pmatrix} \qquad \vec{v}_3 = \begin{pmatrix} k_{12} - k_{23} \\ -k_{12} \\ k_{23} \end{pmatrix},$$

Bildet man nun die Matrix V dieser Eigenvektoren und die Matrix Λ dieser Eigenwerte,

$$V = \begin{pmatrix} 0 & 0 & k_{12} - k_{23} \\ 0 & 1 & -k_{12} \\ 1 & -1 & k_{23} \end{pmatrix} \qquad \Lambda = \begin{pmatrix} \lambda_1 & 0 & 0 \\ 0 & \lambda_2 & 0 \\ 0 & 0 & \lambda_3 \end{pmatrix} = \begin{pmatrix} 0 & 0 & 0 \\ 0 & -k_{23} & 0 \\ 0 & 0 & -k_{12} \end{pmatrix},$$

so kann man durch Einsetzen leicht nachprüfen, daß die Eigenwertgleichung (7.22) erfüllt ist.

Multiplikation der Eigenwertgleichung von rechts mit der Inversen V^{-1} der Eigenvektormatrix führt zu einer Vorschrift zur Zerlegung der Matrix J:

$$J = V\Lambda V^{-1} \qquad (7.23)$$

wobei

$$V^{-1} = \begin{pmatrix} 1 & 1 & 1 \\ \dfrac{k_{12}}{k_{12} - k_{23}} & 1 & 0 \\ \dfrac{1}{k_{12} - k_{23}} & 0 & 0 \end{pmatrix}$$

und Einsetzen in das Differentialgleichungssystem (7.21) liefert dann die Gleichung:

$$\vec{Y}' = V\Lambda V^{-1} \vec{Y} \qquad (7.24)$$

bzw. nach Multiplikation von links mit der Inversen V^{-1}

7.2 Analyse von Reaktionsmechanismen

$$V^{-1}\vec{Y}' = \Lambda V^{-1}\vec{Y}. \quad (7.25)$$

Die einzelnen Reihen der Matrix V^{-1} sind die sogenannten linken Eigenvektoren $\vec{v}_j^{-1}$. Schreibt man nun das Gleichungssystem aus, so erhält man nach Einsetzen von λ und $\vec{v}^{-1}$ das Gleichungssystem

$$\frac{d}{dt}\left([S]_1 + [S]_2 + [S]_3\right) = 0$$

$$\frac{d}{dt}\left(\frac{k_{12}}{k_{12}-k_{23}}[S]_1 + [S]_2\right) = -k_{23}\left(\frac{k_{12}}{k_{12}-k_{23}}[S]_1 + [S]_2\right) \quad (7.26)$$

$$\frac{d}{dt}\left(\frac{1}{k_{12}-k_{23}}[S]_1\right) = -k_{12}\left(\frac{1}{k_{12}-k_{23}}[S]_1\right)$$

das nun etwas genauer betrachtet werden soll. Man bemerkt dabei sofort, daß dieses kompliziert aussehende Gleichungssystem vollständig entkoppelt ist, d.h., man kann also alle drei Differentialgleichungen unabhängig voneinander lösen! Alle drei Gleichungen haben jeweils die Form

$$\frac{dy}{dt} = \text{const.} \cdot y$$

mit der Lösung

$$y = y^0 \cdot e^{\text{const.} \cdot t}$$

und man erhält (auf diese Weise läßt sich die analytische Lösung (7.5) in Abschnitt 7.1.1 ableiten):

$$[S]_1 + [S]_2 + [S]_3 = \left([S]_1^0 + [S]_2^0 + [S]_3^0\right)e^0 \quad (7.27)$$

$$\left(\frac{k_{12}}{k_{12}-k_{23}}[S]_1 + [S]_2\right) = \left(\frac{k_{12}}{k_{12}-k_{23}}[S]_1^0 + [S]_2^0\right)e^{-k_{23}t} \quad (7.28)$$

$$[S]_1 = [S]_1^0 e^{-k_{12}t} \quad (7.29)$$

Die Vorgänge bei der chemischen Reaktion lassen sich demnach in drei verschiedene Prozesse, die mit drei verschiedenen Zeitskalen ablaufen, einteilen:

Der erste Prozeß läuft (entsprechend dem Eigenwert $\lambda_1 = 0$) mit der Zeitskala ∞ ab, er beschreibt also die zeitliche Konstanz einer Größe. Solche Größen, die zeitlich konstant bleiben, sind Erhaltungsgrößen. In diesem Beispiel ist es die Summe der Konzentrationen (7.27), was einfach widerspiegelt, daß bei chemischen Reaktionen die Masse erhalten bleibt.

Der zweite Prozeß läuft (entsprechend dem Eigenwert $\lambda_2 = -k_{23}$) mit der Zeitskala $-k_{23}^{-1}$ ab, er beschreibt also die zeitliche Veränderung einer Größe. Der zugehörige Eigenvektor $\vec{v}_2$ ist gegeben durch

$$\vec{v}_2 = \begin{pmatrix} 0 \\ 1 \\ -1 \end{pmatrix}$$

und man erkennt, daß dieser Vektor gerade die stöchiometrischen Koeffizienten der Reaktion $S_1 \to S_2$ wiedergibt ($0\,S_1 + 1\,S_2 - 1\,S_3 = 0$).

Der dritte Prozeß läuft schließlich (entsprechend dem Eigenwert $\lambda_3 = -k_{12}$) mit der Zeitskala $-k_{23}^{-1}$ ab und beschreibt damit die zeitliche Veränderung einer Größe. Der zugehörige Eigenvektor $\vec{v}_3$ entspricht einer Linearkombination der Reaktionen 12 und 23.

Es soll nun untersucht werden, was geschieht, wenn eine der Reaktionen viel schneller als die andere abläuft (vergl. Abschnitt 7.1.1). Zuerst sei der Fall $k_{12} \gg k_{23}$ betrachtet. In diesem Fall läuft der dritte Prozeß (mit der Zeitskala $-k_{23}^{-1}$) sehr viel langsamer ab als der zweite Prozeß. Nach einer sehr kurzen Zeit (siehe Exponentialterm in (7.29)) ist die Konzentration $[S_1]$ auf 0 abgesunken. Aus der Sicht der Chemie betrachtet bedeutet dies lediglich, daß der Stoff S_1 sehr schnell in S_2 umgewandelt wird, welcher dann in einer langsamen Folgereaktion zu S_3 weiterreagiert.

Interessanter ist der Fall $k_{23} \gg k_{12}$. Hier geht der Exponentialterm in (7.28) sehr schnell gegen Null. Nach einer sehr kurzen Zeit kann man also annehmen:

$$\left(\frac{k_{12}}{k_{12} - k_{23}} [S]_1 + [S]_2 \right) \approx 0. \tag{7.30}$$

Vergleicht man mit Abschnitt 7.1.1, so erkennt man, daß dies für $k_{23} \gg k_{12}$ gerade der Quasistationaritätsbedingung (7.6) entspricht. Die Quasistationaritätsbedingung erhält man demnach nicht nur durch chemische Überlegungen, sondern auch ganz einfach durch eine Eigenwertanalyse. Der negative Eigenwert λ_i, der betragsmäßig am größten ist, beschreibt direkt die Geschwindigkeit, mit der ein partielles Gleichgewicht oder ein quasistationärer Zustand erreicht wird. Die Quasistationaritätsbedingung bzw. Bedingung für ein partielles Gleichgewicht erhält man einfach dadurch, daß man annimmt, daß das Skalarprodukt zwischen dem zugehörigen linken Eigenvektor $\vec{v}_j^{-1}$ und den Bildungsgeschwindigkeiten (rechte Seite von 7.20) Null ist.

Natürlich sind die Differentialgleichungssysteme für chemische Reaktionskinetik fast immer nicht-linear und in ihrer allgemeinen Form gegeben durch

$$\frac{dY_i}{dt} = f_i(Y_1, Y_2, \ldots, Y_S) \qquad i = 1, 2, \ldots, S \tag{7.31}$$

oder wiederum in Vektorschreibweise

$$\frac{d\vec{Y}}{dt} = \vec{F}(\vec{Y}) \tag{7.32}$$

Lokal (bei einer bestimmten Zusammensetzung $\vec{Y}_0$) lassen sich jedoch Eigenwertanalysen durchführen, indem man in der Umgebung von $\vec{Y}_0$ die Funktion $\vec{F}$ durch eine Taylor-Reihenentwicklung annähert.

$$f_i(Y_1^0 + dY_1, Y_2^0 + dY_2, \ldots, Y_S^0 + dY_S) = f_i(Y_1^0, Y_2^0, \ldots, Y_S^0) + \sum_{j=1}^{S} \left(\frac{\partial f_i}{\partial Y_j} \right)_{Y_{k \neq j}} dY_j + \ldots$$

bzw. $\qquad \vec{F}(\vec{Y}^0 + d\vec{Y}) = \vec{F}(\vec{Y}^0) + J \, d\vec{Y} + \ldots \qquad$ mit

$$J = \begin{pmatrix} \frac{\partial f_1}{\partial Y_1} & \frac{\partial f_1}{\partial Y_2} & \cdots & \frac{\partial f_1}{\partial Y_S} \\ \frac{\partial f_2}{\partial Y_1} & \frac{\partial f_2}{\partial Y_2} & \cdots & \frac{\partial f_2}{\partial Y_S} \\ \vdots & \vdots & \ddots & \vdots \\ \frac{\partial f_S}{\partial Y_1} & \frac{\partial f_S}{\partial Y_2} & \cdots & \frac{\partial f_S}{\partial Y_S} \end{pmatrix}$$

J bezeichnet man als *Jacobi-Matrix* des Systems. Mit dieser Linearisierung erhält man das lineare Differentialgleichungssystem

$$\frac{d\vec{Y}}{dt} = \vec{F}(\vec{Y}^0) + J(\vec{Y} - \vec{Y}^0), \tag{7.33}$$

und aus einem Vergleich mit (7.21) erkennt man, daß nun die Eigenwerte und Eigenvektoren der Jacobimatrix lokal Hinweise auf die Zeitskalen und damit auf die Frage, welche Spezies in quasistationärem Zustand oder welche Reaktionen in partiellem Gleichgewicht sind, Antwort geben können (Lam u. Goussis 1989, Maas u. Pope 1992).

7.3 Steifheit von gewöhnlichen Differentialgleichungssystemen

In den vorigen Abschnitten wurde beschrieben, daß bei Verbrennungsprozessen die einzelnen Elementarreaktionen mit stark unterschiedlichen Geschwindigkeiten (Zeitskalen) ablaufen. Diese Tatsache hat schwerwiegende Konsequenzen für die numerische Lösung des das Reaktionssystem beschreibenden Differentialgleichungssystems. Die Eigenwerte der *Jacobi-Matrix* dieser ODE-Systeme geben unmittelbar die Zeitskalen wieder. Als *Steifheitsgrad* bezeichnet man das Verhältnis von größtem und kleinstem negativen Eigenwert der Jacobi-Matrix.

Die Steifheit charakterisiert somit die maximalen Unterschiede der beteiligten Zeitskalen. Normalerweise müssen bei der numerischen Lösung von Differentialgleichungen die kleinsten Zeitskalen berücksichtigt werden, selbst wenn man nur an den langsamen (und damit geschwindigkeitsbestimmenden) Prozessen interessiert ist. Anderenfalls neigt die numerische Lösung zu Instabilitäten.

Dieses Problem läßt sich vermeiden, wenn man sogenannte *implizite* Integrationsverfahren (siehe Abschnitt 8.2) benutzt (Hirschfelder 1963). Eine andere Möglichkeit zur Vermeidung dieses Problems ist die Eliminierung der schnellen Prozesse durch *Entkoppelung der Zeitskalen* ((Lam u. Goussis 1989, Maas u. Pope 1992, 1993), wie es im folgenden beschrieben wird.

7.4 Vereinfachung von Reaktionsmechanismen

Das Hauptproblem bei der Verwendung von detaillierten Reaktionsmechanismen ist dadurch gegeben, daß für jede chemische Spezies eine Teilchenerhaltungsgleichung (vergleiche Kapitel 3) gelöst werden muß. Aus diesem Grund ist die Verwendung vereinfachter Kinetiken, die das chemische Reaktionssystem in Abhängigkeit von nur wenigen Variablen beschreiben, wünschenswert. Dies läßt sich mit Hilfe von reduzierten Mechanismen (basierend auf Quasistationaritätsannahmen und Annahmen von partiellen Gleichgewichten) erreichen (eine Übersicht über übliche Verfahren findet man z.B. bei Smooke 1991). Solche reduzierte Mechanismen sind jeweils nur in einem sehr engen Zustandsbereich (d.h. nur in einem engen Bereich von Temperatur und Gemischzusammensetzung, oft nur in der Nähe des Gleichgewichts) eine gute Näherung für das chemische Reaktionssystem. Ein reduzierter Mechanismus, der zum Beispiel gute Ergebnisse bei der Simulation von Diffusionsflammen liefert, ist nicht notwendigerweise auch zur Beschreibung von Vormischflammen geeignet.

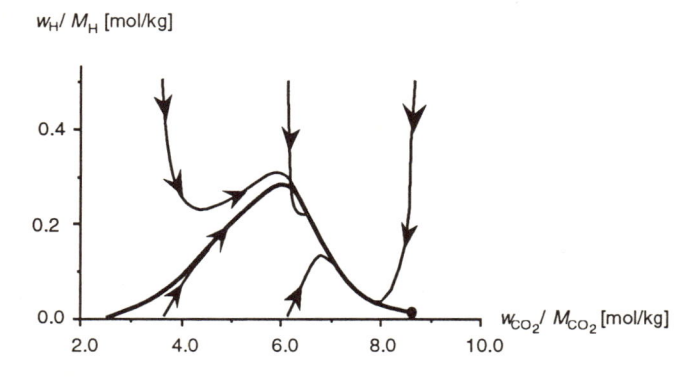

Abb. 7.10. Darstellung von Trajektorien im Zustandsraum für ein CO/H_2/Luft System. Pfeile: Richtung der chemischen Reaktion, Punkt: Gleichgewichtspunkt, fette Linie: ILDM (Maas u. Pope 1992)

In Kapitel 4 wurde beschrieben, daß es zu jedem chemischen System einen Gleichgewichtswert gibt. Dieser Gleichgewichtswert charakterisiert (bei Vorgabe von Druck und Elementzusammensetzung) genau einen Punkt im Zustandsraum des betrachteten chemischen Reaktionssystems, der aufgespannt wird durch alle physikalisch möglichen Gemischzusammensetzungen und Temperaturen (bzw. Enthalpien). Unabhängig vom Anfangspunkt wird die chemische Reaktion entlang einer Trajektorie stets zum Gleichgewichtspunkt führen.

Abbildung 7.10 zeigt die Projektion solcher Trajektorien in eine Ebene des Zustandsraums. Neben der Tatsache, daß sich alle Trajektorien in im Gleichgewichtspunkt treffen, fällt auf, daß selbst Trajektorien, die zu sehr unterschiedlichen Anfangsbedingungen gehören, sich schon lange vor Erreichen des Gleichgewichtspunktes bündeln. Analog zu dem Gleichgewichtspunkt existiert eine Linie in dem Zustandsraum, auf der alle Prozesse bis auf den langsamsten im Gleichgewicht sind (dargestellt in Abb. 7.10), eine Fläche auf der alle Prozesse bis auf die zwei langsamsten im Gleichgewicht sind (im Bild nicht sinnvoll darstellbar) usw.

Dies bedeutet, daß im Zustandsraum Linien, Flächen und Hyperflächen (Mannigfaltigkeiten) niedriger Dimension *(intrinsic low-dimensional manifolds, ILDM)*, existieren, die die Eigenschaft besitzen, daß sich ihnen Trajektorien sehr schnell nähern. Grund hierfür sind die stark differierenden Zeitskalen der chemischen Reaktionen. Man kann also die chemische Reaktion als eine schnelle Bewegung im Zustandsraum in Richtung einer anziehenden Mannigfaltigkeit und anschließende langsame Bewegung auf dieser Mannigfaltigkeit in Richtung des Gleichgewichts betrachten.

Das betrachtete chemische Reaktionssystem läßt sich nun näherungsweise dadurch beschreiben, daß man annimmt, daß die schnellen Prozesse unendlich schnell sind. In diesem Fall muß man nur die langsame Bewegung entlang der Mannigfaltigkeiten betrachten. Da diese eine viel geringer Dimension als der gesamte Zustandsraum haben, benötigt man zur Beschreibung der chemischen Reaktion nur wenige Variablen, sogenannte *Reaktionsfortschrittvariablen*, und nicht alle Konzentrationen der an der Reaktion beteiligten Spezies. Man erhält demnach eine globale Reduktion der chemischen Kinetik. Die ILDM lassen sich wiederum basierend auf Eigenwertanalysen des chemischen Reaktionssystems ermitteln. Eine ausführliche Beschreibung dieses Verfahren findet man bei Maas u. Pope 1992, 1993.

7.5 Radikalkettenreaktionen

Verbrennungsprozessen liegen Radikalkettenmechanismen zugrunde. Das allgemeine Prinzip dieser Mechanismen soll anhand des Wasserstoff-Sauerstoff-Systems dargestellt werden, dessen wichtigste Reaktionen in Tab. 7.1 zusammengefaßt sind. Im Reaktionsmechanismus unterscheidet man hierbei *Ketteneinleitungsschritte*, bei denen reaktive Spezies (Radikale, gekennzeichnet durch einen Punkt) aus stabilen

Spezies gebildet werden (Reaktion 0), *Kettenfortpflanzungsschritte*, bei denen reaktive Teilchen mit stabilen Spezies unter Bildung eines anderen reaktiven Teilchens reagieren (Reaktion 1), *Kettenverzweigungsschritte*, bei denen ein reaktives Teilchen mit einem stabilen Molekül unter Bildung zweier neuer reaktiver Teilchen reagiert (Reaktionen 2 und 3) und *Kettenabbruchsschritte*, bei denen reaktive Teilchen zu stabilen Molekülen reagieren, z.B. an den Gefäßwänden (Reaktion 4) oder in der Gasphase (Reaktion 5). Addiert man die Kettenfortpflanzungs- und Verzweigungsschritte (1+1+2+3), so erkennt man, daß nach diesem Reaktionsschema aus den Ausgangsstoffen Radikale gebildet werden.

Tab. 7.1. Wichtigste Reaktionen des Wasserstoff-Sauerstoff-Systems

(0)	H_2	+ O_2	= $2\,OH\cdot$			*Ketteneinleitung*
(1)	$OH\cdot$	+ H_2	= H_2O	+ $H\cdot$		*Kettenfortpflanzung*
(2)	$H\cdot$	+ O_2	= $OH\cdot$	+ $O\cdot$		*Kettenverzweigung*
(3)	$O\cdot$	+ H_2	= $OH\cdot$	+ $H\cdot$		*Kettenverzweigung*
(4)	$H\cdot$		= $1/2\,H_2$			*Kettenabbruch (heterogen)*
(5)	$H\cdot$ + O_2 +	M	= HO_2	+ M		*Kettenabbruch (homogen)*
(1+1+2+3)	$3\,H_2$	+ O_2	= $2\,H\cdot$	+ $2\,H_2O$		

Für die Bildung der reaktiven Spezies H, OH und O, die als *Kettenträger* bezeichnet werden, ergeben sich gemäß dem oben beschriebenen Reaktionsschema (*I* sei die Reak-tionsgeschwindigkeit für die Ketteneinleitung) die drei Geschwindigkeitsgesetze

$$\frac{d[H]}{dt} = k_1[H_2][OH] + k_3[H_2][O] - k_2[H][O_2] - k_4[H] - k_5[H][O_2][M]$$

$$\frac{d[OH]}{dt} = k_2[H][O_2] + k_3[O][H_2] - k_1[OH][H_2] + I$$

$$\frac{d[O]}{dt} = k_2[H][O_2] - k_3[O][H_2]$$

Die Bildungsgeschwindigkeit der freien Valenzen (H•, •OH, •O•) erhält man durch Summation der drei Gleichungen, wobei O-Atome doppelt zu berücksichtigen sind (zwei freie Valenzen pro Sauerstoffatom):

$$\frac{d([H]+[OH]+2[O])}{dt} = I + \left(2k_2[O_2] - k_4 - k_5[O_2][M]\right)[H] \quad (7.34)$$

Esetzt man auf der rechten Seite in einer sehr groben Näherung die Konzentration der Wasserstoffatome [H] durch die Konzentration [n] der freien Valenzen (Homann 1975), so erhält man:

$$\frac{d[n]}{dt} = I + \left(2k_2[O_2] - k_4 - k_5[O_2][M]\right)[n] \quad (7.35)$$

Diese Differentialgleichung läßt sich einfach integrieren. Man erhält für die Anfangsbedingung $[n]_{t=0} = 0$

$$[n] = I \cdot t \qquad \text{für } g = f \qquad (7.36)$$

$$[n] = \frac{I}{g-f}\left(1 - \exp\left[(f-g)\,t\right]\right) \qquad \text{für } g \neq f \qquad (7.37)$$

wobei zur Abkürzung $f = 2k_2[O_2]$ und $g = k_4 + k_5\,[O_2][M]$ verwendet wurden. Es ergeben sich drei verschiedene Fälle, die zum besseren Verständnis in Abb. 7.11 schematisch dargestellt sind:

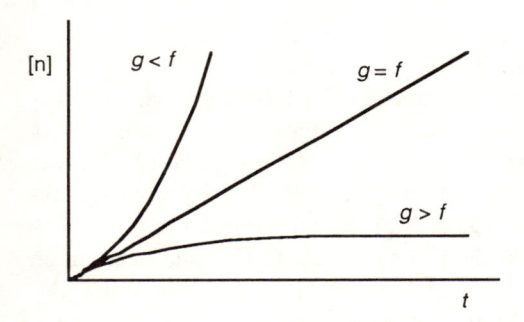

Abb. 7.11. Schematische Darstellung des zeitlichen Verlaufs der Konzentration der Kettenträger (freien Valenzen)

Für $g > f$ verschwindet der Exponentialterm für große Zeiten. Eine Explosion findet nicht statt, sondern es ergibt sich eine zeitunabhängige stationäre Lösung für die Kettenträger:

$$[n] = \frac{J}{g-f}. \qquad (7.38)$$

Für den Grenzfall $g = f$ ergibt sich ein linearer Anstieg der Konzentration von Kettenträgern [n] mit der Zeit t.

Für $g < f$ kann nach einer gewissen kurzen Anlaufzeit die 1 neben der Exponentialfunktion vernachlässigt werden, und es ergibt sich ein exponentieller Anstieg der Konzentration an freien Valenzen und damit Explosion:

$$[n] = \frac{J}{f-g}\,\exp\left[(f-g)\cdot t\right] \qquad (7.39)$$

Diese einfache Betrachtung zeigt die zentrale Bedeutung von Kettenverzweigungsschritten bei Verbrennungsprozessen, insbesondere bei Zündprozessen. Typische Kettenverzweigungsreaktionen bei der Kohlenwasserstoff-Oxidation bei Normaldruck ($p = 1$ bar) sind z. B. (die reaktive Teilchen sind hier wieder durch ein • gekennzeichnet):

$T > 1100$ K: $\quad$ H• $\;+\;$ O$_2$ $\;\to\;$ OH• $\;+\;$ O•

900 K $< T < 1100$ K: $\quad$ HO$_2$• $\;+\;$ RH $\;\to\;$ H$_2$O$_2$ $\;+\;$ R•

$\quad\quad\quad\quad\quad\quad\quad\quad\quad\quad$ H$_2$O$_2$ $\;+\;$ M $\;\to\;$ 2 OH• $\;+\;$ M

Diese hier aufgeführten Kettenverzweigungsmechanismen sind recht einfach und relativ brennstoffunspezifisch. Bei Temperaturen unterhalb 900 K werden diese Reaktionen jedoch viel komplizierter und brennstoffspezifischer (siehe Kapitel 16).

7.6 Übungsaufgaben

Aufgabe 7.1. Die Dissoziation von Ethan erfolgt über die Startreaktion $C_2H_6 \to 2\,CH_3$. Diese scheinbar monomolekulare Reaktion soll mit dem folgenden Reaktionsschema beschrieben werden: $C_2H_6 + C_2H_6 = C_2H_6 + C_2H_6^*$ (1); $C_2H_6^* \to 2\,CH_3$ (2). Bei der Bildung des angeregten Moleküls $C_2H_6^*$ (Reaktion 1) ist die Rückreaktion zu berücksichtigen; der Zerfall des $C_2H_6^*$ (Reaktion 2) erfolgt ohne Rückreaktion.

a) Formulieren Sie die Quasi-Stationaritätsbedingung für $C_2H_6^*$ und bestimmen Sie daraus die Konzentration von $C_2H_6^*$ als Funktion der Konzentration von C_2H_6.

b) Bestimmen Sie für den Fall, daß die Stationaritätsbedingung für $C_2H_6^*$ erfüllt ist, die Umsatzgeschwindigkeit von CH_3 als Funktion der Konzentration von C_2H_6. Zeigen Sie, daß für kleine Konzentrationen von C_2H_6 der Umsatz von CH_3 einem Geschwindigkeitsgesetz zweiter Ordnung folgt und für große Konzentrationen einem Geschwindigkeitsgesetz erster Ordnung.

c) In einem Experiment wurde festgestellt, daß der Umsatz von CH_3 bei den gegebenen Versuchsbedingungen nach einem Geschwindigkeitsgesetz erster Ordnung mit dem Geschwindigkeitskoeffizienten $k_* = 5{,}24 \cdot 10^{-5}\,\text{s}^{-1}$ erfolgt. Berechnen Sie den Geschwindigkeitskoeffizienten k_2 für den Zerfall des angeregten Moleküls $C_2H_6^*$. (Die Gleichgewichtskonstante für die Reaktion 1 sei $K_{C,1} = 1{,}1 \cdot 10^{-4}$)

8 Laminare Vormischflammen

Die Messung von laminaren Flammengeschwindigkeiten und die experimentelle Bestimmung von Konzentrations- und Temperaturprofilen in laminaren Flammenfronten wurde in Kapitel 2 behandelt. In Kapitel 3 wurde beschrieben, wie sich laminare flache Flammen mathematisch modellieren lassen. Eine Bilanz für die Erhaltungsgrößen eines chemischen Reaktionssystems führte zu den Erhaltungsgleichungen, einem partiellen Differentialgleichungssystem.

Die Ermittlung der thermodynamischen Daten (siehe Kapitel 4), die Bestimmung der Transportgrößen (siehe Kapitel 5) und die Chemie der Verbrennung (siehe Kapitel 6 und 7) wurde weiter oben diskutiert. Im vorliegenden Kapitel soll nun die mathematische Lösung der Erhaltungsgleichungen behandelt werden.

8.1 Die vereinfachte thermische Theorie der Flammenfortpflanzung von Zeldovich

Die Erhaltungsgleichungen (3.11 und 3.12) bilden ein sehr kompliziertes Differentialgleichungssystem, das analytisch nicht lösbar ist, sondern im allgemeinen mittels numerischer Verfahren gelöst wird (siehe Abschnitt 8.2). Nur bei der Verwendung sehr starker Vereinfachungen erhält man ein Gleichungssystem, das einer analytischen Behandlung zugänglich ist.

Das vereinfachte Modell der thermischen Flammenfortpflanzung von Zeldovich (Zeldovich u. Frank-Kamenetskii 1938) geht von einer stationären Flamme aus, bei der die Verbrennung gemäß einer Einschritt-Reaktion

$$\text{Brennstoff (F)} \rightarrow \text{Produkte (P)}$$

mit der Reaktionsgeschwindigkeit r_F stattfindet, die durch $r_F = -\rho w_F Z \exp(-E/RT)$ gegeben ist. Weiterhin wird angenommen, daß die Wärmeleitfähigkeit λ, die spezifische Wärmekapazität c_p und das Produkt ρD aus Dichte und Diffusionskoeffizient konstant, d.h. vom Ort unabhängig sind. Zusätzlich wird vorausgesetzt, daß der Term

$\sum j_j c_{p,j}$, der die Temperaturänderung durch unterschiedlich schnelle Diffusion verschiedener Spezies mit verschiedener spezifischer Wärmekapazität beschreibt, vernachlässigbar ist. Wendet man diese Vereinfachungen auf (3.11, 3.12) an, so erhält man ein einfaches Differentialgleichungssystem für die Variablen w_F und T:

$$D\frac{\partial^2 w_F}{\partial z^2} - v\frac{\partial w_F}{\partial z} - w_F Z \exp\left(-\frac{E}{RT}\right) = 0 \quad (8.1)$$

$$\frac{\lambda}{\rho c_p}\frac{\partial^2 T}{\partial z^2} - v\frac{\partial T}{\partial z} - w_F \frac{h_P - h_F}{c_p} Z \exp\left(-\frac{E}{RT}\right) = 0 \quad (8.2)$$

Für $D = \lambda/\rho c_p$, d. h. *Lewis-Zahl* $Le = D\rho c_p/\lambda = 1$ ($a = \lambda/\rho c_p$ ist die *Temperaturleitfähigkeit*, englisch: *thermal diffusivity*), sind die Gleichungen (8.1) und (8.2) ähnlich; nach einer Substitution (T_b = Temperatur im verbrannten Gas)

$$\delta = T_b - T = ((h_P - h_F)/c_p) w_F \quad (8.3)$$

ergeben sich identische Gleichungen für den Massenbruch des Brennstoffs und die Temperatur:

$$a\frac{d^2\delta}{dz^2} - v\frac{d\delta}{dz} + \delta \cdot Z \cdot \exp\left[-\frac{E}{R(T_b - \delta)}\right] = 0 \quad (8.4)$$

Eine Lösung dieser Gleichung ist aufwendig und nur für einzelne Bereiche der Flammenfront möglich, wobei jeweils Terme vernachlässigt werden können. Weiterhin ist die Lösung nur möglich, wenn der Exponentialterm für große E in eine Reihe entwickelt wird. Es läßt sich jedoch einfacher zeigen, daß nur Lösungen existieren, wenn v den Eigenwert (*Flammengeschwindigkeit*)

$$v_l = \sqrt{\frac{a}{\tau}} \quad (8.5)$$

annimmt, wobei $\tau = [Z\exp(-E/RT)]^{-1}$ eine charakteristische Reaktionszeit ist. Die laminare Flammengeschwindigkeit v_l ist nach diesem Modell einerseits stark von der Wärmeleitfähigkeit (bzw. einem mittleren Diffusionskoeffizienten) im vorliegenden Gemisch abhängig, andererseits von der Reaktionszeit τ. Das spiegelt die Tatsache wider, daß der Mechanismus der Flammenfortpflanzung darin besteht, daß sich die Flammenfront durch diffusive Prozesse ausbreitet und daß die dazu notwendigen Gradienten durch chemische Reaktionen aufgebaut werden.

8.2 Numerische Lösung der Erhaltungsgleichungen

Das mathematische Modell eindimensionaler laminarer Flammen führt (vergleiche Kapitel 3) zu Differentialgleichungssystemen der Form

8.2 Numerische Lösung der Erhaltungsgleichungen

$$\frac{\partial y}{\partial t} = A\frac{\partial^2 y}{\partial z^2} + B\frac{\partial y}{\partial z} + C \qquad (8.6)$$

wobei y eine abhängige Variable (z.B. einen Massenbruch w_i oder die Temperatur T) darstellt. Die Zeit t und die Ortskoordinate z sind unabhängige Variablen. Die numerische Lösung des Differentialgleichungssystems geschieht dadurch, daß man das kontinuierliche Problem (8.6) durch ein diskretes Problem nähert. Das heißt, die Lösung des Differentialgleichungssystems erfolgt für bestimmte (diskrete) Punkte im Reaktionssystem; Differentialquotienten werden durch Differenzenquotienten ersetzt.

8.2.1 Ortsdiskretisierung

Betrachtet man Profile einer abhängigen Variablen y (z. B. Massenbrüche w_i, Temperatur T) als Funktion der unabhängigen Ortsvariablen z, so kann man eine einfache Ortsdiskretisierung erhalten (Marsal 1976), indem man die Funktion $z,t \rightarrow y(z,t)$ durch ihre Werte an einzelnen sogenannten Gitterpunkten l ($l=1, 2, \ldots, L$) beschreibt, wobei L die Gesamtanzahl der Gitterpunkte (auch *Stützpunkte* genannt) bezeichnen soll (siehe Abb. 8.1). So bezeichnet z.B $y_l(t) = y(z_l,t)$ den Wert von y am Gitterpunkt l zur Zeit t.

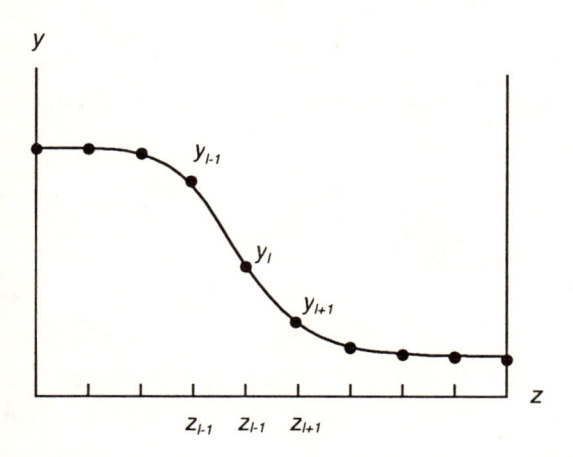

Abb. 8.1. Schematische Darstellung der Diskretisierung auf einem Ortsgitter

An einem Punkt z_l lassen sich dann die ersten und zweiten Ableitungen $(\partial y / \partial z)_l$ und $(\partial^2 y / \partial z^2)_l$ durch die entsprechenden Ableitungen, die eine Parabel durch die Punkte z_{l-1}, z_l, z_{l+1} besitzt, annähern. Die mathematisch korrekte Herleitung der Differenzapproximationen erfolgt z.B. über eine Taylor-Reihenentwicklung um den Punkt z_l. Es ergibt sich, daß auf diese Weise die Differenzapproximationen für die ersten Ableitungen von einer Genauigkeit zweiter Ordnung und die Approximationen für die zweiten Ableitungen von einer Genauigkeit erster Ordnung sind (siehe z.B Marsal 1976). Hier soll jedoch nur der einfache rechnerische Weg über die approximierende Parabel beschrieben werden. Rechnerisch läßt sich das nachvollziehen durch die eindeutige Bestimmung einer Parabel $y = az^2 + bz + c$ aus drei Punkten mit

$$y_{l+1} = a_l\, z_{l+1}^2 + b_l\, z_{l+1} + c_l$$
$$y_l = a_l\, z_l^2 + b_l\, z_l + c_l$$
$$y_{l-1} = a_l\, z_{l-1}^2 + b_l\, z_{l-1} + c_l$$

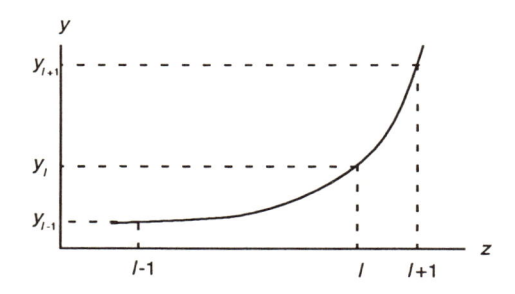

Abb. 8.2. Approximation einer Funktion durch Parabelstücke

Dies ist ein lineares Gleichungssystem zur Bestimmung von a_l, b_l und c_l. Mit den Abkürzungen

$$\Delta z_l = z_{l+1} - z_l \quad ; \quad \alpha_l = \frac{\Delta z_l}{\Delta z_{l-1}} = \frac{z_{l+1} - z_l}{z_l - z_{l-1}}$$

ergibt sich

$$a_l = \frac{y_{l+1} - (1+\alpha_l)y_l + \alpha_l y_{l-1}}{(\Delta z_l)^2 (1+1/\alpha_l)} \qquad b_l = \alpha_l \frac{y_l - y_{l-1} - a_l \frac{\Delta z_l}{\alpha_l}(z_l + z_{l-1})}{\Delta z_l}$$

Für die erste ($\partial y/\partial z = 2az + b$) und zweite Ableitung ($\partial^2 y/\partial z^2 = 2a$) ergeben sich dann die Ausdrücke

$$\left(\frac{\partial y}{\partial z}\right)_l = \frac{\frac{1}{\alpha_l} y_{l+1} + \left(\alpha_l - \frac{1}{\alpha_l}\right) y_l - \alpha_l y_{l-1}}{\left(1 + \frac{1}{\alpha_l}\right)\Delta z_l} \qquad (8.7)$$

und

$$\left(\frac{\partial^2 y}{\partial z^2}\right)_l = 2\frac{y_{l+1} - (1+\alpha_l)y_l + \alpha_l y_{l-1}}{\left(1+\frac{1}{\alpha_l}\right)(\Delta z_l)^2} \qquad (8.8)$$

Für äquidistante Gitterpunktabstände ($\alpha_l = 1$ für alle l) ergeben sich Ausdrücke, die man auch durch *zentrale Differenzenbildung* erhält (siehe z.B. Forsythe u. Wasow 1969). Diese einfachen Ausdrücke werden in den folgenden Beispielen verwendet werden, die der Einfachheit halber für äquidistante Gitter formuliert sind, jedoch ohne prinzipielle Schwierigkeiten auf nicht-äquidistante Gitter übertragen werden können.

$$\left(\frac{\partial y}{\partial z}\right)_l = \frac{y_{l+1} - y_{l-1}}{2\Delta z_l} \qquad (8.9)$$

$$\left(\frac{\partial^2 y}{\partial z^2}\right)_l = \frac{y_{l+1} - 2y_l + y_{l-1}}{(\Delta z_l)^2} \qquad (8.10)$$

8.2.2 Anfangs- und Randwerte, Stationarität

Es soll nun das Beispiel der *Fourier-Gleichung* (Wärmeleitungsgleichung) betrachtet werden (zeitliche Entwicklung des Temperaturprofils $T = T(z)$; siehe Kapitel 5):

$$\frac{\partial T}{\partial t} = \lambda \frac{\partial^2 T}{\partial z^2} \qquad (8.11)$$

Das betrachtete Problem ist ein *Anfangswertproblem* bezüglich der Variablen t: Das Profil $T = T(z)$ muß zur Zeit $t = t_0$ als Integrationskonstante vorgegeben werden, damit der zeitabhängige Verlauf berechnet werden kann (vergleiche Abb. 8.3). Weiterhin ist das betrachtete Problem ein *Randwertproblem* bezüglich der Variablen z: Für alle t müssen die Randwerte $T_A = T(z_A)$ und $T_E = T(z_E)$ als Integrationskonstanten vorgegeben sein (Forsythe u. Wasow 1969).

Entsprechendes gilt auch bei der Lösung der Erhaltungsgleichungen für eine laminare flache Vormisch-Flammenfront: Auch hier wird an jedem Ort eine Anfangsbedingung gebraucht (eine Integrationskonstante für die erste Ableitung bezüglich der Zeit), zu jeder Zeit zwei Randbedingungen (zwei Integrationskonstanten für die zweite Ableitung bezüglich des Ortes).

Die obige Differentialgleichung (8.11) beschreibt die zeitliche Entwicklung des Temperaturprofils $T = T(z)$. Für genügend große t stellt sich eine *stationäre* (d. h. zeitunabhängige) Lösung ein: Das Profil ändert sich nicht mehr mit der Zeit t. Für die Fourier-Gleichung muß sich daher letztlich ein lineares Profil einstellen, da die zeitliche Änderung im stationären Fall Null ist und daher auch die Krümmung (= 2. Orts-Ableitung) des betrachteten Temperaturprofiles nach Gleichung (8.11) den Wert Null annehmen muß.

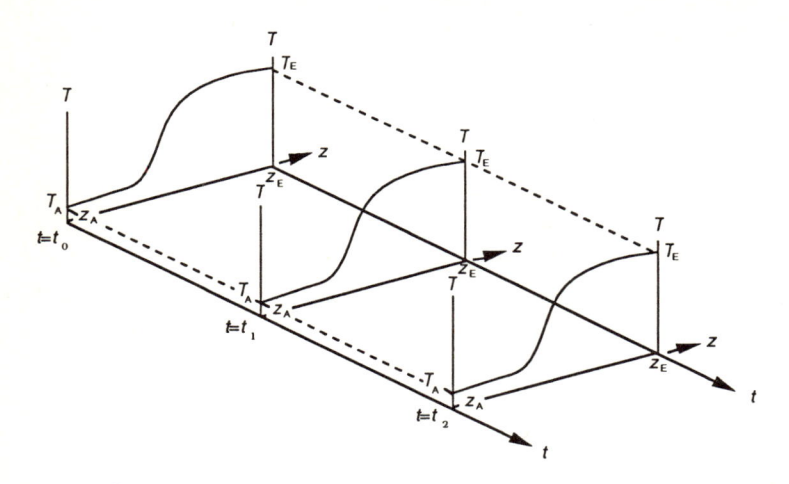

Abb. 8.3. Zeitliche Entwicklung eines Temperaturprofils nach der Wärmeleitungsgleichung

8.2.3 Explizite Lösungsverfahren

Es soll das einfache (jedoch physikalisch bedeutungslose und nur zur Demonstration geeignete) Beispiel $\partial f/\partial t = \partial f/\partial z$ betrachtet werden (für die hier interessierenden Erhaltungsgleichungen gilt entsprechendes, es ergeben sich jedoch wegen der Einbeziehung zweiter Ableitungen kompliziertere Formelzusammenhänge):

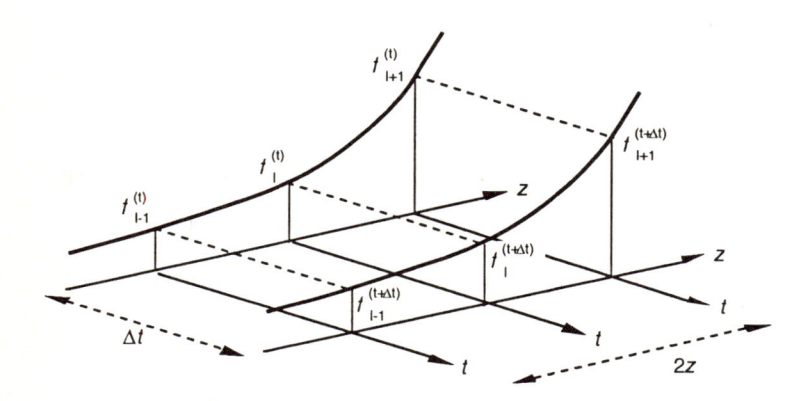

Abb. 8.4. Numerische Lösung der Differentialgleichung $\partial f/\partial t = \partial f/\partial z$

Für die Zeitableitung soll eine Näherung 1. Ordnung (ein sogenannter *linearer Ansatz*) benutzt werden, für die Ortsableitung eine Näherung 2. Ordnung (ein sogenannter *parabolischer Ansatz*). Es ergibt sich (siehe Abschnitt 8.2.1 zur Ermittlung der Differenzenquotienten):

$$\frac{f_l^{(t+\Delta t)} - f_l^t}{\Delta t} = \frac{f_{l+1}^{(t)} - f_{l-1}^{(t)}}{2\Delta z} \quad (8.12)$$

Daraus ergibt sich durch Auflösung nach dem interessierenden Wert $f_l^{(t+\Delta t)}$ die *explizite Lösung*

$$f_l^{(t+\Delta t)} = f_l^{(t)} + \Delta t \frac{f_{l+1}^{(t)} - f_{l-1}^{(t)}}{2\Delta z} \quad (8.13)$$

Die explizite Lösung ergibt sich also gewissermaßen durch *Vorwärtsschießen* von $z_l^{(t)}$ nach $z_l^{(t+\Delta t)}$.

8.2.4 Implizite Lösungsverfahren

Die *implizite* Lösung für das eben behandelte Beispiel ergibt sich durch Formulierung des Differenzenausdrucks für die Ortsableitung zum Zeitpunkt $t + \Delta t$:

$$\frac{f_l^{(t+\Delta t)} - f_l^t}{\Delta t} = \frac{f_{l+1}^{(t+\Delta t)} - f_{l-1}^{(t+\Delta t)}}{2\Delta z} \quad (8.14)$$

Werden die unbekannten Größen zur Zeit $t + \Delta t$ alle auf eine Seite der Gleichung geschrieben, so ergibt sich (L sei die Stützstellenzahl)

$$A f_{l-1}^{(t+\Delta t)} + f_l^{(t+\Delta t)} - A f_{l+1}^{(t+\Delta t)} = f_l^{(t)}; \quad l = 2, ..., L-1 \quad (8.15)$$

wobei zur Abkürzung $A = \Delta t/2\Delta z$ gesetzt ist. Das ist ein *tridiagonales* lineares Gleichungssystem zur Bestimmung von $f_l^{(t+\Delta t)}$, $l = 2, ..., L-1$; f_1 und f_L ergeben sich aus den Randbedingungen.

Die implizite Lösung ist ein *Rückwärts-Verknüpfen* und demgemäß wesentlich stabiler als die explizite Lösung. Auf der anderen Seite erfordert die implizite Lösung dafür einen wesentlich größeren Rechenaufwand.

Implizite Verfahren haben eine große Bedeutung für die Lösung steifer Differentialgleichungssysteme (vergl. Abschnitt 7.3). Sie erlauben die Verwendung relativ großer Zeitschrittweiten. Obwohl ein einziger Schritt eines impliziten wesentlich aufwendiger ist als der eines expliziten Verfahren, ergibt sich insgesamt ein geringerer Rechenaufwand.

8.2.5 Semi-implizite Lösung von partiellen Differentialgleichungen

Es soll wieder die Normalform der eindimensionalen Erhaltungsgleichungen betrachtet werden:

$$\frac{\partial y}{\partial t} = A \frac{\partial^2 y}{\partial z^2} + B \frac{\partial y}{\partial z} + C \quad (8.16)$$

Bei der *semi-impliziten* Lösung werden die Differenzenausdrücke für die Ortsableitungen zur Zeit $t + \Delta t$ formuliert, die Koeffizienten A, B und C zur Zeit t. Diese Art der Lösung ist angemessen, wenn die Koeffizienten sich nur schwach mit der Zeit ändern:

$$\frac{y_l^{(t+\Delta t)} - y_l^{(t)}}{\Delta t} = A_l^{(t)} \frac{y_{l+1}^{(t+\Delta t)} - 2 y_l^{(t+\Delta t)} + y_{l-1}^{(t+\Delta t)}}{(\Delta z)^2} + B_l^{(t)} \frac{y_{l+1}^{(t+\Delta t)} - y_{l-1}^{(t+\Delta t)}}{2 \Delta z} + C_l^{(t)} \quad (8.17)$$

Trennung der Variablen zur Zeit t und zur Zeit $t + \Delta t$ liefert ein tridiagonales lineares Gleichungssystem für die $y_l^{(t+\Delta t)}$ ($l = 2, ..., L-1$):

$$y_{l-1}^{(t+\Delta t)} \left[A_l^{(t)} \frac{\Delta t}{(\Delta z)^2} - B_l^{(t)} \frac{\Delta t}{(\Delta z)^2} \right] + y_l^{(t+\Delta t)} \left[1 - A_l^{(t)} \frac{\Delta t}{(\Delta z)^2} \right] +$$

$$y_{l+1}^{(t+\Delta t)} \left[A_l^{(t)} \frac{\Delta t}{(\Delta z)^2} + B_l^{(t)} \frac{\Delta t}{(\Delta z)^2} \right] = y_l^{(t)} - \Delta t \cdot C_l^{(t)} \quad (8.18)$$

8.2.6 Implizite Lösung von partiellen Differentialgleichungen

Bei der impliziten Lösung werden die Differenzenausdrücke für die Ortsableitungen und für die Koeffizienten A, B und C zur Zeit $t + \Delta t$ formuliert. Falls die Koeffizienten A, B und C linear in den Variablen y sind, führt diese Prozedur zu einem *blocktridiagonalen* linearen Gleichungssystem für die $y_l^{(t+\Delta t)}$. Falls die Koeffizienten A, B und C nicht-linear von den Variablen y abhängen, ist eine *Linearisierung* notwendig (z.B. wenn $C_l^{(t+\Delta t)}$ ein Reaktionsterm ist, der zweite und dritte Potenzen von Konzentrationen und Exponentialfunktionen des Temperatur-Kehrwertes enthält, siehe weiter unten):

$$dC = \sum_{s=1}^{S} \frac{\partial C}{\partial y_s} dy_s \quad (8.19)$$

bzw. in Differenzenschreibweise ($s = 1, ..., S$ ist die Numerierung der beteiligten Stoffe):

$$C_l^{(t+\Delta t)} = C_l^{(t)} + \sum_{s=1}^{S} \left(\frac{\partial C^{(t)}}{\partial y_s} \right)_l \left[y_{l,s}^{(t+\Delta t)} - y_{l,s}^{(t)} \right] \quad (8.20)$$

$C_l^{(t+\Delta t)}$ ist nun linear in den $y_l^{(t+\Delta t)}$, und es können die oben beschriebenen Lösungsverfahren angewendet werden.

In reaktiven Strömungen ist C oft, in Verbrennungsvorgängen immer ein nicht-linearer Reaktionsterm r. Verwendet man als Variable die Konzentrationen c_i, so ergibt sich zum Beispiel für die einfache nicht-lineare Reaktionsfolge

$$A_1 + A_1 \rightarrow A_2$$
$$A_2 + A_2 \rightarrow A_3$$

$$r_1^{(t+\Delta t)} = \frac{\partial c_1^{(t+\Delta t)}}{\partial t} = -2k_1\left[c_1^{(t+\Delta t)}\right]^2$$

$$r_2^{(t+\Delta t)} = \frac{\partial c_2^{(t+\Delta t)}}{\partial t} = k_1 c_1^{(t+\Delta t)2} - 2k_2\left[c_2^{(t+\Delta t)}\right]^2 \qquad (8.21)$$

Nach der Linearisierung gemäß der oben angegebenen Anleitung erhält man die Ausdrücke:

$$r_1^{(t+\Delta t)} = -4 k_1 c_1^{(t)} \left[c_1^{(t+\Delta t)} - c_1^{(t)}\right] + r_1^{(t)}$$

$$r_2^{(t+\Delta t)} = 2 k_1 c_1^{(t)} \left[c_1^{(t+\Delta t)} - c_1^{(t)}\right] - 4 k_2 c_2^{(t)} \left[c_2^{(t+\Delta t)} - c_2^{(t)}\right] + r_2^{(t)} \qquad (8.22)$$

Die Reaktionsterme $r_i^{(t+\Delta t)}$ sind nur linear in den $c_i^{(t+\Delta t)}$, so daß implizite Integration zu linearen Gleichungssystemen führt.

8.3 Flammenstrukturen

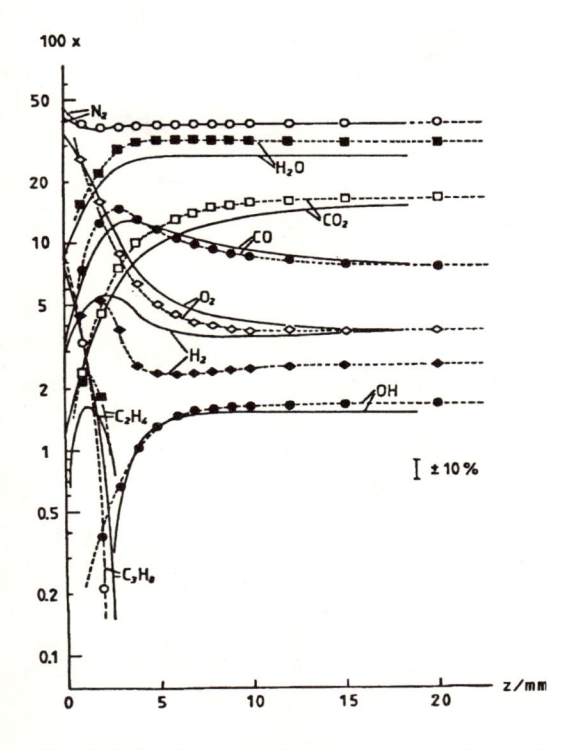

Abb. 8.5. Struktur einer laminaren vorgemischten Propan-Sauerstoff-Flamme (verdünnt mit Ar) bei $p = 100$ mbar (Bockhorn et al. 1990)

Im folgenden soll für einige typische Fälle ein Vergleich von experimentellen (soweit vorhanden) und berechneten Daten über die Struktur von laminaren flachen Flammenfronten gezeigt werden.

Den numerischen Simulationen liegt dabei ein detaillierter Mechanismus zugrunde, der aus 231 verschiedenen Elementarreaktionen besteht. Um einen Eindruck von der Komplexität dieses Mechanismus zu vermitteln (vergleiche auch Kapitel 6 und 7) ist der komplette Mechanismus in Tabelle 8.1 wiedergegeben Mit Gleichheitszeichen geschriebene Reaktionen stehen dabei gleichzeitig für die entsprechenden Rückreaktionen, deren Geschwindigkeitskoeffizienten mit Hilfe der Thermodynamik ermittelt werden.

Abbildung 8.5 zeigt als Beispiel die Flammenstruktur einer (zur Abkühlung) mit Argon verdünnten Propan-Sauerstoff-Flamme (Bockhorn et al. 1990) bei einem Druck p = 100 mbar (für andere Kohlenwasserstoffe ergeben sich entsprechende Ergebnisse). Die Konzentrationsprofile sind dabei massenspektrometrisch bestimmt (außer für OH, das durch UV-Licht-Absorptionsmessungen ermittelt wird), die Temperatur wird durch Na-D-Linienumkehr gemessen (siehe Kapitel 2 für nähere Einzelheiten).

Ein anderes Beispiel ist eine Ethin (Acetylen)-Sauerstoff-Flamme (Warnatz et al. 1983) bei sehr brennstoffreichen Bedingungen (rußend), siehe Abb. 8.6. Typisch ist hier das Auftreten von CO und H_2 als stabilen Endprodukten und außerdem die Bildung von höheren Kohlenwasserstoffen, die im Zusammenhang mit dem Aufbau von Rußvorläufern stehen (z. B. C_4H_2, vergleiche Kapitel 18).

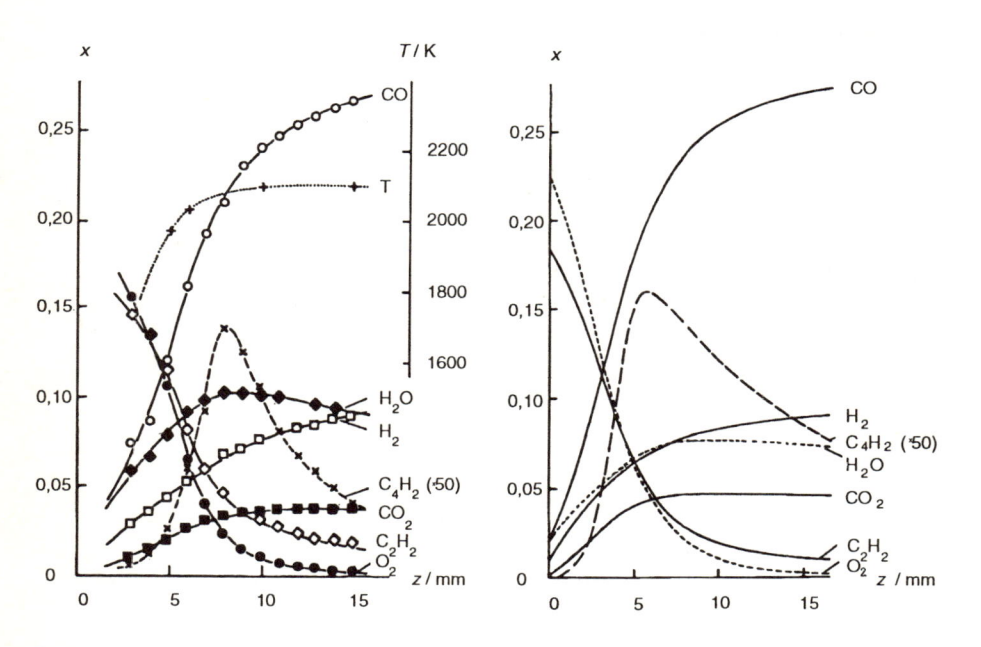

Abb. 8.6. Struktur einer fetten Ethin (Acetylen)-Sauerstoff-Flamme (Warnatz et al. 1983), links: Messungen, rechts: Modellierung

Tab. 8.1. Mechanismus für die Beschreibung der Verbrennung von H_2, CO und Kohlenwasserstoffen bis herauf zum Propan (C_3H_8) bei nicht zu fetten Bedingungen (Warnatz 1983). Die Zahlen sind präexponentieller Faktor A (cm, mol, s), Temperaturexponent b (dimensionslos) und Aktivierungsenergie E (kJ/mol). Gleichheitszeichen kennzeichnen reversible Reaktionen, Pfeile nur Hinreaktionen.

1. H_2-O_2 Mechanismus

A(cm,mol,s)　b　E(kJ/mol)　Nr.

1.1 Kettenreaktionen

						A(cm,mol,s)	b	E(kJ/mol)	Nr.
O_2	+ H	= OH	+ O			2.20E+14	0.00	70.3	(1, 2)
H_2	+ O	= OH	+ H			5.06E+04	2.67	26.3	(3, 4)
H_2	+ OH	= H_2O	+ H			1.00E+08	1.60	13.8	(5, 6)
OH	+ OH	= H_2O	+ O			1.50E+09	1.14	0.4	(7, 8)

1.2 Rekombinationsreaktionen

H	+ H	+ M^*	= H_2	+ M^*		1.80E+18	-1.00	0.0	(9, 10)
H	+ OH	+ M^*	= H_2O	+ M^*		2.20E+22	-2.00	0.0	(11, 12)
O	+ O	+ M^*	= O_2	+ M^*		2.90E+17	-1.00	0.0	(13, 14)

1.3 HO_2-Bildung und -Verbrauch

H	+ O_2	+ M^*	= HO_2	+ M^*		2.30E+18	-0.80	0.0	(15, 16)
HO_2	+ H	= OH	+ OH			1.50E+14	0.00	4.2	(17, 18)
HO_2	+ H	= H_2	+ O_2			2.50E+13	0.00	2.9	(19, 20)
HO_2	+ H	= H_2O	+ O			3.00E+13	0.00	7.2	(21, 22)
HO_2	+ O	= OH	+ O_2			1.80E+13	0.00	-1.7	(23, 24)
HO_2	+ OH	= H_2O	+ O_2			6.00E+13	0.00	0.0	(25, 26)

1.4 H_2O_2-Bildung und -Verbrauch

HO_2	+ HO_2	→ H_2O_2	+ O_2			2.50E+11	0.00	-5.2	(27)
OH	+ OH	+ M^*	= H_2O_2	+ M^*		3.25E+22	-2.00	0.0	(28, 29)
H_2O_2	+ H	= H_2	+ HO_2			1.70E+12	0.00	15.7	(30, 31)
H_2O_2	+ H	= H_2O	+ OH			1.00E+13	0.00	15.0	(32, 33)
H_2O_2	+ O	= OH	+ HO_2			2.80E+13	0.00	26.8	(34, 35)
H_2O_2	+ OH	= H_2O	+ HO_2			5.40E+12	0.00	4.2	(36, 37)

2. CO-CO_2-Mechanismus

2.1 CO-CO_2-Reaktionen

CO	+ OH	= CO_2	+ H			4.40E+06	1.50	-3.1	(38, 39)
CO	+ HO_2	= CO_2	+ OH			1.50E+14	0.00	98.7	(40, 41)
CO	+ O	+ M^*	= CO_2	+ M^*		7.10E+13	0.00	-19.0	(42, 43)
CO	+ O_2	= CO_2	+ O			2.50E+12	0.00	200.0	(44, 45)

3. C_1-Mechanismus

3.1 Verbrauch von CH

CH	+ O	= CO	+ H			4.00E+13	0.00	0.0	(46, 47)
CH	+ O_2	= CHO	+ O			3.00E+13	0.00	0.0	(48, 49)
CH	+ CO_2	→ CHO	+ CO			3.40E+12	0.00	2.9	(50)

3.2 Verbrauch von CHO

CHO	+ H	= CO	+ H_2			2.00E+14	0.00	0.0	(51, 52)
CHO	+ O	= CO	+ OH			3.00E+13	0.00	0.0	(53, 54)

CHO	+ O	= CO_2	+ H			3.00E+13	0.00	0.0	(55, 56)
CHO	+ OH	= CO	+ H_2O			1.00E+14	0.00	0.0	(57, 58)
CHO	+ O_2	= CO	+ HO_2			3.00E+12	0.00	0.0	(59, 60)
CHO	+ M^*	= CO	+ H	+ M^*		7.10E+14	0.00	70.3	(61, 62)

3.3 Verbrauch von CH_2

CH_2	+ H	= CH	+ H_2			8.40E+09	1.50	1.4	(63, 64)
CH_2	+ O	→ CO	+ H	+ H		8.00E+13	0.00	0.0	(65)
CH_2	+ O_2	→ CO	+ OH	+ H		6.50E+12	0.00	6.3	(66)
CH_2	+ O_2	→ CO_2	+ H	+ H		6.50E+12	0.00	6.3	(67)

3.4 Verbrauch von CH_2O

CH_2O	+ H	= CHO	+ H_2			2.50E+13	0.00	16.7	(68, 69)
CH_2O	+ O	= CHO	+ OH			3.50E+13	0.00	14.6	(70, 71)
CH_2O	+ OH	= CHO	+ H_2O			3.00E+13	0.00	5.0	(72, 73)
CH_2O	+ HO_2	= CHO	+ H_2O_2			1.00E+12	0.00	33.5	(74, 75)
CH_2O	+ CH_3	= CHO	+ CH_4			1.00E+11	0.00	25.5	(76, 77)
CH_2O	+ M^*	= CHO	+ H	+ M^*		1.40E+17	0.00	320.0	(78, 79)

3.5 Verbrauch von CH_3

CH_3	+ H	= CH_2	+ H_2			1.80E+14	0.00	63.0	(80, 81)
CH_3	+ O	= CH_2O	+ H			7.00E+13	0.00	0.0	(82, 83)
CH_3	+ OH	→ CH_2O	+ H	+ H		9.00E+14	0.00	64.8	(84)
CH_3	+ OH	→ CH_2O	+ H_2			8.00E+12	0.00	0.0	(85)
CH_3	+ O_2	→ CH_2O	+ H	+ O		1.50E+13	0.00	120.0	(86)
CH_3	+ CH_3	= C_2H_6				7.47E+52	-11.9	80.2	(87, 88)
CH_3	+ M	= CH_2	+ H	+ M		1.00E+16	0.00	380.0	(89, 90)
CH_3	+ CH_3	→ C_2H_4	+ H_2			1.00E+16	0.00	134.0	(91)
CH_3	+ CH_2	→ C_2H_4	+ H			1.00E+13	0.00	0.0	(92)

3.6 Verbrauch von CH_4

CH_4	+ H	= H_2	+ CH_3			2.20E+04	3.00	36.6	(93, 94)
CH_4	+ O	= OH	+ CH_3			1.20E+07	2.10	31.9	(95, 96)
CH_4	+ OH	= H_2O	+ CH_3			1.60E+06	2.10	10.3	(97, 98)
CH_4	+ HO_2	= H_2O_2	+ CH_3			4.00E+12	0.00	81.2	(99,100)
CH_4	= CH_3	+ H				3.20E+34	-6.00	457.5	(101,102)
CH_4	+ CH_2	= CH_3	+ CH_3			1.30E+13	0.00	39.9	(103,104)
CH_4	+ CH	= C_2H_4	+ H			3.00E+13	0.00	-1.7	(105,106)

4. C_2-Mechanismus

4.1 Verbrauch von C_2H

C_2H	+ O	= CO	+ CH			1.00E+13	0.00	0.0	(107,108)
C_2H	+ H_2	= C_2H_2	+ H			1.10E+13	0.00	12.0	(109,110)
C_2H	+ O_2	= C_2HO	+ O			5.00E+13	0.00	6.3	(111,112)

4.2 Verbrauch von CH-CO

C_2HO	+ H	= CH_2	+ CO			3.00E+13	0.00	0.0	(113,114)
C_2HO	+ O	→ CO	+ CO	+ H		1.00E+14	0.00	0.0	(115)

4.3 Verbrauch von C_2H_2

C_2H_2	+ O	= CH_2	+ CO			4.10E+08	1.50	7.1	(116,117)
C_2H_2	+ O	= C_2HO	+ H			4.30E+14	0.00	50.7	(118,119)

8.3 Flammenstrukturen

C_2H_2	+ OH	=	H_2O	+ C_2H		1.00E+13	0.00	29.3	(120,121)
C_2H_2	+ M	=	C_2H	+ H	+ M	3.60E+16	0.00	446.0	(122,123)

4.4 Verbrauch von CH_2-CO

CH_2CO + H	=	CH_3	+ CO		7.00E+12	0.00	12.6	(124,125)
CH_2CO + O	=	CHO	+ CHO		1.80E+12	0.00	5.6	(126,127)
CH_2CO + OH	=	CH_2O	+ CHO		1.00E+13	0.00	0.0	(128,129)
CH_2CO + M*	=	CH_2	+ CO + M*		1.00E+16	0.00	248.0	(130,131)

4.5 Verbrauch von C_2H_3

C_2H_3 + H	=	H_2	+ C_2H_2	2.00E+13	0.00	0.0	(132,133)
C_2H_3 + O	=	CH_2CO	+ H	3.00E+13	0.00	0.0	(134,135)
C_2H_3 + O_2	→	CH_2O	+ CHO	1.50E+12	0.00	0.0	(136)
C_2H_3	=	C_2H_2	+ H	1.60E+32	-5.50	193.5	(137,138)

4.6 Verbrauch von CH_3-CO

CH_3CO + H	=	CH_2CO	+ H_2	2.00E+13	0.00	0.0	(139,140)
CH_3CO + O	=	CH_3	+ CO_2	2.00E+13	0.00	0.0	(141,142)
CH_3CO + CH_3	=	C_2H_6	+ CO	5.00E+13	0.00	0.0	(143,144)
CH_3CO	=	CH_3	+ CO	2.30E+26	-5.00	75.2	(145,146)

4.7 Verbrauch von C_2H_4

C_2H_4 + H	=	C_2H_3	+ H_2		1.50E+14	0.00	42.7	(147,148)
C_2H_4 + O	→	CH_3CO	+ H		1.60E+09	1.20	3.1	(149)
C_2H_4 + OH	=	C_2H_3	+ H_2O		3.00E+13	0.00	12.6	(150,151)
C_2H_4 + CH_3	=	C_2H_3	+ CH_4		4.20E+11	0.00	46.5	(152,153)
C_2H_4 + M*	=	C_2H_2	+ H_2	+ M*	2.50E+17	0.00	319.8	(154,155)

4.8 Verbrauch von CH_3-CHO

CH_3CHO + H	=	CH_3CO	+ H_2	4.00E+13	0.00	17.6	(156,157)
CH_3CHO + O	=	CH_3CO	+ OH	5.00E+12	0.00	7.5	(158,159)
CH_3CHO + OH	=	CH_3CO	+ H_2O	8.00E+12	0.00	0.0	(160,161)
CH_3CHO + HO_2	=	CH_3CO	+ H_2O_2	1.70E+12	0.00	44.8	(162,163)
CH_3CHO + CH_2	=	CH_3CO	+ CH_3	2.50E+12	0.00	15.9	(164,165)
CH_3CHO + CH_3	=	CH_3CO	+ CH_4	8.50E+10	0.00	25.1	(166,167)
CH_3CHO	=	CH_3	+ CHO	2.00E+15	0.00	331.0	(168,169)

4.9 Verbrauch von C_2H_5

C_2H_5 + H	=	CH_3	+ CH_3	3.00E+13	0.00	0.0	(170,171)
C_2H_5 + O	=	H	+ CH_3CHO	5.00E+13	0.00	0.0	(172,173)
C_2H_5 + O_2	=	C_2H_4	+ HO_2	2.00E+12	0.00	20.9	(174,175)
C_2H_5 + CH_3	=	C_3H_8		7.00E+12	0.00	0.0	(176,177)
C_2H_5 + C_2H_5	=	C_2H_4	+ C_2H_6	1.40E+12	0.00	0.0	(178,179)
C_2H_5	=	C_2H_4	+ H	1.00E+43	-9.1	224.1	(180,181)

4.10 Verbrauch von C_2H_6

C_2H_6 + H	=	H_2	+ C_2H_5	5.40E+02	3.50	21.8	(182,183)
C_2H_6 + O	=	OH	+ C_2H_5	3.00E+07	2.00	21.4	(184,185)
C_2H_6 + OH	=	H_2O	+ C_2H_5	6.30E+06	2.00	2.7	(186,187)
C_2H_6 + HO_2	=	H_2O_2	+ C_2H_5	6.00E+12	0.00	81.2	(188,189)
C_2H_6 + CH_3	=	C_2H_5	+ CH_4	5.50E-01	4.00	34.7	(190,191)
C_2H_6 + CH_2	=	CH_3	+ C_2H_5	2.20E+13	0.00	36.3	(192,193)
C_2H_6 + CH	=	H	+ C_3H_6	1.10E+14	0.00	-1.1	(194,195)

5. C_3 Mechanismus

5.1 Verbrauch von C_3H_8

C_3H_8	+ H	= p-C_3H_7	+ H_2		1.30E+14	0.00	40.6	(196,197)
C_3H_8	+ H	= s-C_3H_7	+ H_2		1.00E+14	0.00	34.9	(198,199)
C_3H_8	+ O	= p-C_3H_7	+ OH		3.00E+13	0.00	24.1	(200,201)
C_3H_8	+ O	= s-C_3H_7	+ OH		2.60E+13	0.00	18.7	(202,203)
C_3H_8	+ OH	= p-C_3H_7	+ H_2O		6.30E+06	2.00	2.7	(204,205)
C_3H_8	+ OH	= s-C_3H_7	+ H_2O		1.20E+08	1.46	-0.8	(206,207)
C_3H_8	+ HO_2	= p-C_3H_7	+ H_2O_2		6.00E+12	0.00	81.2	(208,209)
C_3H_8	+ HO_2	= s-C_3H_7	+ H_2O_2		2.00E+12	0.00	71.1	(210,211)
C_3H_8	+ CH_3	= p-C_3H_7	+ CH_4		7.50E+12	0.00	62.5	(212,213)
C_3H_8	+ CH_3	= s-C_3H_7	+ CH_4		4.30E+12	0.00	55.5	(214,215)

5.2 Verbrauch von C_3H_7

p-C_3H_7	+ H	= C_3H_8			2.00E+13	0.00	0.0	(216,217)
s-C_3H_7	+ H	= C_3H_8			2.00E+13	0.00	0.0	(218,219)
p-C_3H_7	+ O_2	= C_3H_6	+ HO_2		1.00E+12	0.00	20.9	(220,221)
s-C_3H_7	+ O_2	= C_3H_6	+ HO_2		1.00E+12	0.00	12.5	(222,223)
s-C_3H_7		= C_3H_6	+ H		2.00E+14	0.00	161.9	(224,225)
p-C_3H_7		= C_2H_4	+ CH_3		3.00E+14	0.00	139.0	(226,227)
p-C_3H_7		= C_3H_6	+ H		1.00E+14	0.00	156.1	(228,229)

5.5 Verbrauch von C_3H_6

C_3H_6	+ O	$\rightarrow$ CH_3CO	+ CH_3	5.00E+12	0.00	1.9	(230)
C_3H_6	+ OH	$\rightarrow$ CH_3CHO	+ CH_3	2.00E+13	0.00	12.8	(231)

$k = A \cdot T^b \cdot \exp(-E/RT)$
[M] = Gesamtkonzentration
[M*] = $[H_2]+6.5 \cdot [H_2O]+0.4 \cdot [O_2]+0.4 \cdot [N_2]+0.75 \cdot [CO]+1.5 \cdot [CO_2]+3.0 \cdot [CH_4]$

8.4 Flammengeschwindigkeit

Ein vereinfachter Ausdruck für die Flammengeschwindigkeit wurde in Abschnitt 8.1 abgeleitet. Es resultiert für die Druck- und Temperaturabhängigkeit im Fall einer Einschritt-Reaktion (Zeldovich u. Frank-Kamenetzkii 1938):

$$v_l \approx p^{\frac{n}{2}-1} e^{-\frac{E}{2RT_b}}$$

Dabei ist n die Reaktionsordnung, E die Aktivierungsenergie der Einschritt-Reaktion und T_b die Temperatur des verbrannten Gases.

Abbildungen 8.7-8.8 zeigen die Abhängigkeit der Flammengeschwindigkeit von Druck und Temperatur exemplarisch für Methan-Luft Mischungen (Warnatz 1988). Zusätzlich zeigt Abb. 8.9 die Abhängigkeit der Flammengeschwindigkeit von der Zusammensetzung für verschiedene Brennstoffe (Warnatz 1988).

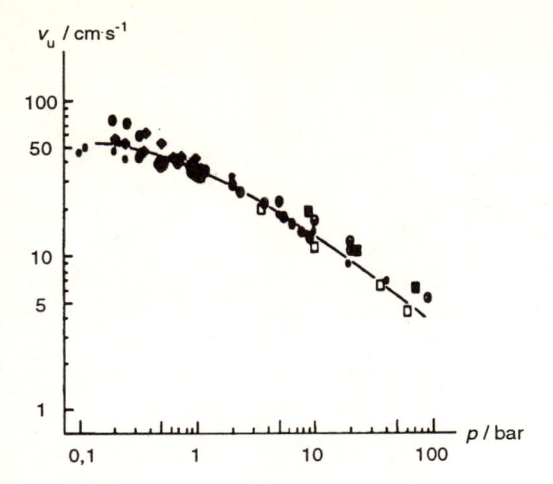

Abb. 8.7. Druckabhängigkeit von v_l in stöchiometrischen CH_4-Luft-Gemischen für $T_u = 298$ K (Warnatz 1988)

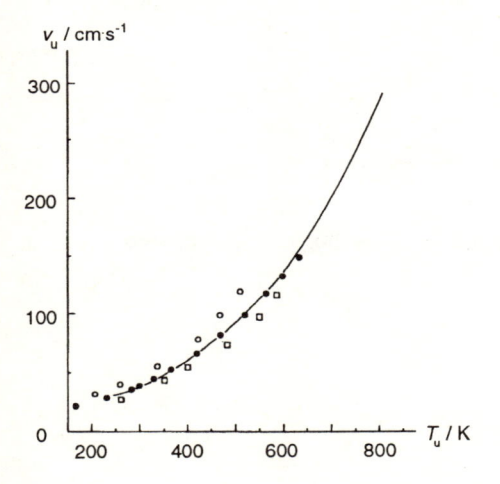

Abb. 8.8. Temperaturabhängigkeit von v_l in stöchiometrischen CH_4-Luft-Gemischen für $p = 1$ bar (Warnatz 1988)

Die numerische Simulation in den Abbildungen (T_u bezeichnet dabei die Temperatur des unverbrannten Gases) sind mit dem in Tabelle 8.1 angegebenen Mechanismus durchgeführt. Abbildung 8.7 zeigt deutlich die Schwäche des Einschritt-Modells: Für die geschwindigkeitsbestimmenden Schritte (siehe nächste Abschnitt) ist die Reaktionsordnung 2 oder 3, und das vereinfachte Modell sagt somit entweder Druckunabhängigkeit oder sogar eine positive Druckabhängigkeit voraus. Die numerischen Ergebnisse zeigen dagegen eine starke negative Druckabhängigkeit der Flammengeschwindigkeit.

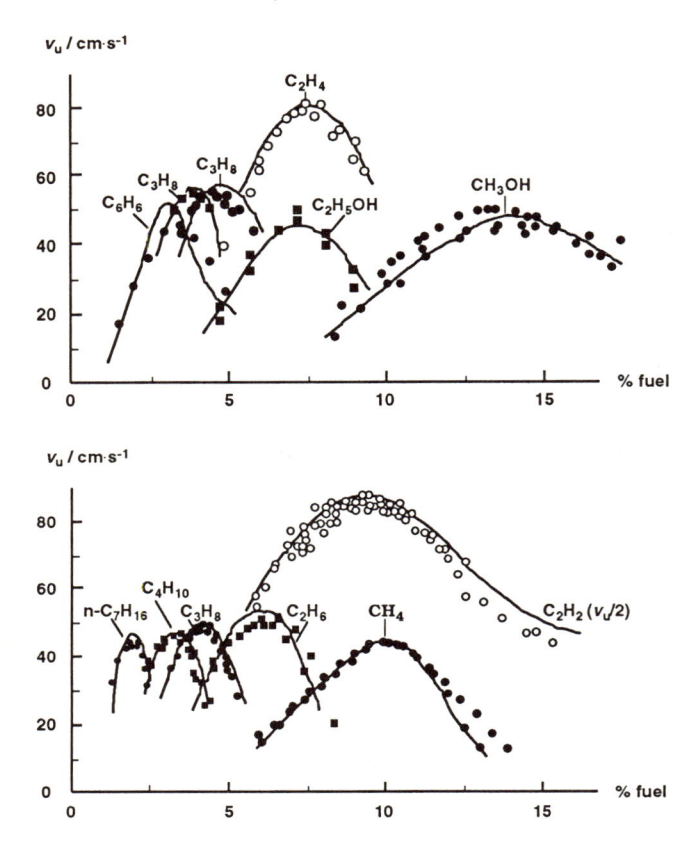

Abb. 8. 9. Konzentrationsabhängigkeit (bei $p = 1$ bar, $T_u = 298$ K) von v_l in verschiedenen Brennstoff-Luft-Gemischen (Warnatz 1992)

8.5 Empfindlichkeitsanalyse

Empfindlichkeitsanalysen (siehe Abschnitt 7.2) ergeben für alle Kohlenwasserstoff-Luft-Gemische für die Flammengeschwindigkeit recht ähnliche Ergebnisse (siehe Abb. 8.10 und 8.11). Die Ergebnisse sind außerdem ziemlich unabhängig vom betrachteten Äquivalenzverhältnis. Besonders erwähnenswert ist die geringe Anzahl von Reaktionen mit Empfindlichkeit (oder Sensitivität).

In allen Fällen ist der Elementarschritt $H + O_2 \rightarrow OH + O$ (Reaktion 1 im Mechanismus Tab. 7.1) stark geschwindigkeitsbestimmend als langsamste kettenverzweigende Reaktion, während $H + O_2 + M^* \rightarrow HO_2 + M^*$ (Reaktion 15) eine negative Sensitivität zeigt wegen des kettenabbrechenden Charakters und $CO + OH \rightarrow CO_2 + H$ (Reaktion 38) die Wärmefreisetzung bestimmt und aus diesem Grund ebenfalls geschwindigkeitsbestimmend ist.

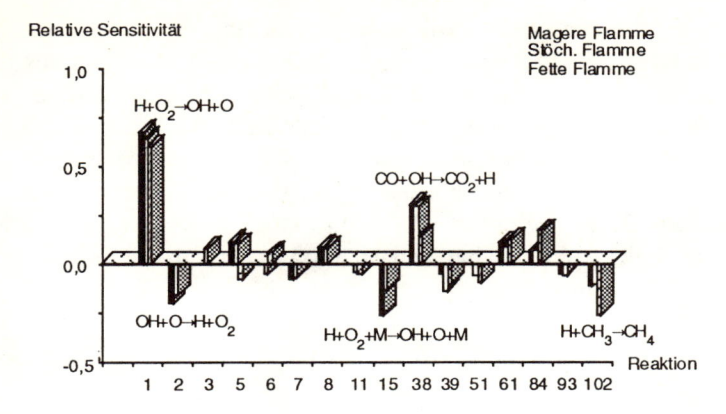

Abb. 8.10. Sensitivitätsanalyse bezüglich der Geschwindigkeitskoeffizienten der beteiligten Elementarreaktionen für die laminare Flammengeschwindigkeit einer Methan-Luft Flamme (Nowak u. Warnatz 1988)

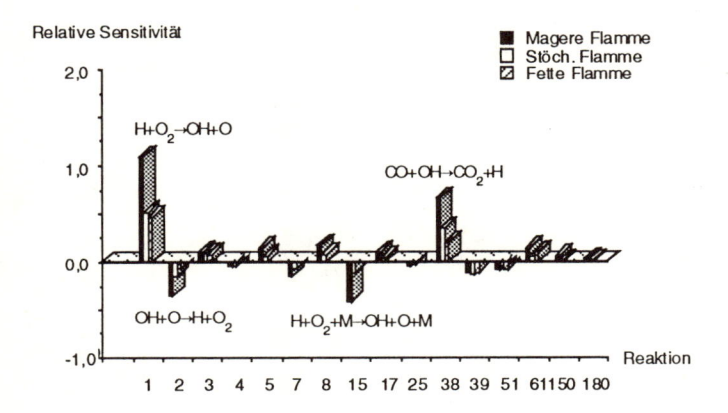

Abb. 8.11. Sensitivitätsanalyse bezüglich der Geschwindigkeitskoeffizienten der beteiligten Elementarreaktionen für die laminare Flammengeschwindigkeit einer Propan-Luft Flamme (Nowak u. Warnatz 1988)

8.6 Übungsaufgaben

Aufgabe 8.1. a) Die charakteristische Reaktionszeit für einen Verbrennungsvorgang sei gegeben durch $1/\tau = 1 \cdot 10^{10} \exp(-160 \text{ kJ} \cdot \text{mol}^{-1}/RT)$ s^{-1}. Der mittlere Diffusionskoeffizient sei $D = 0{,}1 \ (T/298 \text{ K})^{1.7}$ cm^2/s und die Lewis-Zahl $Le = 1$. Wie groß sind die laminaren Flammengeschwindigkeiten bei 1000 K und 2000 K? b) Die Flammendicke in einer laminaren Flammenfront ist angenähert gegeben durch $d = \text{const.}/(\rho_u \cdot v_l)$. Wie hängt die Flammendicke dann vom Druck ab?

Aufgabe 8.2. Eine Kohlenwasserstoff-Luft-Mischung wird in eine Seifenblase von 2 cm Durchmesser eingeschlossen und im Zentrum gezündet. Die Temperatur des kalten Gases ist T_u = 300 K, die des verbrannten Gases T_b = 1500 K. Eine Wärmeleitung zwischen beiden Schichten soll vernachlässigt werden. Als Ausbreitungsgeschwindigkeit der Flamme wurde u_b =150 cm/s gemessen. Wie groß ist die laminare Flammengeschwindigkeit v_l? (Es ist zu berücksichtigen, daß u_b auch durch die Ausdehnung des erhitzten Gases beeinflußt wird.) Wie lange dauert es, bis die Flamme den Rand der Seifenblase erreicht hat, und wie groß ist diese dann? Skizzieren Sie den Verlauf des Radius über der Zeit.

9 Laminare Diffusionsflammen

In Kapitel 1 wurden laminare Diffusionsflammen bereits als einer der grundlegenden Flammentypen kurz vorgestellt. Es handelt sich bei ihnen um Flammen, bei denen Brennstoff und Oxidationsmittel erst im Verbrennungsraum miteinander vermischt werden. Einfache Beispiele sind die Gegenstromdiffusionsflamme und die Bunsenbrennerflamme (ohne Primärluft). Im folgenden soll eine quantitative Behandlung gegeben werden, die sich wegen der Komplexität des Systems wieder auf numerische Rechnungen stützen muß. Die getrennte Zuführung von Brennstoff und Oxidationsmittel führt zu relativ komplizierten geometrischen Anordnungen, die eine mindestens zweidimensionale Behandlung erfordern. In gewissen Fällen läßt sich jedoch das Problem durch Vereinfachungen und Näherungen auf ein eindimensionales Problem reduzieren (Dixon-Lewis et al. 1985).

9.1 Gegenstrom-Diffusionsflammen

Bei der Gegenstromdiffusionsflamme nach Tsuji u. Yamaoka (1971) strömt aus einem Sintermetallzylinder Brennstoff aus. Im Gegenstrom wird das Oxidationsmittel (z.B. Luft) angeblasen. Es bildet sich eine Staupunktsströmung mit einer annähernd zylin-derförmigen Flammenfront (siehe Abb 9.1).

Unter Verwendung der Grenzschichtnäherungen, die 1904 von Prandtl für kalte Strömungen entwickelt wurden, läßt sich das Problem auf eine Raumdimension reduzieren, nämlich die Koordinate, die die Entfernung vom Zylinder beschreibt. Hierbei beschränkt man sich auf eine Betrachtung der Flamme nur entlang der Symmetrielinie. Dadurch lassen sich die zur Flammenfront tangentialen Gradienten der Temperatur, der Massenbrüche und der Geschwindigkeitskomponente senkrecht zur Flamme eliminieren. Lediglich die tangentiale Geschwindigkeit hängt noch von beiden Raumkoordinaten ab. Es sei angenommen, daß die tangentiale Geschwindigkeit u im ganzen Bereich der Strömung linear von der tangentialen Richtung x abhängt:

$$u(x, y) = a x f'(y) \qquad (9.1)$$

110   9 Laminare Diffusionsflammen

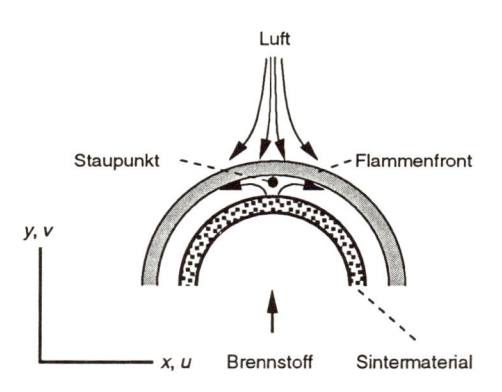

Abb. 9.1. Schematische Darstellung einer Gegenstrom-Diffusionsflamme

Dabei wird a als *Streckungsparameter* bezeichnet ($a = 2V/R$ mit R = Zylinderradius und V = Geschwindigkeit der anströmenden Luft), und f ist eine dimensionslose Größe, die das Verhältnis zwischen der lokalen tangentialen Geschwindigkeit und der tagentialen Geschwindigkeit am freien Rand (im Bereich der einströmenden Luft) bezeichnet ($f' = u/u_e$). Dann läßt sich das zweidimensionale auf ein eindimensionales Problem reduzieren (Dixon-Lewis et al. 1985):

$$0 = \frac{1}{\rho}\frac{\partial}{\partial y}\left(D_{M,i}\,\rho\,\frac{\partial w_i}{\partial y}\right) - v\frac{\partial w_i}{\partial y} + \frac{r_i}{\rho} + \frac{1}{\rho}\frac{\partial}{\partial y}\left(\frac{D_{T,i}}{T}\frac{\partial T}{\partial y}\right) \quad (9.2)$$

$$0 = \frac{1}{\rho c_p}\frac{\partial}{\partial y}\left(\lambda\,\frac{\partial T}{\partial y}\right) - v\left(\frac{\partial T}{\partial y}\right) - \frac{1}{\rho c_p}\sum_i c_{p,i}\,j_i\,\frac{\partial T}{\partial y} - \frac{1}{\rho c_{p,i}}\sum_i h_i\,r_i \quad (9.3)$$

$$0 = \frac{1}{\rho}\frac{\partial}{\partial y}\left(\mu\,\frac{\partial f'}{\partial y}\right) - v\frac{\partial f'}{\partial y} + a\left(\frac{\rho_e}{\rho} - (f')^2\right) \quad (9.4)$$

$$0 = \frac{\partial \rho v}{\partial y} + \rho a f' \quad (9.5)$$

Die Gleichungen sind formal ähnlich denen für Vormisch-Flammen (siehe Kapitel 3 und 8). Die Erhaltungsgleichungen für Teilchenmassen (9.2) und Enthalpie (9.3) sind vollkommen analog. (9.4-9.5) sind Erhaltungsgleichungen für Impuls und Gesamtmasse, die benötigt werden, um das Strömungsfeld zu beschreiben. Der Massenfluß ρv ist hier nicht konstant wegen des Massenverlustes in Querrichtung; er läßt sich aus (9.5) berechnen.

Die Indizes e und w beziehen sich dabei auf den freien Rand bzw. auf die Zylinderoberfläche. Die Erhaltungsgleichungen wurden bewußt nur in ihrer stationären Form (Zeitableitungen verschwinden, $\partial w_i/\partial t = \partial T/\partial t = \partial f'/\partial t = \partial \rho/\partial t = 0$) dargestellt, da die verwendeten Grenzschichtnäherungen strenggenommen nur für stationäre Probleme gelten.

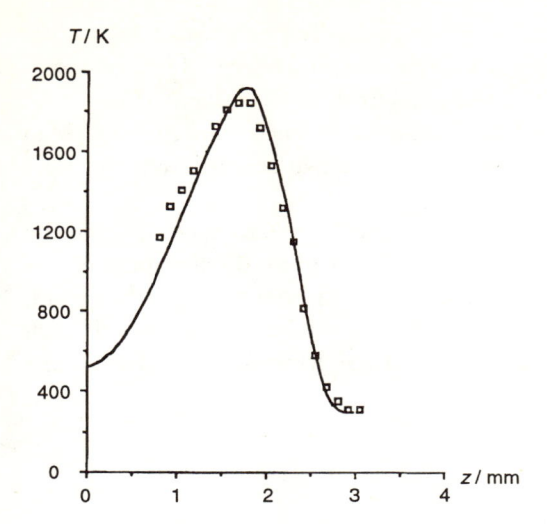

Abb. 9.2. Berechnete und experimentell bestimmte Temperaturprofile in einer Methan-Luft Gegenstromdiffusionsflamme bei einem Druck von $p = 1$ bar, z bezeichnet den Abstand zum Brenner (Sick et al. 1990)

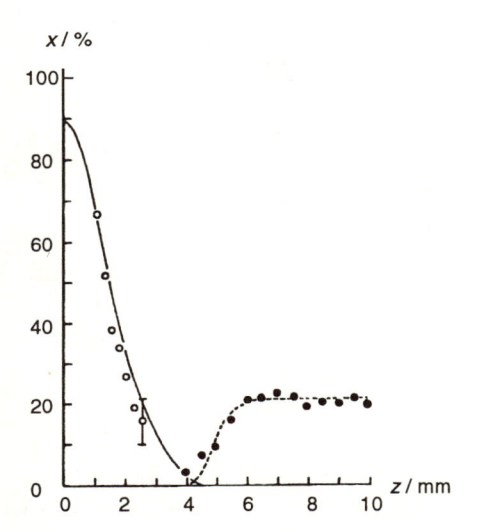

Abb. 9.3. Berechnete und experimentell bestimmte Konzentrationprofile von Methan und Sauerstoff in einer Methan-Luft Gegenstromdiffusionsflamme bei einem Druck von $p = 1$ bar, z bezeichnet den Abstand zum Brenner (Dreier et al. 1987)

Durch Lösung des oben angegebenen Gleichungssystems lassen sich Temperatur-, Konzentrations- und Geschwindigkeitsprofile in laminaren Gegenstromdiffusionsflammen berechnen und mit experimentellen Ergebnissen vergleichen, die durch spektroskopische Methoden (siehe Kapitel 2) gewonnen werden. Abbildung 9.2 zeigt exemplarisch berechnete und experimentell bestimmte Temperaturprofile in einer Methan-Luft Gegenstromdiffusionsflamme bei einem Druck von $p = 1$ bar. Im Experiment wurde die Temperatur durch CARS-Spektroskopie bestimmt (Sick et al. 1990). Die Temperatur der anströmenden Luft (im Bild rechts) beträgt 300 K. Man erkennt deutlich die hohe Temperatur (ca. 1900 K), die in der Verbrennungszone erreicht wird.

Abbildung 9.3 zeigt berechnete und experimentell bestimmte Konzentrationprofile von Methan und Sauerstoff in einer Methan-Luft Gegenstromdiffusionsflamme. Im Experiment werden die Konzentrationen mittels CARS-Spektroskopie bestimmt, siehe Kapitel 2 für Einzelheiten (Dreier et al. 1987). Sowohl der Brennstoff als auch der Sauerstoff nehmen, bedingt durch die gegenseitige Verbrennung, zur Reaktionszone hin ab.

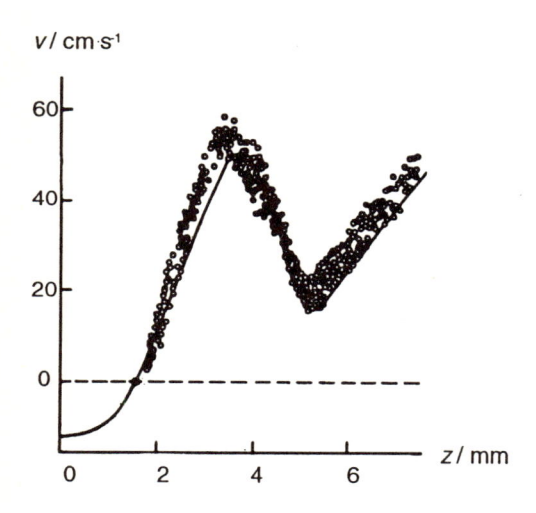

Abb. 9.4. Berechnete und experimentell bestimmte Geschwindigkeitsprofile in einer Methan-Luft Gegenstromdiffusionsflamme

Einen exemplarischen Vergleich von gemessenen und berechneten (Dixon-Lewis et al. 1985) Geschwindigkeitsprofilen zeigt Abb. 9.4. Die Geschwindigkeiten werden experimentell aus Teilchenspuren von zugesetzten MgO-Teilchen bestimmt (Tsuji u. Yamaoka 1971).

Die Form des Geschwindigkeitsprofils läßt sich einfach deuten: Eine nicht-reaktive Strömung ist durch einen monotonen Übergang zwischen den Geschwindigkeiten an den beiden Rändern in der hier vorliegenden Geschwindigkeits-Grenzschicht gekennzeichnet. Bei der Verbrennung findet jedoch zusätzlich noch eine starke Dichteänderung statt (bedingt durch die hohe Temperatur im verbrannten Gas) und bewirkt im Bereich der Flammenfront (um $z = 3$ mm) eine Abweichung von dem monotonen Verhalten.

9.2 Strahldiffusionsflammen

Dieser Flammentyp erfordert für eine ggenaue Beschreibung eine mindestens zweidimensionale Behandlung (siehe Kapitel 11). Da er jedoch weit verbreitet ist (*Bunsenbrenner*), sollen hier einige Ergebnisse vorweggenommen und exemplarisch dargestellt werden.

Abbildung 1.1 in Kapitel 1 zeigt schematisch die Anordnung bei einer einfachen Bunsenflamme. Aus einer Düse stömt Brennstoff in ruhende Luft. Durch molekularen Transport (Diffusion) vermischen sich Brennstoff und Luft und verbrennen in der Reaktionszone.

Die Struktur solch einer nicht-vorgemischten Bunsenflamme ist in den Abbildungen 9.5 und 9.6 dargestellt. Die Ergebnisse wurden hierbei durch vollständige numerische Lösung der räumlich zweidimensionalen Erhaltungsgleichungen berechnet (Smooke et. al 1989). Der Durchmesser der den Brennstoff zuführenden Düse beträgt in diesem Beispiel 1,26 cm, die abgebildete Höhe der Flamme ist 30 cm. Temperatur- und Konzentrationsskala beginnen jeweils mit dem untersten der links abgebildeten Schwärzungsmuster; die maximale Temperatur ist etwa 2000 K, die OH-Konzentration entspricht maximal einem Molenbruch von 0,35 % (Smooke et. al 1989).

Die Höhe einer Strahlflamme läßt sich näherungsweise mittels einer einfachen, aber groben, Betrachtung berechnen (Burke u. Schumann 1928). Der Strahlradius sei r, die Flammenhöhe h und die Geschwindigkeit in Strahlrichtung v. Im Zentrum des Zylinders läßt sich die Zeit, die der Brennstoff benötigt, um zur Strahlspitze zu gelangen, aus der Höhe der Diffusionsflamme und der Einströmgeschwindigkeit berechnen ($t = h/v$). Diese Zeit entspricht der Zeit, die für die Vermischung von Brennstoff und Luft benötigt wird. Diese Vermischungszeit läßt sich aus der Einsteinschen Gleichung für die Eindringtiefe durch Diffusion ($r^2 = 2Dt$, D = Diffusionskoeffizient, vergl. hierzu auch Kapitel 3) bestimmen. Gleichsetzen der Zeit t ergibt:

$$h = r^2 v / 2D \qquad (9.6)$$

Ersetzt man nun die Geschwindigkeit v durch den Volumenfluß $\Phi = \pi r^2 v$, so ergibt sich $h = \Phi / 2\pi D$ oder allgemeiner (Berücksichtigung der Zylindergeometrie durch einen Korrekturfaktor θ)

$$h = \theta \, \Phi / \pi D \qquad (9.7)$$

Aus dieser Betrachtung folgt, daß die Flammenhöhe h nur vom Volumenfluß Φ abhängt, nicht jedoch vom Düsendurchmesser r. Weiterhin ist die Höhe umgekehrt proportional zum Diffusionskoeffizienten, weshalb z.B. eine Wasserstoffflamme etwa 2,5 mal niedriger ist als eine Kohlenmonoxidflamme. Bei gegebenem Massenfluß ist der Volumenfluß umgekehrt proportional zum Druck. Da gleichzeitig der Diffusionskoeffizient umgekehrt proportional zum Druck ist (siehe Kapitel 5), ist bei konstantem Massenfluß die Flamme unabhängig vom Druck (Kompensation der Druckabhängigkeiten in Zähler und Nenner).

114 9 Laminare Diffusionsflammen

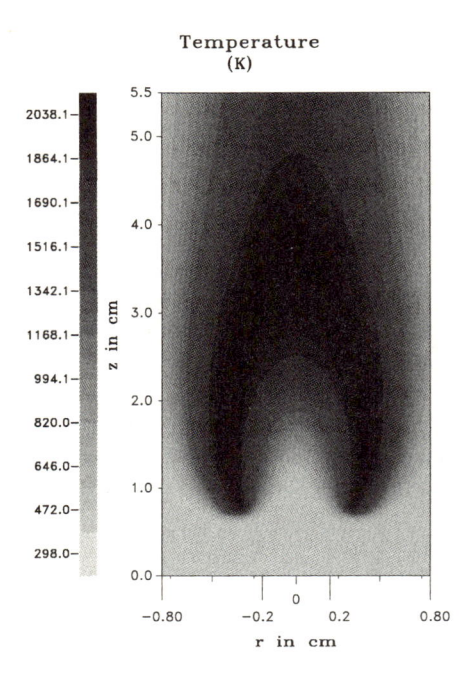

Abb. 9.5. Berechnetes Temperaturfeld in einer Strahl-Diffusionsflamme (Smooke et. al 1989). Die Ergebnisse können direkt mit entsprechenden Ergebnissen aus LIF-Experimenten verglichen werden (Long et al. 1993)

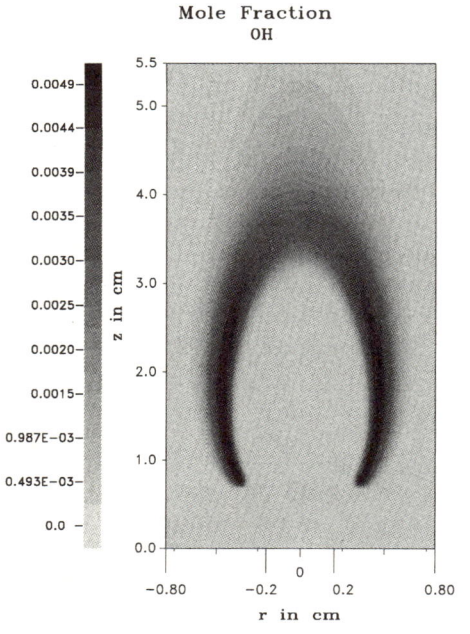

Abb. 9.6. Berechnete Hydroxi-Radikalkonzentrationen in einer Strahl-Diffusionsflamme (Smooke et. al 1989). Die Ergebnisse können direkt mit entsprechenden Ergebnissen aus LIF-Experimenten verglichen werden (Long et al. 1992)

9.3 Diffusionsflammen mit schneller Chemie

Im Falle unendlich schneller Chemie (in der Praxis: sehr schneller Chemie) läßt sich die Reaktion in Form einer Einschritt-Reaktion von Brennstoff und Oxidationsmittel zu den Reaktionsprodukten schreiben:

$$F + Ox \rightarrow P$$

Dies entspricht der Vereinfachung *gemischt = verbrannt*, die in den Dreißiger Jahren von *H. Rummel* vorgeschlagen wurde (siehe z.B. Günther 1987).

Analog zu den Massenbrüchen w_i (vergl. Kapitel 1) läßt sich ein *Element-Massenbruch* Z_i definieren, der den Massenanteil eines chemischen Elements i an der Gesamtmasse angibt:

$$Z_i = \sum_{j=1}^{S} \mu_{ij} w_j \qquad i = 1, ..., M \qquad (9.8)$$

Hierbei ist S die Zahl der Stoffe und M die Zahl der Elemente im betrachteten Gemisch sind. Die Koeffizienten μ_{ij} bezeichnen die Massenanteile des Elementes i im Stoff j (Shvab 1948, Zeldovich 1949).

Als Beispiel sei der Stoff CH_4 betrachtet. Die molare Masse von Methan läßt sich aus den einzelnen Anteilen der Elemente berechnen zu $4 \cdot 1$ g/mol + $1 \cdot 12$ g/mol = 16 g/mol. Der Massenanteil von Wasserstoff beträgt $4/16 = 1/4$, und der Massenanteil von Kohlenstoff $12/16 = 3/4$. Damit sind $\mu_{H,CH4} = 1/4$ und $\mu_{C,CH4} = 3/4$ (hier wurden die Indizes i,j durch die entsprechenden Symbole für Element und Stoff ersetzt).

Die Elementmassenbrüche haben eine besondere Bedeutung, da sie sich bei einer reaktiven Strömung weder durch konvektive noch durch chemische Prozesse verändern können.

Für einfache Diffusionsflammen, die als Zweistromproblem betrachtet werden können, wobei der eine Strom der Brennstoff (F) und der andere das Oxidationsmittel (Ox) ist, läßt sich mit Hilfe der Elementmassenbrüche Z_i ein *Mischungsbruch* ξ_i definieren (die Indizes 1 und 2 bezeichnen die beiden Ströme):

$$\xi = \frac{Z_i - Z_{i2}}{Z_{i1} - Z_{i2}} \qquad (9.9)$$

Der Vorteil dieser Begriffsbildung ist, daß dieses ξ wegen (9.8) und (9.9) in linearer Weise mit den Massenbrüchen verknüpft ist. Sind die Diffusionskoeffizienten der verschiedenen chemischen Spezies gleich (was von einigen Ausnahmen abgesehen oft näherungsweise erfüllt ist), so ist der in dieser Weise definierte Mischungsbruch zusätzlich unabhängig von der Wahl des betrachteten Elements i ($i = 1, ..., M$).

Als Beispiel sei eine einfache Diffusionsflamme betrachtet, bei der der eine Strom (Index 1) aus Sauerstoff (O_2), der andere (Index 2) aus Methan (CH_4) besteht. Ferner soll eine idealisierte Reaktion zu Kohlendioxid (CO_2) und Wasser (H_2O) stattfinden, die unendlich schnell abläuft:

9 Laminare Diffusionsflammen

$$CH_4 + 2\,O_2 \rightarrow CO_2 + 2\,H_2O$$

Die Vermischung von Brennstoff und Oxidationsmittel erfolgt durch Diffusion. Die Elementmassenbrüche lassen sich nach (9.8) berechnen:

$$Z_C = \mu_{C,O2}w_{O2} + \mu_{C,CH4}w_{CH4} + \mu_{C,CO2}w_{CO2} + \mu_{C,H2O}w_{H2O}$$
$$Z_H = \mu_{H,O2}w_{O2} + \mu_{H,CH4}w_{CH4} + \mu_{H,CO2}w_{CO2} + \mu_{H,H2O}w_{H2O}$$
$$Z_O = \mu_{O,O2}w_{O2} + \mu_{O,CH4}w_{CH4} + \mu_{O,CO2}w_{CO2} + \mu_{O,H2O}w_{H2O}$$

Unter Verwendung von $\mu_{C,O2} = \mu_{H,O2} = \mu_{O,CH4} = \mu_{H,CO2} = \mu_{C,H2O} = 0$ ergibt sich daraus dann:

$$Z_C = \mu_{C,CH4}w_{CH4} + \mu_{C,CO2}w_{CO2}$$
$$Z_H = \mu_{H,CH4}w_{CH4} + \mu_{H,H2O}w_{H2O}$$
$$Z_O = \mu_{O,O2}w_{O2} + \mu_{O,CO2}w_{CO2} + \mu_{O,H2O}w_{H2O}$$

Für die Elementmassenbrüche im Oxidationsmittel (1) und im Brennstoff (2) gilt weiterhin:

$$Z_{C,1} = 0; \qquad Z_{C,2} = \mu_{C,CH4} = 3/4$$
$$Z_{H,1} = 0; \qquad Z_{H,2} = \mu_{H,CH4} = 1/4$$
$$Z_{O,1} = 1; \qquad Z_{O,2} = 0$$

Die Mischungsbrüche sind somit gegeben durch die folgenden drei Gleichungen:

$$\xi_C = \frac{Z_C - Z_{C,2}}{Z_{C,1} - Z_{C,2}} = \frac{Z_C - \mu_{C,CH4}}{0 - \mu_{C,CH4}} = 1 - \frac{Z_C}{\mu_{C,CH4}}$$

$$\xi_H = \frac{Z_H - Z_{H,2}}{Z_{H,1} - Z_{H,2}} = \frac{Z_H - \mu_{H,CH4}}{0 - \mu_{H,CH4}} = 1 - \frac{Z_H}{\mu_{H,CH4}}$$

$$\xi_O = \frac{Z_O - Z_{O,2}}{Z_{O,1} - Z_{O,2}} = \frac{Z_O - 0}{1 - 0} = Z_O$$

Nimmt man an, daß alle Spezies gleich schnell diffundieren, so ändert sich das Verhältnis zwischen Wasserstoff und Kohlenstoff nicht

$$Z_H/Z_C = Z_{H,1}/Z_{C,1} = \mu_{H,CH4}/\mu_{C,CH4} \quad \Rightarrow \quad Z_H/\mu_{H,CH4} = Z_C/\mu_{C,CH4}.$$

Man erkennt, daß daraus $\xi_H = \xi_C$ folgt. Brechnet man weiterhin Z_C und Z_H aus ξ_C bzw. ξ_H, so folgt $\xi_O = \xi_H = \xi_C$. In der Tat ergeben sich also (und das ist letztlich die Begründung für die Einführung dieser Größe) für alle Elemente gleiche ξ.

Die oben erwähnten linearen Zusammenhänge zwischen ξ und den Massenbrüchen lassen sich in einem Diagramm (siehe Abb. 9.7) wiedergeben. Hierzu ist es noch notwendig, den Mischungsbruch zu kennen, bei dem eine stöchiometrische Mi-

9.3 Diffusionsflammen mit schneller Chemie

schung vorliegt. Im oben genannten Beispiel besteht die stöchiometrische Mischung aus 1 mol CH_4 und 2 mol O_2, was einer Elementmasse für O von 64g und einer Gesamtmasse von 80g entspricht. Der Elementmassenbruch $Z_{O,stöch.}$ ist demnach 4/5, und für den stöchiometrischen Mischungsbruch ergibt sich $\xi_{stöch.}$= 4/5. Für $\xi = 0$ besteht die Mischung ausschließlich aus Brennstoff (w_{CH4} = 1), für $\xi = 1$ besteht die Mischung ausschließlich aus Sauerstoff. Am Punkt stöchiometrischer Mischung liegen weder Brennstoff noch Oxidationsmittel vor; die Mischung besteht vollständig aus den Verbrennungsprodukten ($w_F = w_{CO2} + w_{H2O}$ =1). Im brennstoffreichen Bereich (hier $0 < \xi < \xi_{stöch.}$) existiert kein Sauerstoff, da dieser gemäß der Annahme einer unendlich schnellen chemischen Reaktion sofort mit dem überschüssigen Brennstoff zu den Produkten reagieren würde. Analog hierzu liegt im brennstoffarmen Bereich (hier $\xi_{stöch.} < \xi < 1$) kein Brennstoff vor.

Die linearen Zusammenhänge zwischen Mischungsbruch und Massenbrüchen sind in Abb. 9.7 dargestellt. Aus den linearen Abhängigkeiten der w_i von ξ ergibt sich für das Beispiel:

Brennstoffseite ($0 < \xi < \xi_{stöch.}$):

$w_{CH4} = (\xi_{stöch.} - \xi)/\xi_{stöch.}$
$w_{O2} = 0$
$w_P = \xi/\xi_{stöch.}$

Sauerstoffseite ($\xi_{stöch.} < \xi < 1$):

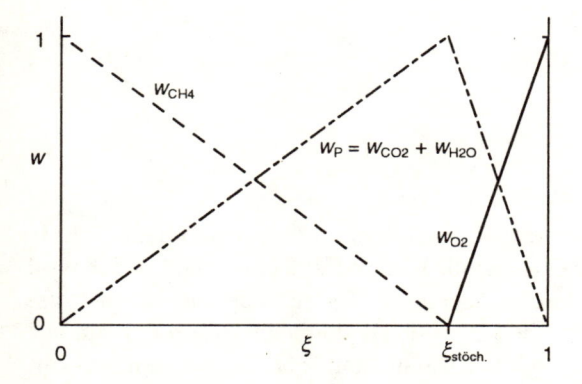

$w_{CH4} = 0$
$w_{Ox} = (\xi - \xi_{stöch.})/(1 - \xi_{stöch.})$
$w_P = (1 - \xi)/(1 - \xi_{stöch.})$

Abb. 9.7. Lineare Zusammenhänge zwischen Mischungsbruch und Massenbrüchen bei einem einfachen Reaktionssystem

Für andere Systeme (z.B. Methan-Luft oder teilweise Vormischung von Luft in den Brennstoff) ergeben sich andere, kompliziertere Diagramme, die jedoch durch analoge Überlegungen ermittelt werden können.

Der Begriff des Mischungsbruches (zur einheitlichen Beschreibung des Konzentrationsfeldes) und die linearen Abhängigkeiten $w_i = w_i(\xi)$ werden später bei der vereinfachten Behandlung von turbulenten Diffusionsflammen benutzt werden.

Reagieren Brennstoff und Oxidationsmittel nicht vollständig zu den Produkten (selbst in einer stöchiometrischen Mischung liegen im chemischen Gleichgewicht Ausgangsprodukte vor) oder ist die chemische Reaktion endlich schnell, so ergeben sich keine linearen Abhängigkeiten mehr. Zusätzlich überschneiden sich w_{Ox} und w_F im Bereich der stöchiometrischen Zusammensetzung $\xi_{stöch}$. Trotzdem können die Beziehungen $w_i = w_i(\xi)$ näherungsweise verwendet werden (siehe Kapitel 13).

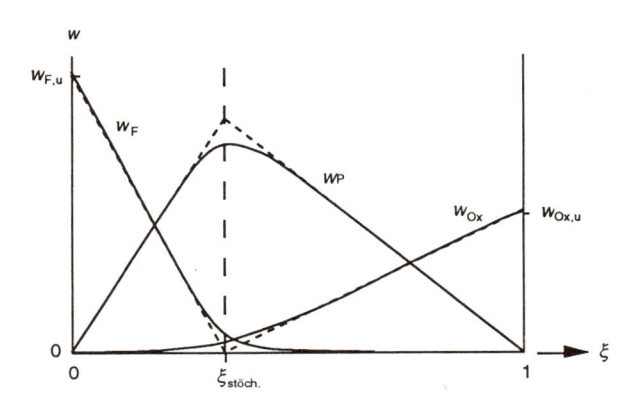

Abb. 9.8. Schematische Darstellung der Abweichungen vom linearen Zusammenhang zwischen Massenbrüchen und Mischungsbruch in einem realistischen Reaktionssystem (Koexistenz von Brennstoff und Oxidationsmittel möglich).

9.4 Übungsaufgaben

Aufgabe 9.1: Ein laminarer, gasförmiger Brennstoffstrahl strömt aus einem Rohr in Luft aus, wo er gezündet wird. Die entstehende Flamme ist 8 cm hoch. Danach wird bei gleichem Brennstoff der Strahldurchmesser um 50% vergrößert und die Austrittsgeschwindigkeit um 50% reduziert. Wie ändert sich dadurch die Höhe der Flamme? Zeigen Sie außerdem, daß die Höhe einer Diffusionsflamme bei konstantem Massenfluß vom Druck unabhängig ist.

Aufgabe 9.2: Es soll eine einfache Acetylen-Sauerstoff-Diffusionsflamme betrachtet werden. Strom 1 bestehe nur aus Sauerstoff (O_2), Strom 2 nur aus Acetylen (C_2H_2).
 a) Bestimmen Sie die Mischungsbrüche für die Elemente C, H und O vor der Zündung.
 b) Bestimmen Sie die Mischungsbrüche für C, H und O nach der Zündung. Berücksichtigen Sie dabei, daß bei der Reaktion CO_2 und H_2O entsteht (die Diffusionskoeffizienten aller Stoffe seien gleich).
 c) Welchen Wert nimmt der Mischungsbruch in der Flammenfront an?

10 Zündprozesse

Zündprozesse sind stets instationäre Vorgänge. Ist die Zündzeit nicht allzu kurz, so lassen sich die Prozesse nach einer Erweiterung der Energieerhaltungsgleichung (3.6) quantitativ beschreiben.

$$\rho c_p \frac{\partial T}{\partial t} = \frac{\partial p}{\partial t} + \frac{\partial}{\partial z}\left(\lambda \frac{\partial T}{\partial z}\right) - \left(\rho v c_p + \sum_j j_j c_{p,j}\right)\frac{\partial T}{\partial z} - \sum_j h_j r_j \qquad (10.1)$$

Der zusätzliche Term (vergl. 3.6) beschreibt dabei die Temperaturerhöhung durch Kompression. Hierbei wird angenommen, daß der Druck p zwar zeitlich variiert, aber örtlich konstant ist (Maas u. Warnatz 1988).

Verlaufen die betrachteten Zündvorgänge sehr schnell, so erfolgt der Druckausgleich zu langsam, um die Annahme örtlicher Konstanz des Druckes zu rechtfertigen. In diesem Fall sind die Erhaltungsgleichungen noch entsprechend zu erweitern. Eine solche allgemeinere Form der Erhaltungsgleichungen wird später in Kapitel 11 beschrieben.

Eine genaue Simulation von Zündvorgängen unter Berücksichtigung aller auftretenden Prozesse (molekularer Transport, chemische Reaktion und Strömung) ist sehr aufwendig und nur mittels numerischer Verfahren möglich. Ein qualitatives Bild erhält man jedoch auch, wenn man stark vereinfachte Systeme behandelt. Hierbei lassen sich zwei Extremfälle unterscheiden, die im folgenden noch näher besprochen werden:

In der Theorie der Explosion von Semenov (1928) wird ein räumlich homogenes System betrachtet, d.h. räumliche Inhomogenitäten von Druck, Temperatur und Zusammensetzung sollen nicht auftreten. In der thermischen Theorie der Explosion von Frank-Kamenetzkii (1955) werden inhomogene Systeme betrachtet. Allerdings wird idealer Wärmeaustausch mit der Umgebung angenommen.

Ist der Wärmeaustausch im Reaktionssystem schnell gegenüber dem Wärmeübergang an die Umgebung (Gefäßwände, usw.), so beschreibt die Theorie nach Semenov die Prozesse genauer. Die Theorie nach Frank-Kamenetzkii ist ein besseres Modell, wenn der Wärmeübergang an die Umgebung schneller ist als der Wärmeaustausch im System.

10.1 Vereinfachte thermische Theorie der Explosion von Semenov

Bei der vereinfachten thermischen Theorie der Explosion von Semenov wird ein räumlich homogenes System betrachtet, d.h. Gradienten von Temperatur und Zusammensetzung treten nicht auf. Im Reaktionssystem sollen weiterhin die chemischen Prozesse durch eine Einschrittreaktion

$$\text{Brennstoff (F)} \to \text{Produkte (P)}$$

mit der Reaktionsgeschwindigkeit

$$r = -M_F c_F Z e^{-E/RT} \qquad (10.2)$$

beschrieben werden. M_F und c_F sind molare Masse und Konzentration des Brennstoffs, Z und E sind präexponentieller Faktor und Aktivierungsenergie eines Geschwindigkeitskoeffizienten 1. Ordnung. Vernachlässigt man den Brennstoffverbrauch ($c_F = c_{F,0}$, $\rho = \rho_0 = M_F\, c_{F,0}$, $c_{F,0}$ = Anfangskonzentration), so erhält man für die Reaktionsgeschwindigkeit

$$r = -\rho Z e^{-E/RT}. \qquad (10.3)$$

Zur Beschreibung der Wärmeabgabe j an die Umgebung nimmt man Newtonschen Wärmeübergang an, d.h. die vom System an die Umgebung (Gefäßwand) abgegebene Wärme ist proportional zur Temperaturdifferenz zwischen System und Umgebung:

$$j = \chi\, S(T - T_w) \qquad (10.4)$$

Dabei sind T die (räumlich homogene) Temperatur im System, T_w die Wandtemperatur, S die Oberfläche der Wand des betrachteten Systems und χ der *Wärmeübergangskoeffizient*. Die zeitliche Änderung der Temperatur berechnet sich aus einer Bilanz von Wärmeproduktion P und Wärmeübergang (Verlust) V an die Umgebung:

$$\rho c_P \frac{\partial T}{\partial t} = P - V = (h_F - h_P)\rho Z e^{-E/RT} - \chi\, S(T - T_w) \qquad (10.5)$$

Das qualitative Verhalten des Systems läßt sich leicht verstehen, wenn man in einem Diagramm sowohl den Produktions- als auch den Wärmeverlust-Term aufträgt (siehe Abb. 10.1). Der Term für den Wärmeverlust steigt linear mit der Temperatur (vergl. 10.4), wohingegen der Wärmeproduktionsterm exponentiell mit der Temperatur ansteigt (vergl. 10.3). Die drei Kurven P_1, P_2 und P_3 zeigen beispielhafte Temperaturabhängigkeiten für verschiedene Werte der Aktivierungsenergie E und des präexponentiellen Faktors Z.

Zunächst soll nun Kurve P_3 betrachtet werden. Es liegen zwei stationäre Punkte ($T_{S,1}$ und $T_{S,2}$) vor, an denen sich Wärmeproduktion und Wärmeverlust kompensieren. Befindet sich das System in einem stationären Punkt, so tritt keine zeitliche Änderung der Temperatur auf. Besitzt das System eine Temperatur $T < T_{S,1}$, so überwiegt die Wärmeproduktion. Das System erwärmt sich so lange bis sich Produktion und Verlust kompensieren, d.h. bis $T_{S,1}$ erreicht ist. Für Temperaturen $T_{S,1} < T < T_{S,2}$ überwiegen die Wärmeverluste. Das System kühlt ab bis der stationäre Zustand $T = T_{S,1}$ erreicht ist. Den Punkt $T = T_{S,1}$ nennt man aus diesem Grund einen stabilen stationären Punkt. Besitzt das System eine Temperatur $T > T_{S,2}$, so überwiegt die Wärmeproduktion. Das System erwärmt sich immer mehr und eine Explosion findet statt. Da im Punkt $T = T_{S,2}$ zwar stationäres Verhalten vorliegt, geringe Abweichungen (Störungen) jedoch von der Stationarität wegführen, bezeichnet man diesen Punkt als instabilen stationären Punkt.

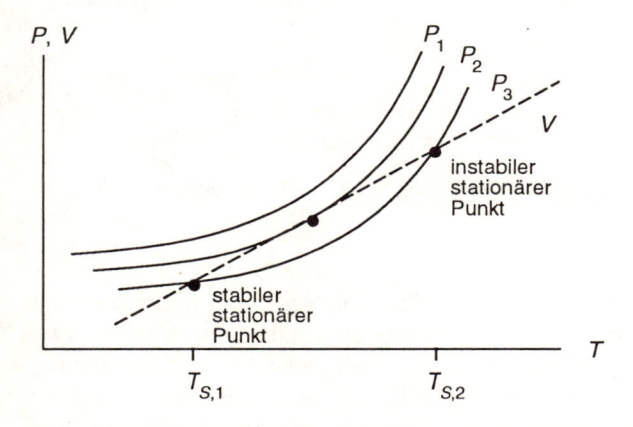

Abb. 10.1. Schematische Darstellung der Temperaturabhängigkeit von Wärmeproduktion und Wärmeverlust.

Nicht immer findet man zwei stationäre Punkte. Ist die Reaktion hinreichend exotherm oder die Aktivierungsenergie hinreichend klein, so ist es möglich, daß sich die Kurven für P und V nicht mehr schneiden. In diesem Fall liegt kein stationärer Punkt vor. Das System explodiert für jede Anfangstemperatur (vergleiche Kurve P_1). Weiterhin erkennt man in Abb. 10.1, daß es eine sogenannte kritische Wärmeproduktionskurve (P_2) gibt. Sie schneidet die Kurve V in genau einem Punkt.

10.2 Thermische Theorie der Explosion von Frank-Kamenetskii

Die thermische Theorie der Explosion von Frank-Kamenetskii berücksichtigt räumliche Inhomogenitäten der Temperatur im Reaktionssystem. Im Gegensatz zur Theorie von Semenov wird jedoch idealer Wärmeaustausch mit der Umgebung angenommen (Temperatur des Systems an der Oberfläche ist gleich der Temperatur der Wand). Beschränkt man sich auf eindimensionale Geometrien (unendlicher Spalt, unendlicher Zylinder oder Kugel), so läßt sich die Energieerhaltungsgleichung bei Annahme einer Einschrittreaktion ohne Brennstoffvebrauch schreiben als (vergl. 8.2)

$$\frac{\lambda}{r^i} \frac{d^2 r^i T}{dr^2} = \rho Z (h_P - h_F) \exp(-E/RT) \tag{10.6}$$

Der Exponent i in (10.6) erlaubt die Behandlung dreier verschiedener eindimensionaler Geometrien. Hierbei ist $i = 0$ für die Geometrie des unendlichen Spaltes (Abhängigkeit nur in einer Raumrichtung), $i = 1$ für Zylindergeometrie (Abhängigkeit nur in radialer Richtung) und $i = 2$ für Kugelgeometrie (Abhängigkeit ebenfalls nur in radialer Richtung). Die verschiedenen Geometrien sind in Abb. 10.2 dargestellt.

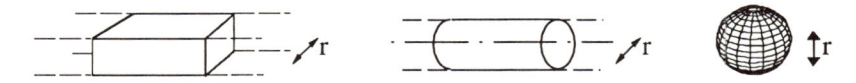

Abb. 10.2. Eindimensionale Geometrien: Unendlicher Spalt (links), unendlicher Zylinder (mitte) und Kugel (rechts)

Diese Differentialgleichung läßt sich einfacher schreiben, wenn man dimensionslose Variablen einführt. Für die Temperatur führt man die dimensionslose Variable $\Theta = (E/RT_w^2)(T - T_w)$ ein, wobei T_w die Temperatur der Gefäßwand bezeichnet, die bei der theoretischen Behandlung als konstant angenommen wird. Den Radius r skaliert man mit der Gefäßabmessung r_0 des Reaktionssystems $\tilde{r} = r / r_0$ (bei Kugelgeometrie z.B. dem Radius des Gefäßes). Weiterhin soll ε den Kehrwert der dimensionslosen Aktivierungsenergie bezeichnen ($\varepsilon = RT_w/E$) und δ einen das System charakterisierenden Parameter, der gegeben ist durch:

$$\delta = \frac{h_P - h_F}{\lambda} \frac{E}{RT_W^2} \rho r_0^2 Z \exp\left(-\frac{E}{RT_W}\right). \tag{10.7}$$

Unter Verwendung dieser Definitionen erhält man nach einfacher Rechnung die Differentialgleichung

$$\frac{d^2 \Theta}{d\tilde{r}^2} + \delta \exp\left(\frac{\Theta}{1 + \varepsilon \Theta}\right) = 0 \tag{10.8}$$

mit den Randbedingungen $\Theta = 0$ für $\tilde{r} = 1$ (konstante Temperatur an der Gefäßwand) und $d\Theta/d\tilde{r} = 0$ für $\tilde{r} = 0$ (verschwindender Gradient der Temperatur im Gefäßmittelpunkt, Symmetrierandbedingung).

Es kann gezeigt werden (soll hier aber nicht nachvollzogen werden), daß diese Differentialgleichung nur Lösungen besitzt, wenn δ kleiner ist als ein Wert δ_{crit}, für den die drei verschiedenen Geometrien bestimmte Werte ergeben. Im einzelnen sind

$\delta_{crit} = 0{,}88$ für den unendlich langen Spalt, $\delta_{crit} = 2{,}00$ für den unendlich langen Zylinder und $\delta_{crit} = 3{,}32$ für die Kugel. Für $\delta > \delta_{crit}$ erfolgt also Explosion, für $\delta < \delta_{crit}$ bekommt man stabiles Verhalten des Systems (siehe Frank-Kamenetskii 1955). Kennt man die charakteristischen Größen des Reaktionssystems (h_P, h_F, ρ, Z, λ), so lassen sich z.B. für gegebene Gefäßabmessungen r_0 die maximalen Gefäßtemperaturen T_W bestimmen, bei denen das System stabil ist und keine thermische Explosion stattfindet.

Größter Schwachpunkt der Theorie der thermischen Explosion nach Frank-Kamenetzkii ist die Voraussetzung fehlenden Brennstoffverbrauchs. Spätere Verbesserungen der Theorie setzen hauptsächlich hier an (siehe z.B. Boddington et al. 1983, Kordylewski u. Wach 1982).

10.3 Selbstzündungsvorgänge: Zündgrenzen

Aus naheliegenden Gründen (z. B. Sicherheitstechnik, Zündprozesse in Motoren usw.) besteht die Frage, bei welcher Wahl von Druck, Temperatur und Zusammensetzung ein vorgegebenes Gemisch überhaupt zünden kann. Befindet sich z.B. eine Knallgasmischung in einem heißen Gefäß, so stellt man fest, daß für bestimmte Werte von Druck und Temperatur eine spontane Zündung (u.U. nach einer gewissen *Induktionszeit* (oder *Zündverzugszeit*), die bis zu einigen Sekunden betragen kann) stattfindet. Bei anderen Bedingungen findet nur eine sehr langsame Reaktion statt. Dieses Phänomen läßt sich in einem sogenannten *p-T-Explosionsdiagramm* darstellen, in dem die Bereiche, in denen Zündung eintreten kann, von denen ohne Zündung durch eine Kurve getrennt sind (siehe Abb. 10.3). Die Darstellung zeigt Experimente (Punkte) und Simulationen (Kurven) für stöchiometrische Gemische von Wasserstoff und Sauerstoff (Maas u. Warnatz 1988).

Die Explosionsgrenzen des Knallgassystems wurden bereits in den zwanziger Jahren entdeckt. Die detaillierte numerische Simulation der Zündgrenzen, bei denen der vollständige Satz der instationären Erhaltungsgleichungen für mindestens eindimensionale Geometrien gelöst werden muß, ist erst in den letzten Jahren möglich geworden (Maas u. Warnatz 1988). Bei der Simulation müssen zusätzlich zu der üblichen Behandlung des Gasraums auch Reaktionen an der Gefäßoberfläche berücksichtigt werden, wie z. B. die Rekombination von Radikalen

$$O \rightarrow 1/2\, O_2, \qquad H \rightarrow 1/2\, H_2 \qquad \text{usw.}$$

Obwohl die quantitative Bestimmung der Zündgrenzen recht kompliziert ist, lassen sich die Prozesse, die zu den Zündgrenzen führen, qualitativ leicht verstehen (vergl. Abb. 10.3).

Ein Knallgassystem bei 800 K und sehr niedrigem Druck ($p < 5$ mbar) zündet nicht. Durch chemische Reaktionen in der Gasphase gebildete reaktive Spezies (Radikale) diffundieren an die Gefäßwand und werden zerstört. Bedingt durch den niedrigen

Druck ist dabei die Diffusion sehr schnell (die Diffusionsgeschwindigkeit ist umgekehrt proportional zum Druck, vergl. Abschnitt 5.4). Es findet demnach keine Explosion, sondern nur eine sehr langsame Reaktion statt.

Überschreitet man jedoch einen bestimmten Druck (*erste Zündgrenze*), so tritt eine spontane Zündung ein, weil die Diffusion der Radikale an die Wand und die Zerstörung der Radikale die Bildung der Radikale in der Gasphase nicht mehr kompensieren kann. Da die 1. Zündgrenze von der Konkurrenz von Kettenverzweigungsreaktion und der Diffusion von Radikalen an die Wand mit anschließender Vernichtung bestimmt wird, hängt sie stark von der Beschaffenheit der Gefäßoberfläche ab (kann leicht durch Zugabe von stark zerkleinertem Gefäßmaterial gezeigt werden).

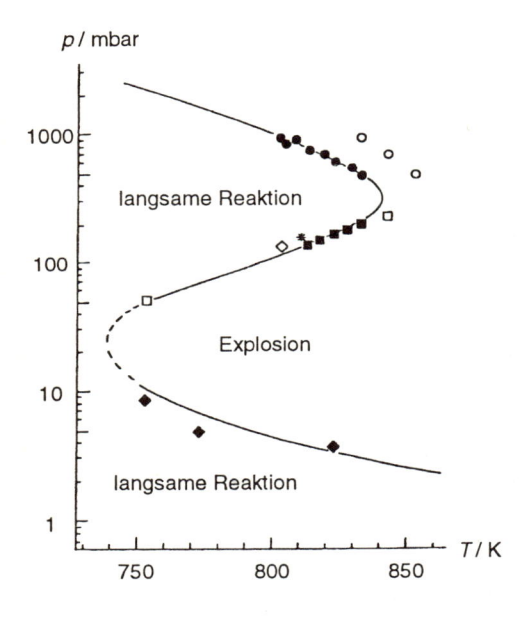

Abb. 10.3. Zündgrenzen des Knallgssystems; p-T-Explosionsdiagramm

Oberhalb eines Druckes von 100 mbar (für 800 K) findet wiederum keine Zündung sondern eine langsame Reaktion statt. Die *zweite Zündgrenze* wird bestimmt von der Konkurrenz zwischen Kettenverzweigungs- und Kettenabbruchsreaktionen in der Gasphase. Während bei niedrigem Druck Wasserstoffatome mit Sauerstoffmolekülen unter Kettenverzweigung reagieren und damit eine Explosion einleiten,

$$H + O_2 \rightarrow OH + O,$$

wird bei höherem Druck die Reaktion zu dem verhältnismäßig reaktionsträgen Hydroperoxiradikal begünstigt (Reaktion dritter Ordnung):

$$H + O_2 + M \rightarrow HO_2 + M.$$

Bei noch höherem Druck beobachtet man wiederum eine Zündung des Systems. Die *dritte Zündgrenze* ist die *thermische* Zündgrenze, die aus der Konkurrenz von Wärmeerzeugung durch chemische Reaktion $\Sigma h_j r_j$ und von Wärmeableitung an der Wand resultiert und schon früher besprochen worden ist (siehe Abschnitte 10.1 und 10.2). Bei wachsendem Druck steigt die Wärmeproduktion pro Volumeneinheit, so daß bei hohem Druck Übergang zur Explosion erfolgen muß.

Es ist also zu sehen, daß es sich hier um hoch-nichtlineare Effekte handelt; dementsprechend hat das Studium dieser Zündgrenzen wesentlich zu Verständnis der Verbrennung insgesamt beigetragen.

Zündgrenzen beobachtet man nicht nur bei Knallgas, sondern auch bei allen Kohlenwasserstoff-Luft Gemischen. Bedingt durch zusätzliche chemische Prozesse sind die Vorgänge (insbesondere im Bereich der dritten Zündgrenze) jedoch weitaus komplexer (Warnatz 1992):

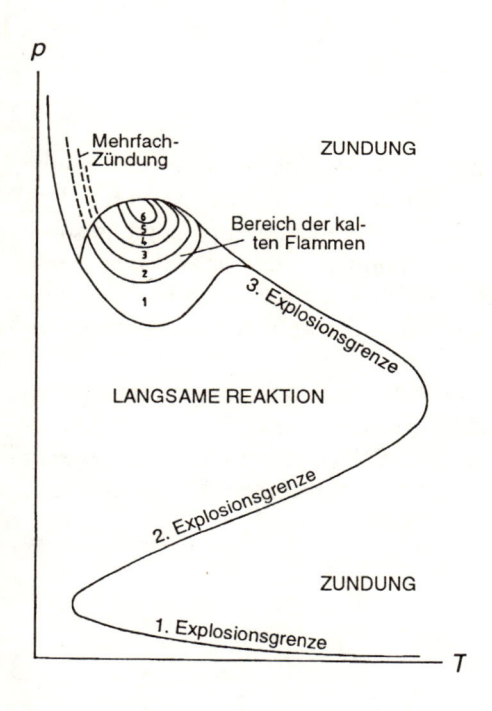

Abb. 10.4. Explosionsdiagramm für Kohlenwasserstoffe (schematisch)

Es treten Bereiche auf, in denen Zündung erst nach einigen Lichtblitzen auftritt (*Mehrstufen-Zündung*, engl.: *multistage ignition*) oder in denen eine Verbrennung bei niedrigen Temperaturen stattfindet (*kalte Flammen*, engl.: *cool flames*). Hier wird die Zündung durch chemische Prozesse wieder abgebrochen, z. B. in Methan-Sauerstoff-Mischungen durch folgende Reaktionen:

$$\dot{C}H_3 + O_2 \Leftrightarrow CH_3\dot{O}_2 \qquad (1)$$

$$CH_3\dot{O}_2 + CH_4 \rightarrow CH_3OOH + \dot{C}H_3 \qquad (2)$$

$$CH_3OOH \rightarrow CH_3\dot{O} + \dot{O}H \qquad (3)$$

Dieses ist im Prinzip ein kettenverzweigender Mechanismus, der zur Zündung führen muß. Die mit dem Zündprozeß einhergehende Temperaturerhöhung führt jedoch zum Verschieben des einleitenden Gleichgewichtes (1). Bei höheren Temperaturen zerfällt $CH_3\dot{O}_2$, und der Kettenverzweigung wird die Grundlage entzogen (engl.: *degenerate branching*).

Ähnliches gilt für die anderen Kohlenwasserstoffe, was in Kapitel 16 im Zusammenhang mit dem Motorklopfen eingehend behandelt werden wird. Eine ausführliche Diskussion der der Explosionsgrenzen findet sich z.B. bei Bamford & Tipper (1977).

10.4 Selbstzündungsvorgänge: Induktionszeit

Während bei einer rein thermischen Zündung (vergl. Abschnitte 10.1 und 10.2) eine Temperaturerhöhung sofort einsetzt, beobachtet man bei der Zündung von Knallgas oder Kohlenwasserstoff/Luft Gemischen, daß eine Temperaturerhöhung und somit eine Explosion erst nach einer sogenannten *Zündverzugszeit* (oder auch *Induktionszeit*) eintritt (siehe Abb. 10.5). Dieses Phänomen ist charakteristisch für Radikalkettenexplosionen (chemische Reaktionen, denen ein Kettenverzweigungsmechanismus zugrundeliegt, vergl. Abschnitt 7.5).

Der Grund ist, daß während der Induktionszeit durch Kettenverzweigungsreaktionen reaktive Radikale gebildet werden, die schließlich das System zur Zündung veranlassen. Während der Induktionszeit finden zwar die wichtigen chemischen Prozesse statt (Kettenverzweigung, Bildung von Radikalen), die Temperatur der Mischung ändert sich jedoch nicht merklich.

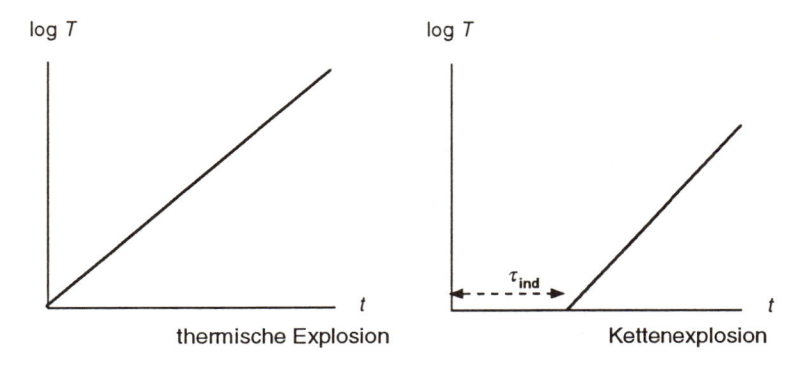

Abb. 10.5. Stark vereinfachter zeitlicher Verlauf von thermischer- und Radikalkettenexplosion.

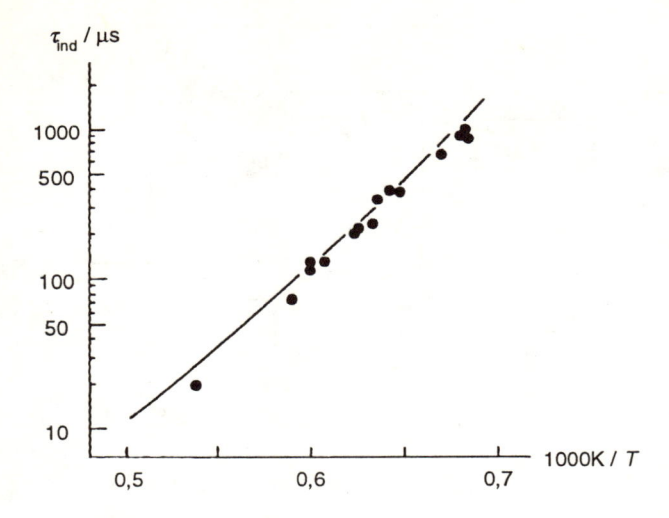

Abb. 10.6. Berechnete (Linie) und experimentell bestimmte (Punkte) Zündverzugszeiten in einer Methan-Luft-Mischung bei $p = 3$ bar (Gardiner et al. 1983)

Die Zündverzugszeit ist wegen der starken Temperaturabhängigkeit der eingehenden Geschwindigkeitskoeffizienten stark temperaturabhängig. Abbildung 10.5 zeigt dies am Beispiel einer Methan/Luft Mischung bei $p = 3$ bar (Punkte sind experimentelle Ergebnisse, die durchgezogene Kurve gibt berechnete Zündverzugszeiten wieder). Man erkennt, daß die Zündverzugszeit ungefähr exponentiell von der reziproken Temperatur abhängt

$$\tau \approx A\, e^{-B/T},$$

was die Temperaturabhängigkeit (Arrheniusgesetz) der zugrundeliegenden chemischen Elementarreaktionen widerspiegelt.

10.5 Fremdzündung, Mindestzündenergie

Von *Fremdzündung* spricht man, wenn ein Gemisch, das an sich nicht von selbst zünden würde, durch eine Zündquelle lokal zum Zünden gebracht wird, wobei innerhalb dieses Zündvolumens der Zündquelle wieder eine Selbstzündung (jedoch bei entsprechend erhöhter Temperatur) stattfindet und anschließend instationäre Flammenfortpflanzung in das unverbrannte Gas. Insbesondere aus sicherheitstechnischen Gründen interessant ist der Begriff der *Mindestzündenergie*, d.h. der minimalen Energiemenge, die lokal einem System zugeführt werden muß, damit eine Zündung eingeleitet wird.

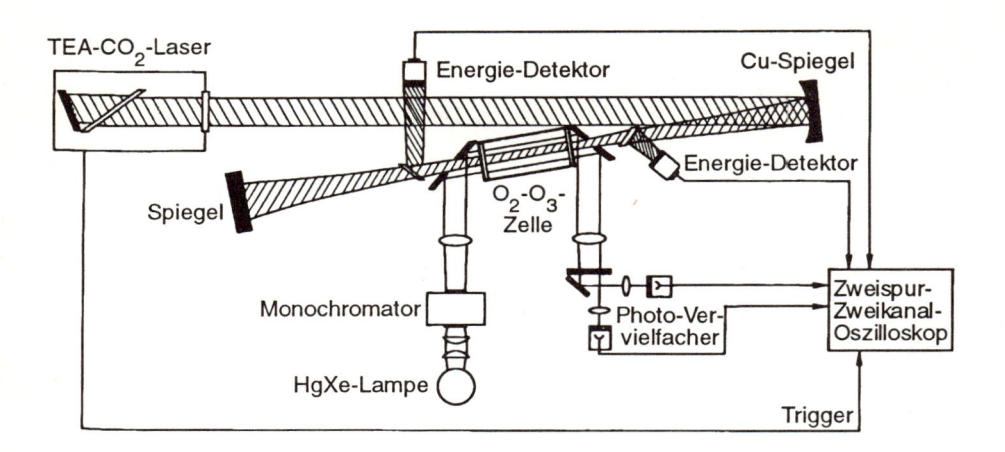

Abb. 10.7. Schematische Darstellung eines Versuchsaufbaus zur Bestimmung von Mindestzündenergien (Raffel et al. 1985)

Eine einfache Anordnung zur Bestimmung der Mindestzündenergie (siehe Abb. 10.7) besteht aus einem Zylinder, in dessen Achse durch einen gepulsten Infrarot-Laser gezündet wird; die Anordnung ist dann (fast) eindimensional mit radialsymmetrischer Flammenausbreitung. Die Energien von eintretender und austretender Strahlung werden gemessen; die Differenz ist die Zündenergie. Durch optischen Nachweis kann außerdem die Ausbreitung der Flammenfront verfolgt werden (Raffel et al. 1985).

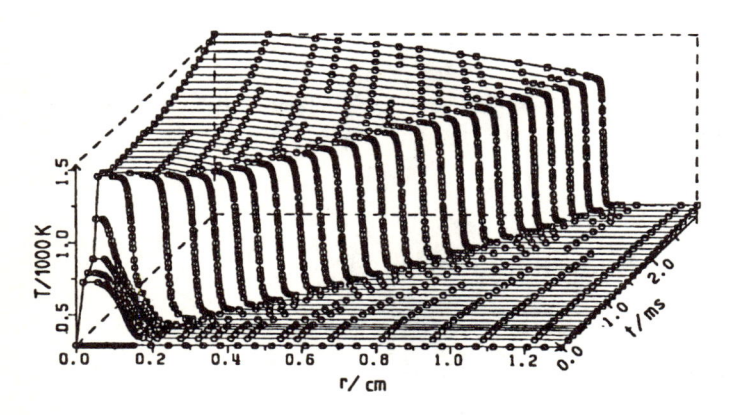

Abb. 10.8. Berechnete Temperaturprofile bei der Zündung einer Ozon-Sauerstoff Mischung.

Abb. 10.8 zeigt eine entsprechende Simulation für eine Ozon-Sauerstoff Mischung. Aufgetragen ist die Temperatur gegen den Radius im zylinderförmigen Reaktionssystem (Radius = 13 mm) und die Zeit. Der Laserstrahl, der einen Durchmesser von ca. 3 mm besitzt, erwärmt die Mischung im Bereich der Zylinderachse (um den Punkt $r = 0$) auf ca. 700 K. Danach wird die Zündquelle abgeschaltet. Nach einer Zündverzugszeit von etwa 300 µs erfolgt Selbstzündung und ein Temperaturanstieg auf etwa 1400 K, anschließend langsamer Temperaturanstieg durch Kompression durch die fortschreitende Flammenfront (siehe Maas 1988).

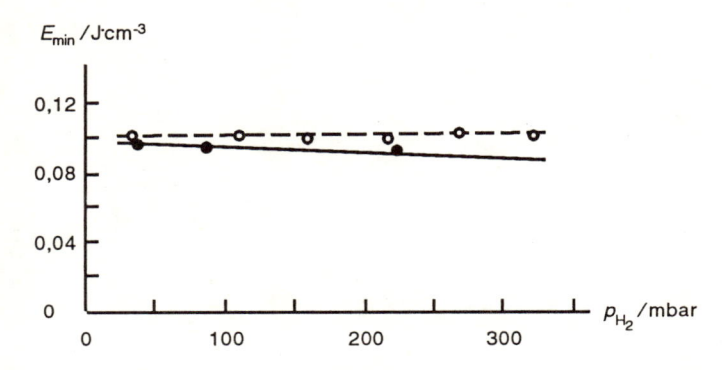

Abb. 10.9. Vergleich zwischen experimentell bestimmten (helle Punkte, Arnold et al. 1990) und berechneten (dunkle Punkte, Maas 1990) Mindestzündenergien in H_2-O_2-O_3-Mischungen in Abhängigkeit vom H_2-Partialdruck; $p(O_2) = 261$ mbar, $p(O_2) = 68$ mbar

Die Punkte in Abb. 10.8 stellen die zur Ortsdiskretisierung verwendeten Gitterpunkte bei der numerischen Lösung des Differentialgleichungssystems dar (vergl. Kapitel 8). Man erkennt deutlich, daß zur Erhöhung der Genauigkeit die Ortsdiskretisierung ständig an das physikalische Problem (hier die wandernde Flammenfront) angepaßt wird. Ein Vergleich von Messungen und Simulationen zeigt (Abb. 10.9), daß die so bestimmten Zündenergien sich um weniger als 20 % unterscheiden (Arnold et al. 1990; Maas 1990). Das ist ein wesentlich besseres Ergebnis als bei der Verwendung von schlecht definierten konventionellen Energiequellen wie z.B. Zündfunken.

Für Fremdzündungen sinnvoll ist das Konzept einer *Mindestzündtemperatur* (entsprechend einer *Mindestzündenergiedichte*). Um ein System zur Zündung zu veranlassen, muß ein kleines Volumen der Mischung auf eine ausreichend hohe Temperatur erwärmt werden. Die hierzu benötigte Energiemenge ist proportional zum Druck (Änderung der Wärmekapazität pro Volumeneinheit, siehe Abb. 10.10) und zum Volumen der Zündquelle (Änderung der zu erwärmenden Stoffmenge, siehe Abb. 10.11), jedoch für hinreichend kurze Zündzeiten praktisch unabhängig von der Zünddauer.

Abweichungen von diesem Verhalten ergeben sich für kleine Zündvolumina, lange Zündzeiten und niedrigen Druck durch die dann bevorzugt in Erscheinung tretenden diffusiven Prozesse, die wegen Energieverlusten bzw. der Diffusion reaktiver Spezies aus dem Zündvolumen hinaus höhere Mindestzündenergien erfordern (Maas u. Warnatz 1988). Die Abbildungen beruhen auf numerischen Simulationen von Zündprozessen in H_2-O_2-Mischungen in kugelförmigen und zylindrischen Gefäßen.

In all diesen Beispielen wird die in Kapitel 6 beschriebene detaillierte Chemie der Wasserstoffverbrennung benutzt.

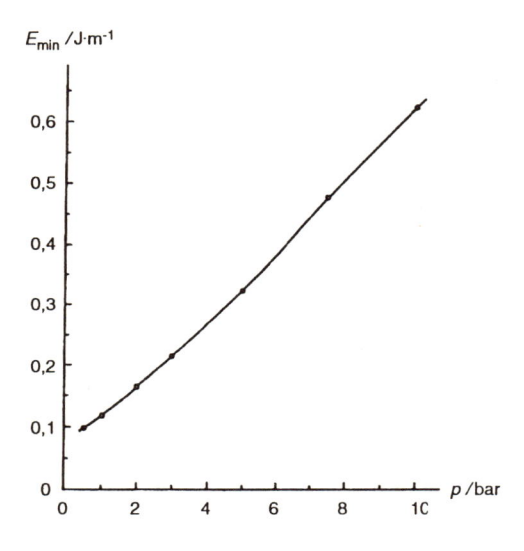

Abb. 10.10. Berechnete Mindestzündenergiedichten in stöchiometrischen Knallgasmischungen in Abhängigkeit vom Druck, Zünddauer = 0,1 ms, Zündradius 0,2 mm, Anfangstemperatur = 298 K, Zylindergeometrie (Maas u. Warnatz 1988).

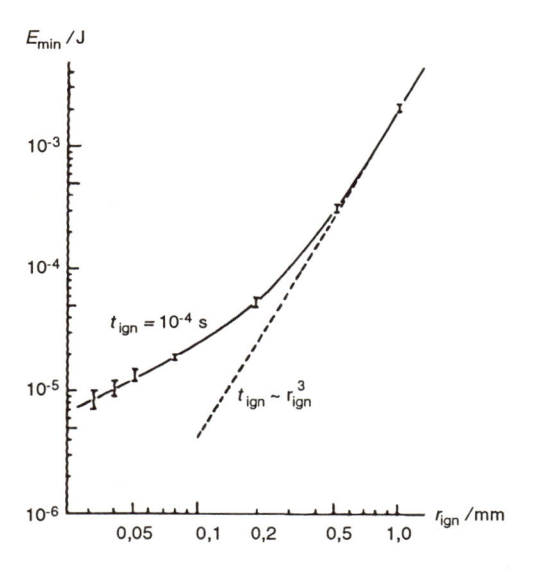

Abb. 10.11. Berechnete Mindestzündenergiedichten in stöchiometrischen Knallgasmischungen in Abhängigkeit vom Zündradius, Kugelgeometrie, Zünddauer = 0,1 ms, Druck = 1 bar, Anfangstemperatur = 298 K (Maas u. Warnatz 1988).

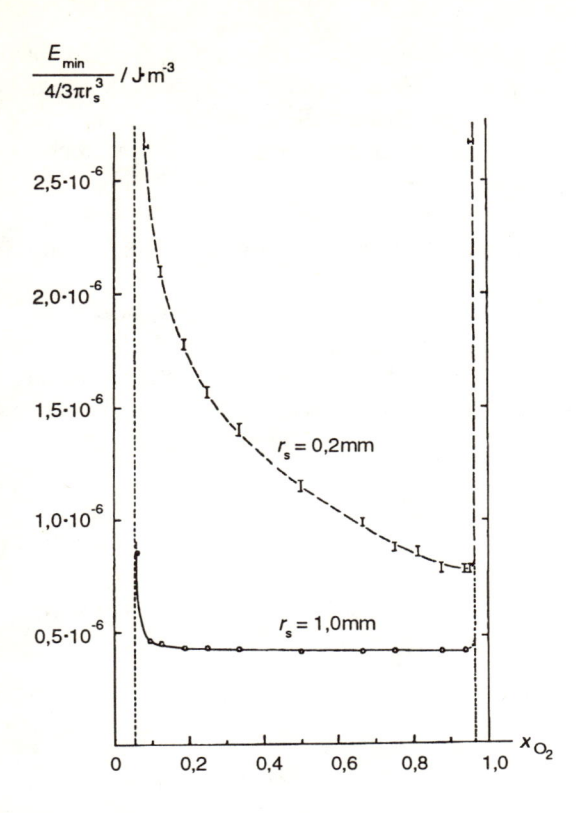

Abb. 10.12. Berechnete Mindestzündenergiedichten in Knallgasmischungen in Abhängigkeit von der Gemischzusammensetzung (räumlich homogener Druck, Anfangsdruck = 1 bar, Temperatur = 298 K, Zünddauer = 0,1 ms) für zwei verschiedene Zündradien (0,2 und 1,0 mm).

Abbildung 10.12 zeigt schließlich die Abhängigkeit der Mindestzündenergiedichte von der Gesmischzusammensetzung für ein Knallgassystem. Sowohl bei sehr hohem als auch bei sehr niedrigem Wasserstoffgehalt ist eine Zündung der Mischung nicht möglich. Innerhalb der sogenannten *Zündgrenzen* sind die Mindestzündenergien bei großem Zündradius (hier 1 mm) annähernd unabhängig von der Gemischzusammensetzung. Bei kleinen Zündradien steigen die Mindestzündenergien mit zunehmendem Wasserstoffgehalt stark an, wiederum bedingt durch Wärmeleitungs- und Diffusionseffekte (schnelle Diffusion der leichten Wasserstoffatome und -moleküle).

10.6 Detonationen

Detonationen sollen hier nur kurz behandelt werden. Ausführliche Beschreibungen dieses Phänomens finden sich z.B.bei Williams (1984). Bei Detonationen handelt sich um einen Ausbreitungsprozeß, bei dem im Gegensatz zur *Deflagration* (normale Flammenfortpflanzung, bedingt durch chemische Reaktion und molekulare Transportprozesse) die Flammenausbreitung durch eine Druckwelle bewirkt wird, welche durch die chemische Reaktion und die damit verbundene Wärmefreisetzung aufrechterhalten wird. Charakteristisch für Detonationen ist ihre große Ausbreitungsgeschwindigkeit (meist größer als 1000 m/s). Einer der Gründe für die hohe Ausbreitungsgeschwindigkeit v_0 von Detonationen ist die hohe Schallgeschwindigkeit im verbrannten Gas.

Die Ausbreitungsgeschwindigkeit v_0 sowie die Dichte ρ_∞ und der Druck p_∞ im verbrannten Gas lassen sich nach der Theorie von Chapman-Jouguet (siehe Williams 1984) berechnen. Sie hängen von Druck p_0 und Dichte ρ_0 im unverbrannten Gas, von der spezifischen Reaktionswärme q und dem Verhältnis $\gamma = c_P / c_V$ der Wärmekapazitäten bei konstantem Druck bzw. konstantem Volumen ab. Es ergeben sich die folgenden groben Zusammenhänge:

$$v_0 = \sqrt{2(\gamma^2 - 1)q} \qquad (10.9)$$

$$\frac{\rho_\infty}{\rho_0} = \frac{\gamma + 1}{\gamma} \qquad (10.10)$$

$$\frac{p_\infty}{p_0} = 2(\gamma - 1)\frac{q\rho_0}{p_0} \qquad (10.11)$$

Einen Vergleich von Experimenten und Rechnungen gibt die Tabelle 10.1 wieder. (p_0 = 1 bar, T_0 = 291 K).

Tab. 10.1. Ausbreitungsgeschwindigkeiten, Temperaturen und Drücke bei Detonationen in Wasserstoff-Sauerstoff Systemen (Gaydon u. Wolfhard 1979)

Mischung	p_∞ / bar	T_∞ / K	v_0(calc.) / m·s^{-1}	v_0(exp.) / m·s^{-1}
2 H$_2$ + O$_2$	18,05	3583	2806	2819
2 H$_2$ + O$_2$ + 5 N$_2$	14,39	2685	1850	1822

Von besonderem Interesse ist die Frage, wann ein Übergang von einer regulären Flammenausbreitung (*Deflagration*) zu einer *Detonation* stattfinden kann. Mathematische Modellierungen erlauben die Simulation solcher Prozesse. Abb. 10.13 zeigt einen Übergang zu einer Detonation in einer Knallgasmischung. Die anfangs stattfindende Deflagration beschleunigt sich immer mehr, bis sie schließlich in eine Detonation übergeht.

Die Prozesse die zu Detonationen führen sind recht komplex. In experimentellen Untersuchungen beobachtet man meist die Ausbildung von zellulären Strukturen der Detonationsfront. Auf diese Effekte kann jedoch hier nicht näher eingegangen werden (siehe z.B. Oppenheim et al. 1963, Edwards 1969).

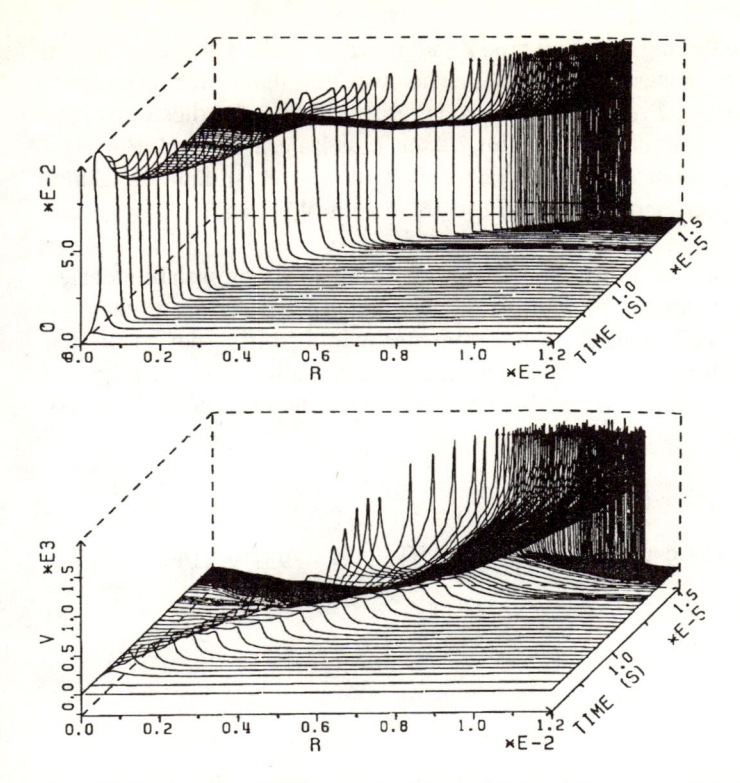

Abb. 10.13. O-Atom-Massenbrüche (oberes Bild) und Geschwindigkeitsprofile (unteres Bild) während der Entwicklung einer Detonation in einer H_2-O_2-Mischung bei einem Anfangsdruck von 2 bar (Goyal et al. 1990); R in m, V in m/s

10.7 Übungsaufgaben

Aufgabe 10.1: Betrachten Sie eine Einstufenreaktion F → P. Nach der Theorie von Semenov gibt es in einem reaktiven Gasgemisch, das in einem Behälter mit dem Volumen V_B eingeschlossen ist, nur dann stabile Zustände, wenn die bei der Reaktion entstehende Wärme

$$\dot{q}_P = M_F \cdot c_{F,0} \cdot Z\, e^{-\frac{E}{RT}} \cdot (h_F - h_P)\, V_B$$

gleich der durch Wärmeleitung nach außen abgeführten Wärme

$$\dot{q}_V = \chi \cdot S\,(T - T_W)$$

ist. Dabei sind $c_{F,0}$ die Konzentration des Brennstoffs zu Beginn der Reaktion, c der Wärmeübergangskoeffizient, T_W die Wandtemperatur des Behälters, V_B das Volumen und S die Oberfläche des Behälters.

a) Welche zusätzliche Bedingung gilt für die Zündgrenze, d. h. für den Punkt, für den gerade noch ein stabiler Zustand existiert? Welche zwei Variablen sind unbekannt?
b) Um die Zündtemperatur T_Z eines Gasgemisches zu ermitteln, wird dieses in einen Behälter eingefüllt, dessen Wandtemperatur T_W schrittweise erhöht wird. Bei T_W = 900 K wird eine Zündung des Gemischs beobachtet. Wie groß ist dann die Zündtemperatur, wenn die Aktivierungsenergie E = 167.5 kJ/mol beträgt?

Aufgabe 10.2: In einem stöchiometrischen Methan-Sauerstoff-Gemisch breitet sich nach der Zündung eine Detonationswelle aus. Bestimmen Sie die Ausbreitungsgeschwindigkeit v_0 der Welle und die Nachströmgeschwindigkeit v_∞ des reagierten Gases. Wie groß sind Druck und Temperatur nach der Detonation? Es sind folgende Größen gegeben: Adiabatenkoeffizient im heißen Gas nach der Detonation γ = 1.16, Ausgangszustand: p_0 = 1 bar, T_0 = 298 K und

$\Delta \overline{H}^0_{f,CH_4}$ = 74,92 kJ/mol, $\qquad \Delta \overline{H}^0_{f,O_2}$ = 0 kJ/mol

$\Delta \overline{H}^0_{f,H_2O}$ = -241,99 kJ/mol, $\qquad \Delta \overline{H}^0_{f,CO_2}$ = -393,79 kJ/mol

11 Die Navier-Stokes-Gleichungen dreidimensionaler reaktiver Strömungen

In den vorangegangenen Kapiteln wurden die Erhaltungsgleichungen für eindimensionale Flammen beschrieben und numerische Verfahren zu ihrer Lösung aufgezeigt. Ausgehend von einer Betrachtung der verschiedenen Prozesse in einer chemisch reagierenden Strömung sollen nun die allgemeinen dreidimensionalen Erhaltungsgleichungen für ein beliebiges System hergeleitet werden.

11.1 Die Erhaltungsgleichungen

Es soll ein beliebig (aber vernünftig) geformter Bereich Ω im dreidimensionalen Raum mit der Oberfläche $\partial\Omega$ betrachtet werden (siehe Abb. 11.1):

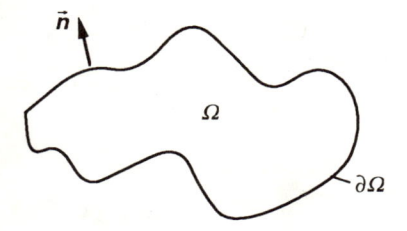

Abb. 11.1. Schematische Darstellung eines Volumenelementes Ω

Eine extensive Größe $F(t)$ läßt sich aus der zugehörigen Dichte $f(\vec{r},t) = dF/dV$ durch Integration über das ganze Volumenelement Ω berechnen. Es gilt dann (t = Zeit, $\vec{r}$ = Ortsvektor)

$$F(t) = \int_\Omega f(\vec{r},t)\, dV \qquad (11.1)$$

wobei dV ein differentielles Volumenelement ist. Eine Änderung der extensiven

Größe $F(t)$ kann durch drei verschiedene Prozesse erfolgen ($\vec{n}$ = Normalenvektor zur Oberfläche, dS = differentielles Oberflächenelement, vergl. Abb. 11.1):

1. Änderung durch eine *Stromdichte* (oder einen *Fluß*) $\vec{\Phi}_f \vec{n} \, dS$ durch die Oberfläche $\partial\Omega$ (bedingt z. B. durch Diffusion, Wärmeleitung, Reibungskräfte, Konvektion usw.). Die Stromdichte $\vec{\Phi}_f$ beschreibt hierbei die Menge F, die pro Zeit und Oberflächeneinheit fließt.

2. Änderung durch *Produktion* q_f (z.B. durch chemische Reaktion) im Inneren des Volumenelementes, wobei q_f die pro Zeit und Volumeneinheit gebildete Menge an F beschreibt.

3. Änderung durch sogenannte *Fernwirkung* s_f (bekannte Beispiele sind hier die Wärmestrahlung und die Gravitation) von außerhalb in das Innere des Volumenelementes Ω.

Die gesamte zeitliche Bilanz der jeweils betrachteten Größe F

$$\frac{\partial F}{\partial t} = \int_\Omega \frac{\partial f}{\partial t} \, dV \qquad (11.2)$$

läßt sich durch Integration des Flusses über die gesamte Oberfläche $\partial\Omega$ und Integration der Produktionsterme über das gesamte Volumenelement Ω berechnen:

$$\int_\Omega \frac{\partial f}{\partial t} dV + \int_{\partial\Omega} \vec{\Phi}_f \vec{n} \, dS = \int_\Omega q_f \, dV + \int_\Omega s_f \, dV \qquad (11.3)$$

Mit Hilfe des Gaußschen Integralsatzes (siehe Lehrbücher der Mathematik) läßt sich das Oberflächenintegral für die Änderung der Größe F durch den Fluß $\vec{\Phi}_f \vec{n} \, dS$ durch ein Volumenintegral ersetzen

$$\int_{\partial\Omega} \vec{\Phi}_f \vec{n} \, dS = \int_\Omega \mathrm{div}\, \vec{\Phi}_f \, dV \qquad (11.4)$$

und es ergibt sich der Zusammenhang

$$\int_\Omega \frac{\partial f}{\partial t} dV + \int_\Omega \mathrm{div}\, \vec{\Phi}_f \, dV = \int_\Omega q_f \, dV + \int_\Omega s_f \, dV. \qquad (11.5)$$

Betrachtet man nun ein infinitesimal kleines Volumenelement und führt den Grenzübergang $\Omega \to 0$ durch, so erhält man:

$$\frac{\partial f}{\partial t} + \mathrm{div}\, \vec{\Phi}_f = q_f + s_f \qquad (11.6)$$

Aus dieser allgemeinen Gleichung lassen sich nun, wie im folgenden gezeigt, Bilanzgleichungen für Masse, Energie, Impuls usw. herleiten (Hirschfelder u. Curtiss 1949, Bird et al. 1960).

11.1.1 Erhaltung der Gesamtmasse

Betrachtet man die Gesamtmasse des Systems ($F = m$), so ist die entsprechende Dichte gegeben durch die Massendichte ρ. Die Stromdichte ergibt sich als Produkt aus der lokalen Strömungsgeschwindigkeit $\vec{v}$ und der Massendichte. Da Masse bei den hier betrachteten Prozessen weder vernichtet noch gebildet werden kann, treten weder Produktions- noch Fernwirkungsterme auf, und man erhält die Zuordnungen:

$$\begin{aligned} f_m &= \rho \\ \vec{\Phi}_m &= \rho \vec{v} \\ q_m &= 0 \\ s_m &= 0 \end{aligned}$$

Nach Einsetzen in (11.6) erhält man die Beziehung

$$\frac{\partial \rho}{\partial t} + \mathrm{div}(\rho \vec{v}) = 0. \qquad (11.7)$$

Diese Gleichung wird üblicherweise als *Massenerhaltungsgleichung* oder *Kontinuitätsgleichung* bezeichnet (Hirschfelder u. Curtiss 1949, Bird et al. 1960).

11.1.2 Erhaltung der Speziesmassen

Betrachtet man die Masse m_i verschiedener Spezies, so ist die Dichte f gegeben durch die Massendichte ρ_i der Teilchensorte i. Die lokale Strömungsgeschwindigkeit $\vec{v}_i$ der Teilchensorte i setzt sich zusammen aus der mittleren Strömungsgeschwindigkeit $\vec{v}$ des Schwerpunktes und der Diffusionsgeschwindigkeit $\vec{V}_i$ der Teilchensorte i (Geschwindigkeit relativ zum Schwerpunkt). Analog zur Bilanz für die Gesamtmasse tritt keine Fernwirkung auf. Da durch chemische Reaktion jedoch Spezies ineinander umgewandelt werden, erhält man einen Produktionsterm $q_{m,i}$, der gegeben ist als das Produkt aus der molare Masse M_i der Spezies und der Bildungsgeschwindigkeit ω_i in der molaren Skala (z. B. mol/m³·s). Es gelten danach die Zuordnungen:

$$\begin{aligned} f_{m,i} &= \rho_i &= w_i \rho \\ \vec{\Phi}_{m,i} &= \rho_i \vec{v}_i &= \rho_i (\vec{v} + \vec{V}_i) \\ q_{m,i} &= M_i \omega_i \\ s_{m,i} &= 0 \end{aligned}$$

Bezeichnet man $\rho_i \vec{V}_i = \vec{j}_i$ als *Diffusionsstromdichte* (oder *Diffusionsfluß*), so erhält man nach Einsetzen in (11.6) die Erhaltungsgleichung (Hirschfelder u. Curtiss 1949, Bird et al. 1960).

$$\frac{\partial \rho_i}{\partial t} + \mathrm{div}(\rho_i \vec{v}) + \mathrm{div}\, \vec{j}_i = M_i \omega_i \qquad (11.8)$$

11.1.3 Erhaltung des Impulses

Betrachtet man den Impuls $m\vec{v}$, so ist die Dichte f_p gegeben durch die Impulsdichte $\rho\vec{v}_i$. Die Impulsstromdichte $\vec{\Phi}_p$ setzt sich zusammen aus einem konvektiven Anteil $\rho\vec{v}\otimes\vec{v}$ und einem Anteil $\overline{\overline{p}}$, der Impulsänderung durch Druck- und Reibungskräfte beschreibt (siehe Abschnitt 11.2). Es tritt kein Produktionsterm auf, jedoch existiert eine Fernwirkung, die Gravitation. Es gelten danach die Zuordnungen:

$$f_p = \rho\vec{v}$$
$$\vec{\Phi}_p = \rho\vec{v}\otimes\vec{v} + \overline{\overline{p}}$$
$$q_p = 0$$
$$s_p = \rho\vec{g}$$

Dabei ist $\overline{\overline{p}}$ der *Drucktensor* (siehe weiter unten), $\otimes$ bezeichnet das dyadische Produkt zweier Vektoren (eine kurze Zusammenfassung der benötigten Definitionen und Gesetze aus der Vektor- und Tensoranalysis ist in Abschnitt 11.3 zu finden)), $\vec{g}$ ist die Erdbeschleunigung. Es ergibt sich durch Einsetzen in (11.6) die *Impulserhaltungsgleichung* (Hirschfelder u. Curtiss 1949, Bird et al. 1960).

$$\frac{\partial(\rho\vec{v})}{\partial t} + \operatorname{div}(\rho\vec{v}\otimes\vec{v}) + \operatorname{div}\overline{\overline{p}} = \rho\vec{g} \qquad (11.9)$$

11.1.4 Erhaltung der Energie

Die Erhaltungsgleichung für die innere Energie bzw. die Enthalpie ergibt sich aus einer getrennten Betrachtung der potentiellen, der kinetischen und der inneren Energie. Für die Gesamtenergie erhält man die Zuordnungen:

$$f_e = \rho e$$
$$\vec{\phi}_e = \rho e\vec{v} + \overline{\overline{p}}\vec{v} + \vec{j}_q$$
$$q_e = 0$$
$$s_e = q_r$$

wobei e die spezifische Gesamtenergie bezeichnet. Die Energiestromdichte $\vec{\Phi}_e$ setzt sich danach aus einem konvektiven Anteil $\rho e\vec{v}$, einem Anteil $\overline{\overline{p}}\vec{v}$, der Energieänderung durch Druck- und Reibungskräfte beschreibt, und einem durch Wärmeleitung bedingten Anteil zusammen ($\vec{j}_q$ = Wärmestromdichte). Während keine Produktionsterme auftreten, existiert als Fernwirkung die Strahlung (q_r = Wärmeproduktionsterm durch Strahlung, z. B. in J/m^3·s).

Berücksichtigt man, daß sich die Gesamtenergiedichte aus der Dichte der inneren, der kinetischen und der potentiellen Energie zusammensetzt,

$$\rho e = \rho u + \frac{1}{2}\rho|\vec{v}|^2 + \rho G \qquad (11.10)$$

mit G = Potential der Energie, $\vec{g}$ = grad G, u = spezifische innere Energie, so ergibt sich die *Energieerhaltungsgleichung* (Hirschfelder u. Curtiss 1949, Bird et al. 1960):

$$\frac{\partial(\rho u)}{\partial t} + \mathrm{div}(\rho u \vec{v} + \vec{j}_q) + \overline{\overline{p}}\!:\!\mathrm{grad}\,\vec{v} = q_r, \qquad (11.11)$$

wobei : die doppelte Verjüngung zweier Tensoren bezeichnet (siehe Abschnitt 11.3). Sie läßt sich mit der Beziehung $\rho h = \rho u + p$ (p = Druck) in eine Erhaltungsgleichung für die spezifische Enthalpie umformen (Hirschfelder u. Curtiss 1949, Bird et al. 1960).

$$\frac{\partial(\rho h)}{\partial t} - \frac{\partial p}{\partial t} + \mathrm{div}(\rho \vec{v} h + \vec{j}_q) + \overline{\overline{p}}\!:\!\mathrm{grad}\,\vec{v} - \mathrm{div}(p\vec{v}) = q_r \quad (11.12)$$

11.2 Die empirischen Gesetze

Die in Abschnitt 11.1 hergeleiteten Erhaltungsgleichungen sind erst in sich geschlossen, wenn man Gesetze formuliert, die die Stromdichten $\vec{j}_q$ und $\vec{j}_i$, sowie den Drucktensor $\overline{\overline{p}}$ als Funktionen der physikalischen Größen des Systems beschreiben. Man verwendet hierzu die sogenannten *empirischen Gesetze*, die sich jedoch auch mittels der kinetischen Theorie verdünnter Gase und der irreversiblen Thermodynamik herleiten lassen (Curtiss et al. 1964).

11.2.1 Das Newtonsche Schubspannungsgesetz

Empirisch ergibt sich aus einer großen Anzahl von Untersuchungen für den Drucktensor (siehe Abschnitt 11.3) der Zusammenhang

$$\overline{\overline{p}} = p\overline{\overline{E}} + \overline{\overline{\Pi}} \qquad (11.13)$$

Dabei ist $\overline{\overline{E}}$ der Einheitstensor und p der hydrostatische Druck. Der erste Term in (11.13) beschreibt den *hydrostatischen* Anteil von $\overline{\overline{p}}$, der zweite Term den *viskosen* Anteil.

Die kinetische Theorie für verdünnte Gase ergibt weiterhin den Zusammenhang (Curtiss et al. 1964)

$$\overline{\overline{\Pi}} = -\mu\left[(\mathrm{grad}\,\vec{v}) + (\mathrm{grad}\,\vec{v})^T\right] + \left(\frac{2}{3}\mu - \kappa\right)(\mathrm{div}\,\vec{v})\overline{\overline{E}} \qquad (11.14)$$

wobei μ die mittlere *dynamische Viskosität* der Mischung bezeichnet. Die *Volumenviskosität* κ beschreibt Reibungskräfte, die bei der Expansion eines Fluids (bedingt durch Relaxationseffekte zwischen inneren Freiheitsgraden und der Translation) auftreten. Für einatomige Gase existieren keine inneren Freiheitsgrade und es gilt $\kappa = 0$. Vernachlässigt man den Effekt der Volumenviskosität, so erhält man:

$$\overline{\overline{\Pi}} = -\mu\left[(\text{grad }\vec{v}) + (\text{grad }\vec{v})^T - \frac{2}{3}(\text{div }\vec{v})\overline{\overline{E}}\right] \qquad (11.15)$$

11.2.2 Das Fouriersche Wärmeleitfähigkeitsgesetz

Die Wärmestromdichte (siehe Abschnitt 11.1.4) ist gegeben durch drei verschiedene Anteile (Curtiss et al. 1964):

$$\vec{j}_q = \vec{j}_q^c + \vec{j}_q^D + \vec{j}_q^d \qquad (11.16)$$

wobei $\vec{j}_q^c$ den durch *Wärmeleitung*, $\vec{j}_q^D$ den durch den *Dufour-Effekt* und $\vec{j}_q^d$ den durch Diffusionsflüsse bedingten Anteil beschreiben (vergl. Kapitel 5):

$$\vec{j}_q^c = -\lambda\,\text{grad }T \qquad (11.17)$$

$$\vec{j}_q^D = \overline{M}RT\sum_i\sum_{j\neq i}\frac{D_i^T}{\rho D_{ij}M_iM_j}\left(\frac{w_j}{w_i}\vec{j}_i - \vec{j}_j\right) \qquad (11.18)$$

$$\vec{j}_q^d = \sum_i h_i \vec{j}_i \qquad (11.19)$$

mit λ = Wärmeleitfähigkeitskoeffizient, T = Temperatur, M_i = molare Masse, R = allgemeine Gaskonstante, D_i^T = Thermodiffusionskoeffizient, D_{ij} = binäre Diffusionskoeffizienten und h_i = spezifische Enthalpie des Stoffes i. Der Dufour-Effekt ist in Verbrennungsprozessen normalerweise vernachlässigbar, so daß man vereinfacht schreiben kann:

$$\vec{j}_q = -\lambda\,\text{grad }T + \sum_i h_i \vec{j}_i \qquad (11.20)$$

11.2.3 Ficksches Gesetz und Thermodiffusion

Für die Diffusion ergeben sich drei verschiedene Anteile, die gegeben sind durch einen Anteil $\vec{j}_i^d$, der die gewöhnliche Diffusion beschreibt, durch einen von dem Thermodiffusionseffekt bedingten Anteil $\vec{j}_i^T$ und durch einen durch *Druckdiffusion* bedingten Anteil $\vec{j}_i^p$:

$$\vec{j}_i = \vec{j}_i^d + \vec{j}_i^T + \vec{j}_i^p \qquad (11.21)$$

11.3 Anhang: Definitionen und Gesetze aus der Vektor- und Tensorrechnung

$$\vec{j}_i^d = \rho \vec{V}_i = \frac{\rho M_i}{\overline{M}^2} \sum_{j \neq i} D_{ij}^p M_j \, \text{grad} \, x_j \tag{11.22}$$

$$\vec{j}_i^T = -D_i^T \, \text{grad}(\ln T) \tag{11.23}$$

$$\vec{j}_i^p = \frac{\rho M_i}{\overline{M}^2} \sum_{j \neq i} D_{ij}^p M_j (x_j - w_j) \, \text{grad}(\ln p) \tag{11.24}$$

mit $\vec{V}_i$ = Diffusionsgeschwindigkeit des Stoffes i, x_i = Molenbruch, p = Druck. D_{ij}^p sind polynäre Diffusionskoeffizienten, die konzentrationsabhängig sind und sich aus den binären Diffusionskoeffizienten berechnen lassen (Curtiss u. Hirschfelder 1949).

Die Druckdiffusion ist in Verbrennungsprozessen meist vernachlässigbar. Wie in Kapitel 5 beschrieben erhält man für die Diffusionsstromdichte näherungsweise den vereinfachten Ausdruck

$$\vec{j}_i = -D_i^M \rho \frac{w_i}{x_i} \, \text{grad}(x_i) - D_i^T \, \text{grad}(\ln T) \tag{11.25}$$

der in vielen Anwendungsfällen eine recht gut brauchbare Näherung darstellt. Dabei ist D_i^M ein mittlerer Diffusionskoeffizient für die Diffusion der Teilchensorte i in die Mischung der anderen Spezies, der auf die binären Diffusionskoeffizienten D_{ij} zurückgeführt werden kann:

$$D_i^M = \frac{1 - w_i}{\sum_{j \neq i} x_j / D_{ij}} \tag{11.26}$$

11.2.4 Ermittlung von Transportkoeffizienten aus molekularen Eigenschaften

Die in den vorhergehenden Abschnitten zur Ermittlung der Stromdichten verwendeten Transportkoeffizienten λ, μ, D_i^T und D_{ij} können mit Hilfe der kinetischen Gastheorie aus molekularen Daten (vergl. Kapitel 5) bestimmt werden. Damit sind also die Erhaltungsgleichungen für Gesamtmasse, Teilchenmasse, Impuls und Energie vollständig gegeben.

11.3 Anhang: Einige verwendete Definitionen und Gesetze aus der Vektor- und Tensorrechnung

Es sollen hier kurz einige Definitionen und Gesetze aus der Vektor- und Tensorrechnung dargestellt werden, welche in den vorangegangenen Abschnitten verwendet worden sind. Es werden hier nur kartesische Koordinaten betrachtet. Einzelheiten findet man z.B. in Bird et al. (1960) oder Aris (1962).

Das *dyadische Produkt* $\vec{v} \otimes \vec{v}'$ zweier Vektoren $\vec{v}$ und $\vec{v}'$ führt zu einem Tensor $\overline{\overline{T}}$

$$\vec{Y}' = V\Lambda V^{-1}\ \vec{Y}\vec{v}\otimes\vec{v}' = \begin{pmatrix} v_x v'_x & v_x v'_y & v_x v'_z \\ v_y v'_x & v_y v'_y & v_y v'_z \\ v_z v'_x & v_z v'_y & v_z v'_z \end{pmatrix} \qquad \overline{\overline{T}} = \begin{pmatrix} T_{xx} & T_{xy} & T_{xz} \\ T_{yx} & T_{yy} & T_{yz} \\ T_{zx} & T_{zy} & T_{zz} \end{pmatrix}$$

Der *transponierte Tensor* $\overline{\overline{T}}^T$ entsteht durch die Vertauschung von Zeilen und Spalten.

$$\overline{\overline{T}}^T = \begin{pmatrix} T_{xx} & T_{yx} & T_{zx} \\ T_{xy} & T_{yy} & T_{zy} \\ T_{xz} & T_{yz} & T_{zz} \end{pmatrix}$$

Der *Einheitstensor* $\overline{\overline{E}}$ ist gegeben durch

$$\overline{\overline{E}} = \begin{pmatrix} 1 & 0 & 0 \\ 0 & 1 & 0 \\ 0 & 0 & 1 \end{pmatrix}$$

Die doppelte Verjüngung $\overline{\overline{T}}:\overline{\overline{T'}}$ zweier Tensoren $\overline{\overline{T}}$ und $\overline{\overline{T'}}$ ergibt einen Skalar:

$$\overline{\overline{T}}:\overline{\overline{T'}} = \sum_i \sum_j T_{ij} T'_{ji} = S$$

Der *Gradient* eines Skalars ergibt einen Vektor

$$\mathrm{grad}\, S = \begin{pmatrix} \dfrac{\partial S}{\partial x} \\ \dfrac{\partial S}{\partial y} \\ \dfrac{\partial S}{\partial z} \end{pmatrix}$$

Der *Gradient* eines Vektors ergibt einen Tensor

$$\mathrm{grad}\, \vec{v} = \begin{pmatrix} \dfrac{\partial v_x}{\partial x} & \dfrac{\partial v_y}{\partial x} & \dfrac{\partial v_z}{\partial x} \\ \dfrac{\partial v_x}{\partial y} & \dfrac{\partial v_y}{\partial y} & \dfrac{\partial v_z}{\partial y} \\ \dfrac{\partial v_x}{\partial z} & \dfrac{\partial v_y}{\partial z} & \dfrac{\partial v_z}{\partial z} \end{pmatrix}$$

Die *Divergenz* eines Vektors ergibt einen Skalar

$$\operatorname{div} \vec{v} = \frac{\partial v_x}{\partial x} + \frac{\partial v_y}{\partial y} + \frac{\partial v_z}{\partial z}$$

Die *Divergenz* eines Tensors ergibt einen Vektor

$$\operatorname{div} \overline{\overline{T}} = \begin{pmatrix} \dfrac{\partial T_{xx}}{\partial x} + \dfrac{\partial T_{yx}}{\partial y} + \dfrac{\partial T_{zx}}{\partial z} \\ \dfrac{\partial T_{xy}}{\partial x} + \dfrac{\partial T_{yy}}{\partial y} + \dfrac{\partial T_{zy}}{\partial z} \\ \dfrac{\partial T_{xz}}{\partial x} + \dfrac{\partial T_{yz}}{\partial y} + \dfrac{\partial T_{zz}}{\partial z} \end{pmatrix}$$

Dabei bedeuten in allen aufgeführten Formeln S einen Skalar, $\vec{v}$ einen Vektor und $\overline{\overline{T}}$ einen Tensor.

11.4 Übungsaufgaben

Aufgabe 11.1. Schreiben Sie den Drucktensor (siehe dazu die Definitionen in Abschnitt 11.3)

$$\overline{\overline{p}} = p\overline{\overline{E}} - \mu \left[(\operatorname{grad} \vec{v}) + (\operatorname{grad} \vec{v})^T - \frac{2}{3} (\operatorname{div} \vec{v}) \overline{\overline{E}} \right]$$

in Matrizenschreibweise in kartesischen Koordinaten. Wie sieht die Impulserhaltungsgleichung für eine reibungsbehaftete eindimensionale Strömung aus?

Aufgabe 11.2. Zwischen zwei Kammern mit je 1 Liter Volumen befindet sich eine 150 cm lange dünne Leitung mit geschlossenem Ventil. Beide Kammern enthalten ein Xenon-Helium-Gemisch gleicher Stoffmengenanteile $x_{Xe} = x_{He} = 0{,}5$ bei einem Druck von 1 bar. Die Temperaturen der Kammern unterscheiden sich; sie werden konstant auf 300 K und 400 K gehalten.
 a) Welche Stoffmengenstromdichte $\vec{j}_{He}^*$ des Heliums stellt sich nach dem Öffnen des Ventils unmittelbar am Auslaß der kalten Kammer ein (dabei sei vorausgesetzt, daß $V_{Leitung} \ll V_{Kammern}$). b) Welche Stoffmengenanteile für Helium stellen sich nach langer Wartezeit in den Kammern ein? c) Wieviel des Heliums ist nach sehr langer Wartezeit durch die Leitung diffundiert?
 Anmerkung: Ähnlich wie der Massenstrom ist der Stoffmengenstrom in einem Zweistoffgemisch definiert als

$$\vec{j}_i^* = -D_{12}\, c\, \text{grad}(x_i) - D_{12,T}\, c\, \text{grad}(\ln T)$$

Der auf die Stoffmenge bezogene Thermodiffusionskoeffizient ist gegeben durch den Ausdruck

$$D_{12,T} = D_{12}\, \alpha\, x_1\, x_2$$

wobei α für die schwerere Komponente positiv und für die leichtere negativ anzusetzen ist. Gegeben sind

$$D_{\text{He,Xe}} = 0{,}71\,\frac{\text{cm}^2}{\text{s}} \qquad \alpha_{\text{He}} = -0{,}43$$

Aufgabe 11.3. Die x-Komponente der Geschwindigkeitsverteilung einer reibungsfreien, inkompressiblen, stationären, zweidimensionalen Strömung sei z.B. gegeben durch $v_x(x,y) = -x$. (Die Dichte ρ sei gleich 1.).

a) Was muß für die y-Komponente gelten $v_y(x,y)$ damit die Kontinuitätsgleichung erfüllt wird (im Punkt $x=0$, $y=0$ sei $v_y(x,y) = 0$)? b) Bestimmen Sie den Verlauf der Stromlinien. Um welche Strömung handelt es sich? c) Wie sieht die Druckverteilung aus, wenn im Punkt $x=0$, $y=0$ der Druck p_0 herrscht? Der Drucktensor ist

$$\overline{\overline{p}} = \begin{pmatrix} p & 0 \\ 0 & p \end{pmatrix}$$

Aufgabe 11.4. Leiten Sie die Impulsgleichung für eine reibungsfreie zweidimensionale Strömung anhand eines kleinen Flächenelementes her. Außer Druckkräften sollen keine weiteren Kräfte auftreten.

12 Turbulente reaktive Strömungen

Turbulente reaktive Strömungen spielen eine wichtige Rolle bei vielen technischen Verbrennungsprozessen. Im Gegensatz zu laminaren Strömungen sind turbulente Prozesse charakterisiert durch schnelle Fluktuationen von Geschwindigkeit, Dichte, Temperatur und Zusammensetzung. Diese *chaotische* Natur der Turbulenz ist durch die hohe Nichtlinearität der zugrundeliegenden physikalisch-chemischen Prozesse begründet. Selbst kleine Änderungen der Parameter eines Strömungsfeldes können zu Instabilitäten und damit zur Ausbildung von Turbulenz führen.

Die Komplexität turbulenter Verbrennungsprozesse ist ein Grund dafür, daß die mathematischen Modelle zu ihrer Beschreibung bei weitem noch nicht so weit entwickelt sind wie Modelle zur Beschreibung laminarer Flammen. Im vorliegenden Kapitel sollen neben allgemeinen Gesetzmäßigkeiten turbulenter reaktiver Strömungen einige Verfahren zur mathematischen Beschreibung vorgestellt werden, die in naher Zukunft Eingang in industriellen Rechenprogramme finden werden.

12.1 Einige Grunderscheinungen

Der Umschlag einer *laminaren* in eine *turbulente* Strömung erfolgt i.a. bei einer charakteristischen *Reynoldszahl* $Re = \rho v l/\mu$, die die Konkurrenz zwischen einer destabilisierenden Trägheitskraft und einer stabilisierenden (oder dämpfenden) Viskositätskraft wiederspiegelt. Dabei ist ρ die Dichte, v die Geschwindigkeit und μ die Zähigkeit des betrachteten Fluids und l eine charakteristische Länge des Systems. Die kritische Reynolds-Zahl hängt von der Geometrie des betrachteten Problems ab und liegt größenordnungsmäßig bei ungefähr 2000. Überwiegen die destabilisierenden Prozesse die stabilisierenden Vorgänge, so führen selbst allerkleinste Störungen zu drastischen Änderungen der Strömung und bewirken somit einen Übergang zur Turbulenz.

Es existieren zahlreiche Beispiele turbulenter Strömungen, die sowohl für das theoretische Verständnis als auch für die Praxis relevant sind. Hier sollen nur einige einfache Beispiele vorgestellt werden (siehe z.B. Hinze 1972):

Rohrströmung: Die Strömung in einem Rohr wird bei der kritischen Reynoldszahl turbulent, wobei eine sprunghafte starke Erhöhung der Zähigkeit eintritt. Die charakteristische Länge ist hier der Rohrdurchmesser.

Scherschicht: Zwei parallel strömende Fluidschichten vermischen sich in einer Grenzschicht hinter einer Trennplatte. Kurz hinter der Platte ist die Strömung zunächst noch laminar. Danach bilden sich jedoch Wirbel aus, bis schließlich ein vollständiger Übergang zur Turbulenz stattfindet (siehe Abb. 12.1). Im Gegensatz zur Rohrströmung läßt sich aus der Geometrie der Anordnung keine charakteristische Länge ermitteln und damit auch keine kritische Reynoldszahl festlegen.

Abb. 12.1. Ausbildung einer turbulenten Scherschicht (Roshko 1975)

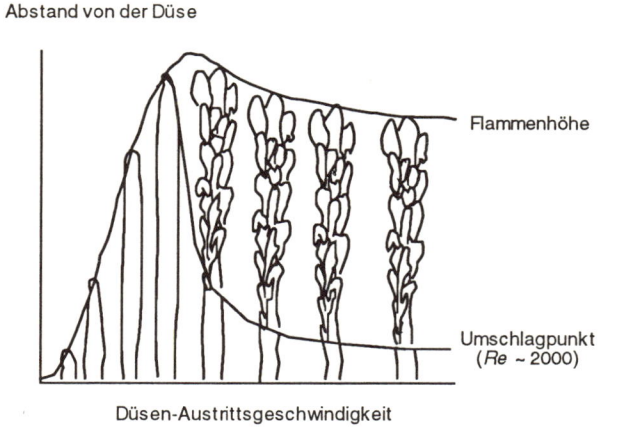

Abb. 12.2. Umschlag zur Turbulenz bei einer Bunsenbrennerflamme (nach Hottel u. Hawthorne 1949)

Turbulente vorgemischte Flamme (Bunsenbrenner): Bei niedriger Strömungsgeschwindigkeit verhält sich eine Bunsenbrennerflamme laminar. Ab einer bestimmten Austrittsgeschwindigkeit verbrennt das Gemisch nicht mehr lautlos in einer wohldefinierten laminaren Flammenfront, sondern geräuschvoll in einer turbulenten Strömung. Bei Betrachtung mit dem Auge entsteht der Eindruck einer breiten diffusen Flammenfront, bei zeitlicher Auflösung erkennt man gewinkelte und sogar aufgerissene Flammenfronten mit stark fluktuierenden Strukturen (vergl. Kapitel 4).

12.2 Direkte Simulation

Es gibt keinen Hinweis gegen die Gültigkeit der Navier-Stokes-Gleichungen auch für turbulente Strömungen, solange die turbulenten Längenmaße (siehe weiter unten) groß gegenüber den molekularen Abständen sind. Dies ist in Verbrennungsprozessen bei Atmosphärendruck regelmäßig erfüllt, so daß man im Prinzip eine turbulente Strömung durch Lösung der Navier-Stokes-Gleichungen beschreiben könnte. Bei direkten numerischen Simulationen müssen jedoch selbst die kleinsten Längenskalen bei der Ortsdiskretisierung aufgelöst werden (vergl. Kapitel 8). Das Problem einer solchen *direkten Simulation* (Reynolds 1989) besteht daher in dem dabei auftretenden Rechenaufwand, der bei der derzeitigen Rechnerentwicklung eine Lösung des Problems erst in dreißig oder vierzig Jahren erwarten läßt. Dies läßt sich durch einfache Überlegungen demonstrieren: Das Verhältnis von größtem und kleinstem turbulentem Längenmaß ist gegeben durch (siehe Abschnitt 12.10)

$$\frac{l_0}{l_k} \approx R_t^{3/4} \qquad (12.1)$$

wobei R_t eine Turbulenz-Reynoldszahl ist, die in Abschnitt 12.10 definiert wird und für die allgemein gilt $R_t < Re$. l_0 ist hierbei das *integrale Längenmaß*, das die größte Längenskala angibt und von den Gefäßabmessungen bestimmt wird. l_k ist das *Kolmogorov Längenmaß*, das die Längenskala der kleinsten turbulenten Strukturen darstellt (siehe Abschnitt 12.10). Für eine übliche turbulente Strömung mit $R_t = 500$ ist $l_0/l_k \approx 100$. Das größte Längenmaß l_o ist von der Größenordnung des betrachteten Gefäßes, so daß man zur örtlichen Auflösung der kleinsten Strukturen pro Dimension ein Gitter mit ~1000 Gitterpunkten, für dreidimensionale Probleme also 10^9 Punkte braucht. Berücksichtigt man, daß zur Beschreibung eines instationären Verbrennungsvorganges mindestens 1000 Zeitschritte benötigt werden, so kommt man auf eine Zahl von Rechenoperationen, die ein Vielfaches von 10^{12} ist.

Ein weiteres Problem besteht darin, daß die Rechenzeit zur direkten Simulation außer von der Beziehung (12.1) auch von der Tatsache bestimmt wird, daß die Zeitschritte umgekehrt proportional zum Quadrat der Stützstellenabstände reduziert werden müssen. Daraus resultiert, daß die Rechenzeit für die direkte Simulation mit etwa der vierten Potenz der Reynoldszahl ansteigt.

12.3 Wahrscheinlichkeitsdichtefunktionen (PDF's)

Obwohl turbulente Strömungen, da sie durch die Navier-Stokes-Gleichungen beschrieben werden, ihrem Wesen nach deterministisch behandelt werden können, ist eine statistische Beschreibung angemessen. Die lokalen Strukturen turbulenter Strömungen hängen extrem stark von von Anfangs- und Randbedingungen ab (große *parametrische Sensitivität*).

In der Praxis ist man meist nicht an den lokalen Strukturen, sondern an globalen Ergebnissen, wie z.B. mittlere zeitliche Temperaturen oder Zusammensetzungen, interessiert. Damit solche Aussagen getroffen werden könnten, müßten zahlreiche direkte numerische Simulationen für verschiedene (gering variierte) Eingangsparameter durchgeführt werden. Um dieses Problem zu umgehen, erscheint eine statistische Beschreibung der Turbulenz angemessen.

Die Wahrscheinlichkeit, daß das Fluid am Ort $\vec{r}$ eine Dichte zwischen ρ und $\rho+d\rho$ besitzt, daß die Geschwindigkeit in x-Richtung zwischen v_x und v_x+dv_x, die Geschwindigkeit in y-Richtung zwischen v_y und v_y+dv_y und die Geschwindigkeit in z-Richtung zwischen v_z und v_z+dv_z liegen, die Temperatur sich im Bereich zwischen T und $T+dT$ befindet und die die lokale Zusammensetzung beschreibenden Massenbrüche w_i jeweils einen Wert zwischen w_i und w_i+dw_i besitzen, ist gegeben durch (siehe z.B. Libby u. Williams 1980)

$$P(\rho, v_x, v_y, v_z, w_1, \ldots, w_S, T; \vec{r})\, d\rho\, dv_x\, dv_y\, dv_z\, dw_1, \ldots, dw_S\, dT$$

wobei P als *Wahrscheinlichkeitsdichtefunktion* (englisch: *probability density function, PDF*) bezeichnet wird.

Eine *Normierungsbedingung* für die Wahrscheinlichkeitsdichtefunktion ergibt sich aus der Tatsache, daß die Wahrscheinlichkeit, daß sich das System irgendwo im durch die Koordinaten $\rho, v_x, v_y, v_z, w_1, \ldots, w_S, T$ aufgespannten Konfigurationsraum befindet, gleich Eins sein soll:

$$\int_0^\infty \int_0^1 \ldots \int_0^1 \int_{-\infty}^\infty \int_{-\infty}^\infty \int_{-\infty}^\infty \int_0^\infty P(\rho, v_x, v_y, v_z, w_1, \ldots, w_S, T; \vec{r})$$
$$\cdot d\rho\, dv_x\, dv_y\, dv_z\, dw_1 \ldots dw_S\, dT \;=\; 1 \quad (12.2)$$

Kennt man an einem Punkt $\vec{r}$ die Wahrscheinlichkeitsdichtefunktion $P(\vec{r})$, so lassen sich leicht *Mittelwerte* der lokalen Eigenschaften berechnen. Für die mittlere Dichte bzw. den Mittelwert der Komponente der Impulsdichte in i-Richtung ($\int$ bezeichnet hier zur Vereinfachung die Auflistung der Integrationen) ergibt sich z.B.:

$$\overline{\rho}(\vec{r}) = \int \rho\, P(\rho, \ldots, T; \vec{r})\, d\rho \ldots dT$$
$$\overline{\rho v_i}(\vec{r}) = \int \rho\, v_i\, P(\rho, \ldots, T; \vec{r})\, d\rho \ldots dT$$

Diese Art der Mittelung entspricht einer *Ensemble*-Mittelung. Man nimmt eine genügend große Zahl verschiedener Ereignisse und mittelt dann. Die statistische Information über die Gewichtung der Einzelfälle ist in der Wahrscheinlichkeitsdichtefunktion enthalten.

Bei experimentellen Untersuchungen lassen sich Mittelwerte analog erhalten, indem man über eine große Anzahl von Messungen (Momentaufnahmen von turbulenten Flammen) bei gleichen Bedingungen mittelt.

12.4 Zeitmittelung und Favre-Mittelung

Einen mit dem Ensemble-Mittelwert übereinstimmenden Mittelwert erhält man durch *Zeitmittelung*. Dies sei anhand eines *statistisch stationären* Prozesses erläutert (siehe Abb. 12.3).

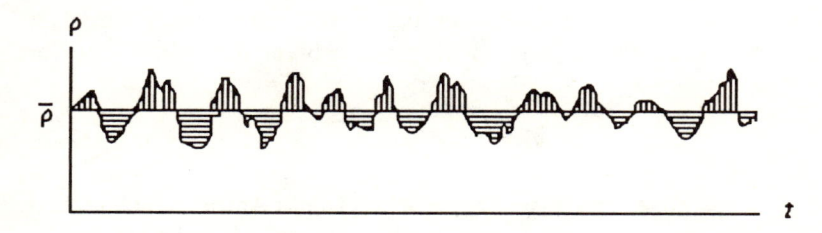

Abb. 12.3. Zeitliche Fluktuationen und zeitlicher Mittelwert bei einem statistisch stationären Prozeß

Betrachtet man den zeitlichen Verlauf einer Größe, z.B. der Dichte ρ, so erkennt man, daß der Wert zwar zeitlich fluktuiert, im Mittel aber konstant bleibt. Den zeitlichen Mittelwert erhält man demnach durch Integration über einen sehr langen (im Idealfall unendlich langen) Zeitraum.

$$\overline{\rho}(\vec{r}) = \lim_{\Delta t \to \infty} \frac{1}{\Delta t} \int_0^{\Delta t} \rho(\vec{r}, t) \, dt \qquad (12.3)$$

Entsprechend lassen sich auch zeitliche Mittelwerte in instationären Systemen festlegen, wenn die zeitlichen Fluktuationen sehr schnell gegenüber der zeitlichen Änderung des Mittelwertes sind (siehe Abb. 12.4). In diesem Fall ergibt sich für das Zeitmittel zur Zeit $t_1 < t' < t_2$.

$$\overline{\rho}(\vec{r}, t') = \frac{1}{t_2 - t_1} \int_{t_1}^{t_2} \rho(\vec{r}, t) \, dt \qquad t_1 < t' < t_2 \qquad (12.4)$$

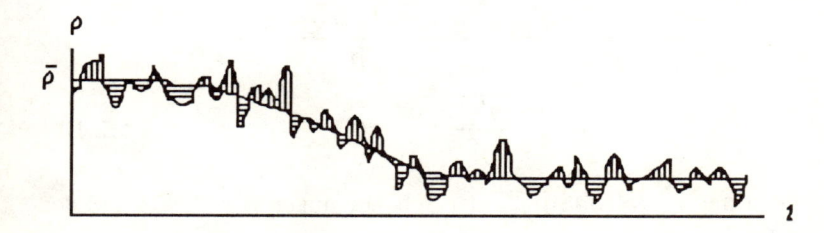

Abb. 12.4. Zeitliche Fluktuationen und zeitliche Mittelwerte bei einem statistisch instationären Prozeß

Es ist jedoch unmittelbar aus Abb. 12.4 ersichtlich, daß bei instationären Prozessen die recht willkürliche Festlegung des betrachteten Zeitintervalls [t_1, t_2] entscheidend das Ergebnis der Mittelung beeinflußt.

Es ist zweckmäßig, den aktuellen Wert einer Funktion q in ihren Mittelwert und die *Schwankung* oder *Fluktuation* (gekennzeichnet durch den hochgestellten Strich) aufzuspalten:

$$q(\vec{r},t) = \overline{q}(\vec{r},t) + q'(\vec{r},t). \qquad (12.5)$$

Bildet man in (12.5) den Mittelwert sowohl der rechten als auch der linken Seite der Gleichung, so erhält man die wichtige Bedingung, daß für den Mittelwert der Schwankungen gilt:

$$\overline{q'} = 0 \qquad (12.6)$$

Eine bei Verbrennungsprozessen typische Eigenschaft ist das Auftreten von großen Dichteschwankungen. Es erweist sich (siehe weiter unten) als zweckmäßig, noch einen weiteren Mittelwert einzuführen, nämlich die *Favre-Mittelung* (dichtegewichtete Mittelung), die für eine beliebige Größe q gegeben ist durch:

$$\tilde{q} = \frac{\overline{\rho q}}{\overline{\rho}} \quad \text{bzw.} \quad \overline{\rho}\,\tilde{q} = \overline{\rho q} \qquad (12.7)$$

Analog zu (12.5) läßt sich eine Größe wieder aufspalten in ihren Mittelwert und die Schwankung:

$$q(\vec{r},t) = \tilde{q}(\vec{r},t) + q''(\vec{r},t) \qquad (12.8)$$

wobei sich für den Mittelwert der Favre-Fluktuation (gekenzeichnet durch zwei hochgestellte Striche) ergibt

$$\overline{\rho q''} = 0. \qquad (12.9)$$

Setzt man in die Definition (12.7) für die Favre-Mittelung (12.5) ein, so läßt sich leicht eine Gleichung ableiten, die eine Umrechnung des Mittelwertes einer Variablen q in den Favre-Mittelwert erlaubt:

$$\tilde{q} = \frac{\overline{\rho q}}{\overline{\rho}} = \frac{\overline{(\overline{\rho}+\rho')(\overline{q}+q')}}{\overline{\rho}} = \frac{\overline{\overline{\rho}\,\overline{q}}+\overline{\overline{\rho}\,q'}+\overline{\rho'\,\overline{q}}+\overline{\rho'q'}}{\overline{\rho}}$$

$$\tilde{q} = \overline{q} + \frac{\overline{\rho'q'}}{\overline{\rho}}. \qquad (12.10)$$

Hierfür muß jedoch die *Korrelation* $\overline{\rho'q'}$ der Schwankungen der Dichte und der Größe q bekannt sein.

Nun sollen noch zwei wichtige Beziehungen für die Mittelwerte hergeleitet werden, welche im nächsten Abschnitt für die Mittelung der Navier-Stokes Gleichungen benötigt werden. Der Mittelwert des Quadrates einer Größe q läßt sich leicht aus (12.5) berechnen:

$$\overline{q^2} = \overline{(\overline{q}+q')(\overline{q}+q')} = \overline{\overline{q}\,\overline{q}} + \overline{\overline{q}\,q'} + \overline{q'\,\overline{q}} + \overline{q'q'} = \overline{q}\,\overline{q} + 2\overline{q}\,\overline{q'} + \overline{q'q'}$$

$$\overline{q^2} = \overline{q}^2 + \overline{q'^2} \tag{12.11}$$

Der dichtegewichtete Mittelwert der Korrelation zweier Größen u und v läßt sich berechnen gemäß:

$$\overline{\rho u v} = \overline{(\overline{\rho}+\rho')(\overline{u}+u')(\overline{v}+v')}$$
$$= \overline{\overline{\rho}\,\overline{u}\,\overline{v}} + \overline{\overline{\rho}\,\overline{u}\,v'} + \overline{\overline{\rho}\,u'\,\overline{v}} + \overline{\overline{\rho}\,u'v'} + \overline{\rho'\,\overline{u}\,\overline{v}} + \overline{\rho'\,\overline{u}\,v'} + \overline{\rho'u'\,\overline{v}} + \overline{\rho'u'v'}$$
$$= \overline{\rho}\,\overline{u}\,\overline{v} + \overline{\rho}\,\overline{u'v'} + \overline{u}\,\overline{\rho'v'} + \overline{v}\,\overline{\rho'u'} + \overline{\rho'u'v'} \tag{12.12}$$

Andererseits ergibt sich bei Aufspaltung in Favre-Mittelwert und Favre-Schwankung

$$\overline{\rho u v} = \overline{\rho(\tilde{u}+u'')(\tilde{v}+v'')} = \overline{\rho\tilde{u}\tilde{v}} + \overline{\rho\tilde{u}v''} + \overline{\rho u''\tilde{v}} + \overline{\rho u''v''}$$
$$\overline{\rho u v} = \overline{\rho}\,\tilde{u}\,\tilde{v} + \overline{\rho u''v''} \tag{12.13}$$

Der Vergleich von (12.12) und (12.13) zeigt, daß mit Hilfe der Favre-Mittelung oft eine viel kompaktere Schreibweise möglich ist. Dies ist der Hauptgrund für die Verwendung der Favre-Mittelung.

12.5 Gemittelte Erhaltungsgleichungen

Die in Kapitel 11 hergeleiteten Navier-Stokes Gleichungen dienen zur Beschreibung reaktiver Strömungen. Ist man bei turbulenten Strömungen an den Mittelwerten interessiert, nicht aber an den zeitlichen Fluktuationen, so lassen sich gemittelte Erhaltungsgleichungen unter Verwendung der in Abschnitt 12.4 beschriebenen Methoden herleiten (siehe z.B. Libby u. Williams 1980). Aus (11.7) für die Erhaltung der Gesamtmasse folgt nach Mittelung unter Berücksichtigung von (12.7):

$$\frac{\partial \overline{\rho}}{\partial t} + \mathrm{div}(\overline{\rho}\,\tilde{\vec{v}}) = 0 \tag{12.14}$$

Entsprechend ergibt sich für die Erhaltung der Masse der Teilchen i aus (11.8) unter Verwendung der Näherung $\vec{j}_i = -D_i \rho\,\mathrm{grad}\,w_i$ und (12.7) und (12.13)

$$\frac{\partial(\overline{\rho}\,\tilde{w}_i)}{\partial t} + \mathrm{div}\!\left(\overline{\rho}\,\tilde{\vec{v}}\,\tilde{w}_i\right) + \mathrm{div}\!\left(-\overline{\rho D_i\,\mathrm{grad}\,w_i} + \overline{\rho \vec{v}''w_i''}\right) = \overline{M_i \omega_i} \tag{12.15}$$

Für die Impulserhaltungsgleichung (11.9) ergibt die Mittelung weiterhin den Zusammenhang

$$\frac{\partial(\overline{\rho}\tilde{\vec{v}})}{\partial t} + div\left(\overline{\rho}\tilde{\vec{v}} \otimes \tilde{\vec{v}}\right) + div\left(\overline{\overline{p}} + \overline{\rho\vec{v}'' \circ \vec{v}''}\right) = \overline{\rho}\vec{g}, \qquad (12.16)$$

und für die Energieerhaltungsgleichung (11.12) ergibt sich schließlich mit dem Ansatz $\vec{j}_q = -\lambda \, grad \, T$

$$\frac{\partial(\overline{\rho}\tilde{h})}{\partial t} - \frac{\partial \overline{p}}{\partial t} + div\left(\overline{\rho}\tilde{\vec{v}}\tilde{h}\right) + div\left(\overline{-\lambda \, grad \, T} + \overline{\rho v'' h''}\right) = \overline{q}_r \qquad (12.17)$$

Dabei sind die Terme $\overline{\overline{p}}$: $grad \, \vec{v}$ und $div \, (p \, \vec{v})$ nicht berücksichtigt, da sie nur beim Auftreten von Stoßwellen oder Detonationen, d.h. bei extremen Druckgradienten wesentlich sind. Analog zu den ungemittelten Gleichungen benötigt man eine Zustandsgleichung (die Allgemeine Gasgleichung). Aus $p = \rho RT \Sigma(w_i/M_i)$ ergibt sich durch Mittelung

$$\overline{p} = R \sum_{i=1}^{S} \left(\overline{\rho}\tilde{T}\tilde{w}_i + \overline{\rho T'' w_i''}\right) \frac{1}{M_i} \qquad (12.18)$$

Wenn die molaren Massen ähnlich sind, kann näherungsweise angenommen werden, daß die mittlere molare Masse kaum fluktuiert. Nach Mittelung der idealen Gasgleichung erhält man dann näherungsweise

$$\overline{p} = \overline{\rho} R \tilde{T} / \overline{M}, \qquad (12.19)$$

wobei in dieser Gleichung $\overline{M}$ die gemittelte mittlere molare Masse des betrachteten Gemisches ist.

In den Teilchenerhaltungsgleichungen treten Quellterme auf, deren Behandlung sich oft sehr schwierig gestaltet. Aus diesem Grund ist es zweckmäßig, *Element-Erhaltungsgleichungen* zu betrachten. Elemente werden bei chemischen Reaktionen weder gebildet noch zerstört, und damit verschwinden in diesen Gleichungen die Quellterme. Man führt den *Element-Massenbruch* (Williams 1984)

$$Z_i = \sum_{j=1}^{S} \mu_{ij} w_j \quad ; \quad i = 1, \ldots, M \qquad (12.20)$$

ein, wobei S die Stoffzahl und M die Zahl der Elemente im betrachteten Gemisch sind. Die μ_{ij} bezeichnen den Massenanteil des Elementes i im Stoff j (siehe Abschnitt 9.3).

Nimmt man näherungsweise an, daß alle Diffusionskoeffizienten D_i in (12.15) gleich sind, so lassen sich die mit μ_{ij} multiplizierten Erhaltungsgleichungen (11.8) für die Teilchenmassen summieren, und man erhält die einfache Beziehung

$$\frac{\partial(\rho Z_i)}{\partial t} + div\left(\rho \vec{v} Z_i\right) - div\left(\rho D \, grad \, Z_i\right) = 0. \qquad (12.21)$$

Diese Gleichung enthält wegen der Elementerhaltung $\Sigma\mu_{ij}M_i\omega_i = 0$ keinen Reaktionsterm mehr, was sich (siehe Kapitel 13) vorteilhaft verwenden läßt.

Durch Mittelung ergibt sich schließlich aus (12.21) die ebenfalls quelltermfreie Gleichung

$$\frac{\partial(\overline{\rho}\,\tilde{Z}_i)}{\partial t} + \mathrm{div}\left(\overline{\rho}\,\tilde{\vec{v}}\,\tilde{Z}_i\right) + \mathrm{div}\left(\overline{\rho\,\vec{v}''Z_i''} - \overline{\rho\,D\,\mathrm{grad}\,Z_i}\right) = 0. \quad (12.22)$$

12.6 Turbulenzmodelle

Während die Navier-Stokes Gleichungen bei Verwendung der empirischen Gesetze für die Stromdichten in sich geschlossen sind und damit numerisch gelöst werden können, treten bei den gemittelten Erhaltungsgleichungen Terme der Form $\overline{\rho\,\vec{v}''q''}$ auf, welche nicht explizit als Funktionen der Mittelwerte bekannt sind. Es liegen demnach mehr Unbekannte als Bestimmungsgleichungen vor (*Schließungsproblem bei der Turbulenz*).

Um nun zu einer Lösung des Problems zu gelangen, verwendet man Modelle, die die Terme $\overline{\rho\,\vec{v}''q''}$ in Abhängigkeit von den Mittelwerten beschreiben. Die heute üblichen Turbulenzmodelle (siehe z.B. Launder u. Spalding 1972) interpretieren den Term $\overline{\rho\,\vec{v}''q''}$ ($q = w_i, \vec{v}, h, Z_i$) in (12.14-17 und 12.22) als *turbulenten Transport* und modellieren ihn deshalb in Analogie zum laminaren Fall (siehe Kapitel 11) mit Hilfe eines *Gradientenansatzes*, nach dem der Term proportional zum Gradienten des Mittelwertes der betrachteten Größe ist,

$$\overline{\rho\,\vec{v}''q_i''} = -\overline{\rho}\,\nu_T\,\mathrm{grad}\,\tilde{q}_i, \quad (12.23)$$

wobei ν_T als *turbulenter Austauschkoeffizient* bezeichnet wird. Dieser Gradientenansatz ist Quelle vieler Kontroversen. In der Tat zeigen Experimente, daß auch ein turbulenter Transport entgegen dem Gradienten der betrachteten Mittelwerte stattfinden kann (Moss 1979).

Der turbulente Transport ist i.a. viel schneller als laminare Transportprozesse. Aus diesem Grund lassen sich die gemittelten laminaren Transportterme in (12.14-12.17) in sehr vielen Fällen vernachlässigen, so daß die gemittelten Erhaltungsgleichungen unter Verwendung dieser Näherungen geschrieben werden können als:

$$\frac{\partial\overline{\rho}}{\partial t} + \mathrm{div}\left(\overline{\rho}\,\tilde{\vec{v}}\right) = 0 \quad (12.24)$$

$$\frac{\partial(\overline{\rho}\,\tilde{w}_i)}{\partial t} + \mathrm{div}\left(\overline{\rho}\,\tilde{\vec{v}}\,\tilde{w}_i\right) - \mathrm{div}\left(\overline{\rho}\,\nu_T\,\mathrm{grad}\,\tilde{w}_i\right) = \overline{M_i\,\omega_i} \quad (12.25)$$

$$\frac{\partial(\overline{\rho}\,\tilde{\vec{v}})}{\partial t} + \mathrm{div}\left(\overline{\rho}\,\tilde{\vec{v}}\circ\tilde{\vec{v}}\right) - \mathrm{div}\left(\overline{\rho}\,\nu_T\,\mathrm{grad}\,\tilde{\vec{v}}\right) = \overline{\rho\,\vec{g}} \quad (12.26)$$

$$\frac{\partial(\overline{\rho}\tilde{h})}{\partial t} - \frac{\partial \overline{p}}{\partial t} + \mathrm{div}\left(\overline{\rho}\,\tilde{\vec{v}}\,\tilde{h}\right) - \mathrm{div}\left(\overline{\rho}\,v_T\,\mathrm{grad}\,\tilde{h}\right) = \overline{\dot{q}}_r \quad (12.27)$$

$$\frac{\partial(\overline{\rho}\tilde{Z}_i)}{\partial t} + \mathrm{div}\left(\overline{\rho}\,\tilde{\vec{v}}\,\tilde{Z}_i\right) - \mathrm{div}\left(\overline{\rho}\,v_T\,\mathrm{grad}\,\tilde{Z}_i\right) = 0 \quad (12.28)$$

Diese Gleichungen lassen sich nun numerisch lösen, wenn der turbulente Austauschkoeffizienten v_T (von dem anzunehmen ist, daß er für die verschiedenen Gleichungen verschiedene Werte annimmt) bekannt ist. Zur Bestimmung des turbulenten Austauschkoeffizienten existieren zahlreiche Modelle, die im folgenden beschrieben werden sollen.

Null-Gleichungs-Modelle: Diese (heute veralteten) Modelle geben direkte algebraische Ausdrücke für den turbulenten Austauschkoeffizienten an. Beispiel hierfür sind Modelle, die v_T über die Prandtlsche Mischungslängen-Formel bestimmen (Prandtl 1925). Für den turbulenten Transportterm ergibt sich hiernach

$$\overline{\rho \vec{v}''q''} = -\overline{\rho}\,l^2 \left|\frac{\partial \tilde{v}}{\partial z}\right|\frac{\partial \tilde{q}}{\partial z}, \quad (12.29)$$

wobei l eine charakteristische Länge ist, die von dem jeweiligen Problem abhängt. Hieraus erhält man für den turbulenten Austauschkoeffizienten

$$v_T = l^2 \left|\frac{\partial \tilde{v}}{\partial z}\right|. \quad (12.30)$$

Betrachtet man z.B. eine turbulente Scherströmung (siehe Abb. 12.5), so ergibt sich, daß l eine Funktion der jeweiligen Dicke δ der Grenzschicht ist, welche sich für Scherströmungen z. B. aus den Beziehungen

$$\delta = \begin{cases} 0,115\,x & \text{für einen 2D - Strahl aus einem Schlitz} \\ 0,085\,x & \text{für einen zylindersymmetrischen Strahl} \end{cases}$$

ergibt. Zusätzlich muß unterschieden werden, ob man sich im inneren oder äußeren Bereich der Grenzschicht befindet. Für die Mischungslänge l folgt dann

$$l = \begin{cases} \kappa z & \text{für } z \leq z_c & \text{(innere Grenzschicht)} \\ \alpha \delta & \text{für } z_c \leq z \leq \delta & \text{(äußere Grenzschicht)} \end{cases}$$

Der Prandtlsche Ansatz für die Mischungslänge wurde (von Karman 1930) durch die sogenannte *Mischungslängen*-Formel erweitert.

$$l \propto \left|\frac{\partial \tilde{v}}{\partial z}\Big/\frac{\partial^2 \tilde{v}}{\partial z^2}\right| \quad (12.31)$$

was eine algebraische Vorgabe von l erübrigt. Nachteil dieser Formulierung ist, daß sie in den Wendepunkten des Profils von $\tilde{v}$ singulär und damit sinnlos wird.

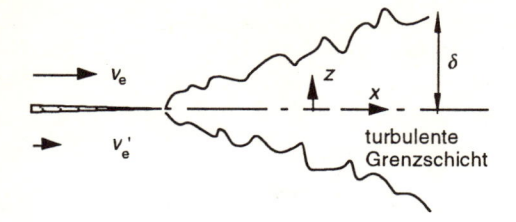

Abb. 12.5. Schematische Darstellung der turbulenten Grenzschicht beim Vorliegen einer Scherströmung

Die Koeffizienten α und κ, sowie die Dicke z_c der inneren Grenzschicht werden aus einer Vielzahl von Experimenten für typische Bedingungen bestimmt und ergeben sich zu $\kappa = 0{,}4$, $\alpha = 0{,}075$ und $z_c = 0{,}1875\,\delta$. Mit diesen Koeffizienten ergibt sich ein Verlauf der Mischungslänge in Abhängigkeit vom Ort in der Grenzschicht, der in Abb. 12.6 dargestellt ist.

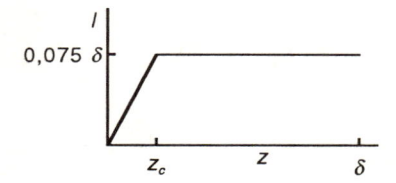

Abb. 12.6. Darstellung der Mischungslänge l in Abhängigkeit vom Ort z in der Grenzschicht.

Ein-Gleichungs-Modelle: Bei den ebenfalls veralteten Ein-Gleichungs-Modellen wird der turbulente Austauschkoeffizient ν_T aus einer partiellen Differentialgleichung (daher der Name) z. B. für die turbulente kinetische Energie

$$\tilde{k} = \frac{1}{2} \frac{\overline{\rho \sum v_i''^2}}{\overline{\rho}} \qquad (12.32)$$

bestimmt. Aus der turbulenten kinetischen Energie ergibt sich dann der turbulente Austauschkoeffizient mittels des Zusammenhangs (Prandtl 1945)

$$\nu_T = l\sqrt{\tilde{k}}. \qquad (12.33)$$

Die Mischungslänge l wird weiterhin aus algebraischen Beziehungen ermittelt.

Zwei-Gleichungs-Modelle: Bei den heute üblicherweise verwendeten Zwei-Gleichungs-Modellen werden zur Bestimung des turbulenten Austauschkoeffizienten ν_T neben den gemittelten Navier-Stokes Gleichungen zwei weitere partielle Differentialgleichungen gelöst. Dabei benutzt man als eine der Differentialgleichungen immer eine Gleichung für die turbulente kinetische Energie $\tilde{k}$, als zweite eine Variable z der Form $z = \tilde{k}^m \cdot l^n$ (m, n konstant). Die Viskositätshypothese lautet dann

$$v_T \propto z^{\frac{1}{n}} \tilde{k}^{\frac{1}{2} - \frac{m}{n}} \qquad (12.34)$$

Am meisten verwendet wird das k-ε-*Turbulenzmodell* (Launder u. Spalding 1972), das eine Gleichung für die turbulente kinetische Energie (12.32) benutzt, die sich in der üblichen Weise als Erhaltungsgleichung ableiten läßt. Die Konstanten n und m haben die Werte -1 bzw. 3/2 und man erhält für die Variable z, die in diesem Fall als Dissipationsgeschwindigkeit $\tilde{\varepsilon}$ der kinetischen Energie bezeichnet wird:

$$\tilde{\varepsilon} = \frac{\tilde{k}^{3/2}}{l}. \qquad (12.35)$$

Für die Variable $\tilde{\varepsilon}$, die gegeben ist durch die Gleichung

$$\tilde{\varepsilon} = \nu \overline{\text{grad}\, \vec{v}''^T : \text{grad}\, \vec{v}''} \qquad (12.36)$$

mit $\nu = \mu/\rho$ = laminare kinematische Viskosität, wird auf empirischer Basis eine Differentialgleichung formuliert. Die zwei Differentialgleichungen sind dann gegeben durch (Kent u. Bilger 1976)

$$\frac{\partial(\overline{\rho}\,\tilde{k})}{\partial t} + \text{div}(\overline{\rho}\,\vec{\bar{v}}\,\tilde{k}) - \text{div}(\overline{\rho}\,v_T\,\text{grad}\,\tilde{k}) = G_k - \overline{\rho}\,\tilde{\varepsilon} \qquad (12.37)$$

$$\frac{\partial(\overline{\rho}\,\tilde{\varepsilon})}{\partial t} + \text{div}(\overline{\rho}\,\vec{\bar{v}}\,\tilde{\varepsilon}) - \text{div}(\overline{\rho}\,v_T\,\text{grad}\,\tilde{\varepsilon}) = (C_1 G_k - C_2 \overline{\rho}\,\tilde{\varepsilon}) \frac{\tilde{\varepsilon}}{\tilde{k}} \qquad (12.38)$$

Der turbulente Austauschkoeffizient v_T läßt sich dann aus (12.34) berechnen, und es ergibt sich der Zusammenhang

$$v_T = C_v \frac{\tilde{k}^2}{\tilde{\varepsilon}}. \qquad (12.39)$$

Hierbei ist $C_v = 0{,}09$ eine empirisch bestimmte Konstante; C_1 und C_2 sind weitere empirisch zu bestimmende Konstanten des Modells. Der Term G_k ist eine komplizierte Funktion des Schubspannungstensors, die sich bei der Ableitung von (12.38) ergibt:

$$G_k = -\overline{\rho\,\vec{v}'' \otimes \vec{v}''} : \text{grad}\,\tilde{\vec{v}} \qquad (12.40)$$

Die Konstanten des k-ε-Modells sind von Art und Geometrie des betrachteten Problems abhängig. Das Modell leidet außerdem unter den weiter oben schon erwähnten Unzulänglichkeiten des Gradienten-Ansatzes (12.23). Trotzdem wird es häufig benutzt, wie z.B. in dem Programmpaket *PHOENICS* zur Simulation turbulenter Strömungen (Rosten u. Spalding 1987), da bessere Modelle derzeit kaum verfügbar sind.

12.7 Mittlere Reaktionsgeschwindigkeiten

Einer Lösung der gemittelten Erhaltungsgleichungen (12.24-12.28) steht jetzt nur noch die Bestimmung der mittleren Reaktionsgeschwindigkeiten $\overline{\omega}_i$ im Wege. Zur Demonstration der dadurch verursachten Probleme seien zwei einfache Beispiele betrachtet (Libby u. Williams 1980):

Als erstes Beispiel sei eine Reaktion A + B → Produkte bei konstanter Temperatur, aber variablen Konzentrationen betrachtet:

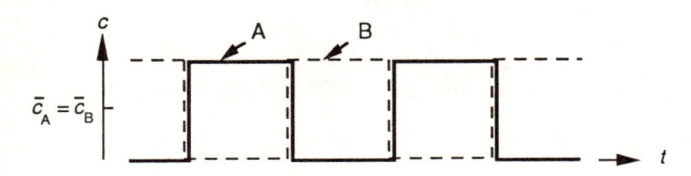

Abb. 12.7. Hypothetischer zeitlicher Konzentrationsverauf bei einer Reaktion A + B → Produkte

Hierbei soll ein (hypothetischer) zeitlicher Konzentrationsverlauf entsprechend Abb. 12.7 angenommen werden, bei dem c_A und c_B nie gleichzeitig von Null verschieden sind. Es ist danach (um Verwechslungen mit der turbulenten kinetischen Energie vorzubeugen, ist der Geschwindigkeitskoeffizient k durch den Subskript R bezeichnet)

$$\omega_A = -k_R c_A c_B = 0 \quad \text{und} \quad \overline{\omega}_A = 0,$$

d.h. die mittlere Reaktionsgeschwindigkeit läßt sich nicht, wie man bei naiver Betrachtungsweise vermuten könnte, direkt aus den Mittelwerten der Konzentrationen berechnen. Vielmehr gilt (vergl. Abschnitt 12.4) die Beziehung für die Mittelwerte

$$\overline{\omega}_A = -k_R \overline{c_A c_B} = -k_R \overline{c_A}\,\overline{c_B} - k_R \overline{c'_A c'_B}. \tag{12.41}$$

Es ist also keinesfalls erlaubt, die mittleren Reaktionsgeschwindigkeiten einfach (auch nur angenähert) dadurch zu berechnen, daß man die aktuellen Konzentrationen durch die gemittelten Konzentrationen ersetzt!

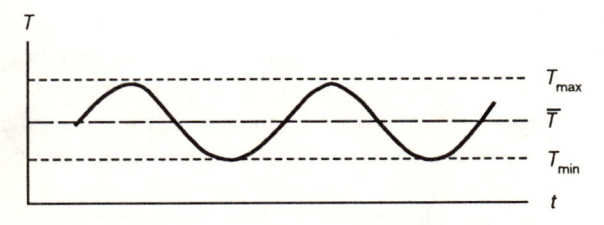

Abb. 12.8. Hypothetischer zeitlicher Temperaturverlauf bei einer Reaktion A + B → Produkte

Als zweites Beispiel soll eine Reaktion bei variabler Temperatur (aber konstanten Konzentrationen) betrachtet werden, wobei ein sinusförmiger zeitlicher Temperaturverlauf angenommen werden soll (siehe Abb. 12.8).

Als Ergebnis der starken Nichtlinearität der Geschwindigkeitskoeffizienten $k_R = A \cdot \exp(-T_A/T)$ ist $\bar{k}_R$ vollkommen verschieden von $k_R(\bar{T})$. Das soll anhand eines einfachen Zahlenbeispiels verdeutlicht werden. Für $T_{min} = 500$ K und $T_{max} = 2000$ K ergibt sich $\bar{T} = 1250$ K. Berechnet man die Reaktionsgeschwindigkeit für eine Aktivierungstemperatur von $T_A = 50.000$ K ($T_A = E_A/R$), so erhält man

$$k_R(T_{max}) = 1,4 \cdot 10^{-11} A$$
$$k_R(T_{min}) = 3,7 \cdot 10^{-44} A$$
$$k_R(\bar{T}) = 4,3 \cdot 10^{-18} A$$

und nach Berechnung des Zeitmittels (z.B. durch numerische Integration)

$$\bar{k}_R = 7,0 \cdot 10^{-12} A.$$

Von besonderem Interesse ist diese Tatsache z. B. bei der Behandlung der Stickoxidbildung, die wegen der hohen Aktivierungstemperatur ($T_A = 140.000$ K) stark temperaturabhängig ist (siehe Kapitel 17). NO wird daher hauptsächlich bei den Temperatur-Spitzenwerten gebildet. Eine Ermittlung des NO beim Temperatur-Mittelwert ist deshalb sinnlos; Temperaturfluktuationen müssen in die Betrachtung einbezogen werden!

Ein Versuch, Temperaturfluktuationen zu berücksichtigen, besteht darin, daß T durch $\tilde{T} + T''$ ersetzt und die Exponentialfunktion entwickelt wird (Libby u. Williams 1980):

$$k_R = A \exp\left(-T_A / \tilde{T}\right) \left\{ 1 + \left(\frac{T_A}{\tilde{T}^2}\right) T'' + \left[\left(\frac{T_A^2}{2\tilde{T}^4}\right) - \left(\frac{T_A}{\tilde{T}^3}\right)\right] T''^2 + \ldots \right\} \quad (12.42)$$

Eine Favre-Mittelung ergibt dann bei Vernachlässigung des Terms $T_A/\tilde{T}^3$:

$$\tilde{k}_R = \frac{\overline{\rho k_R}}{\bar{\rho}} = A \exp\left(-\frac{T_A}{\tilde{T}}\right) \left[1 + \frac{T_A^2}{2\tilde{T}^4} \frac{\overline{\rho T''^2}}{\bar{\rho}} + \ldots\right] \quad (12.43)$$

Die Reihenentwicklung darf hier nach dem zweiten Glied abgebrochen werden für

$$\frac{T_A \cdot T''}{\tilde{T}^2} \ll 1$$

Üblicherweise ist $T_A > 10 \tilde{T}$; für $T_A T''/\tilde{T}^2 = 0,1$ ist dann also erforderlich, daß die Temperaturfluktuationen 1% nicht überschreiten. Da z.B. in turbulenten Vormischflammen Fluktuationen zwischen unverbranntem und verbranntem Gas auftreten, so daß sich für $T_u = 300$ K, $T_b = 2000$ K also Fluktuationen von 85% ergeben, ist diese sogenannte *Momenten-Methode* nicht praktikabel!

Einen Ausweg bietet die statistische Behandlung mit Hilfe von Wahrscheinlichkeitsdichtefunktionen (PDFs). Kennt man die PDF, so läßt sich der mittlere Reaktionsterm durch Integration bestimmen. Für das Beispiel A + B → Produkte ergibt sich (Libby u. Williams 1980)

$$\overline{\omega} = -\int_0^1 \ldots \int_0^1 \int_0^\infty \int_0^\infty k_R c_A c_B \, P(\rho,T,w_1,\ldots,w_S;\vec{r}) \, d\rho \, dT \, dw_1 \ldots dw_S$$

$$= -\frac{1}{M_A M_B} \int_0^1 \ldots \int_0^1 \int_0^\infty \int_0^\infty k_R(T) \rho^2 \, w_A \, w_B \, P(\rho,T,w_1,\ldots,w_S;\vec{r}) \, d\rho \, dT \, dw_1 \ldots dw_S \quad (12.44)$$

Das Haupt-Problem bei diesem Verfahren besteht darin, daß die Wahrscheinlichkeitsdichtefunktion P bekannt sein muß. Zu ihrer Bestimmung gibt es mehrere verschiedene Verfahren, die je nach den speziellen Anforderungen des bearbeiteten Falles verwendet werden können:

PDF-Transportgleichungen (siehe z.B. Dopazo u. O'Brien 1974, Pope 1986): Den wohl elegantesten und allgemeinsten Weg stellt die Lösung von PDF-Transportgleichungen dar. Aus den Erhaltungsgleichungen für die Teilchenmassen lassen sich Transportgleichungen für die zeitliche Entwicklung der PDFs ableiten. Der große Vorteil dieses Verfahrens ist, daß die chemische Reaktion exakt behandelt werden kann (während der molekulare Transport auch hier leider empirisch modelliert werden muß).

Für die numerische Lösung der Transportgleichungen nähert man die Wahrscheinlichkeitsdichtefunktion durch eine sehr große Anzahl verschiedener sogenannter stochastischer Partikel, die einzelne Realisierungen der Srömung darstellen. Die Lösung der PDF-Transportgleichungen erfolgt dann mittels eines Monte-Carlo-Verfahrens. Sie ist sehr aufwendig und gegenwärtig auf kleine chemische Systeme mit maximal vier Stoffen beschränkt, so daß man unbedingt mit einem reduzierten Mechanismus arbeiten muß (siehe Abschnitt 7.4).

Empirische Konstruktion von PDFs: Bei diesem Verfahren werden Wahrscheinlichkeitsdichtefunktionen aus empirischen Daten konstruiert. Dabei wird konsequent die Tatsache ausgenutzt, daß Ergebnisse der Simulation turbulenter Flammen meist nur wenig von der genauen Form der PDFs abhängen.

Eine ganz einfache Art, eine multidimensionale Wahrscheinlichkeitsdichtefunktion zu konstruieren, besteht darin, statistische Unabhängigkeit bezüglich der einzelnen Variablen anzunehmen. In diesem Fall läßt sich die PDF in ein Produkt eindimensionaler PDFs zerlegen (Gutheil u. Bockhorn 1987)

$$P(\rho,T,w_1,\ldots,w_S) = P(\rho) \cdot P(T) \cdot P(w_1) \cdot \ldots \cdot P(w_S) \quad (12.45)$$

Diese Separation ist natürlich nicht korrekt, da z. B. $w_1, w_2, \ldots, w_S$ nicht unabhängig voneinander sind (wegen $\Sigma w_i = 1$). Aus diesem Grund müssen zusätzliche Korrelationen zwischen den einzelnen Variablen berücksichtigt werden.

Eindimensionale PDFs können aus Experimenten empirisch bestimmt werden. Im folgenden sollen einige solcher Ergebnisse für einfache Geometrien skizziert werden (Williams u. Libby 1980).

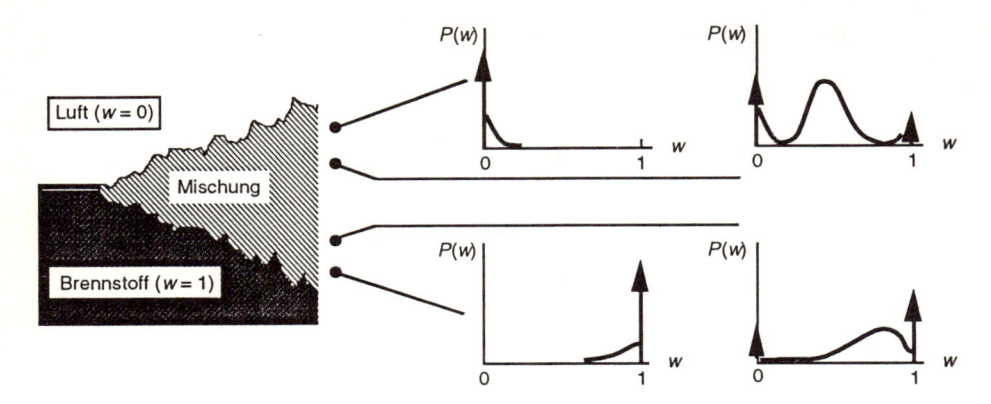

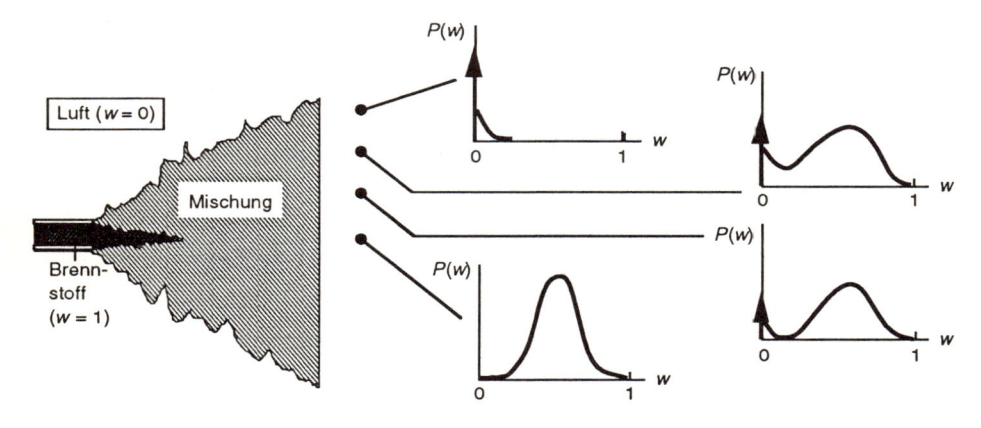

Abb. 12.9. Schematische Darstellung von Wahrscheinlichkeitsdichtefunktionen für den Massenbruch des Brennstoffs in einer turbulenten Mischungsschicht

In Abb. 12.9 sind PDF's für den Massenbruch des Brennstoffs schematisch für verschiedene Punkte einer turbulenten Mischungsschicht dargestellt. Am Rand der Mischungsschicht ist die Wahrscheinlichkeit, reinen Brennstoff oder reine Luft anzutreffen, sehr groß (angedeutet durch Pfeile), während eine Mischung von Brennstoff und Luft nur mit einer geringen Wahrscheinlichkeit vorliegt. Im Inneren der Mischungsschicht ist die Wahrscheinlichkeit, nicht reinen Brennstoff oder reine Luft, sondern eine Mischung anzutreffen, jedoch groß, die PDF besitzt für einen bestimmten Mischungsbruch ein Maximum. Trotzdem liegen auch hier mit einer großen Wahrscheinlichkeit (angedeutet wiederum durch die Pfeile) reine Ausgangsstoffe vor. Der Grund hierfür ist *Intermittenz*, ein Phänomen, das dadurch bedingt ist, daß sie durch turbulente Fluktuationen die örtliche Grenzen zwischen Brennstoff, Mischung und Luft dauern verschieben. Zu bestimmten Zeitpunkten befindet sich ein Punkt im reinen Brennstoffstrom oder im reinen Luftstrom (siehe z.B. Williams u. Libby 1980).

Abb. 12.10. Schematische Darstellung von Wahrscheinlichkeitsdichtefunktionen für den Massenbruch des Brennstoffs in einem turbulenten Strahl

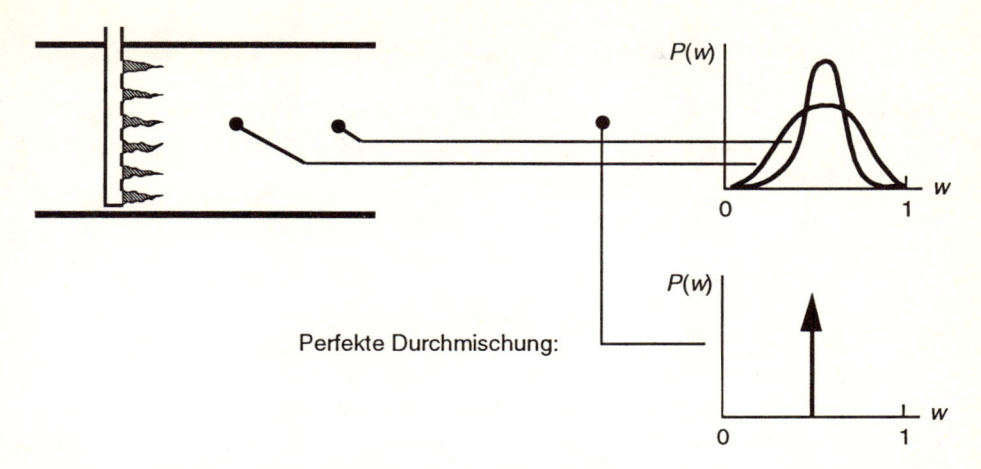

Abb. 12.11. Schematische Darstellung von Wahrscheinlichkeitsdichtefunktionen für den Massenbruch des Brennstoffs in einem turbulenten Reaktor

Ähnliche Ergebnisse erhält man für einen turbulenten Strahl, der als eine Kombination von zwei Mischschichten betrachtet werden kann (siehe Abb. 12.10).

Bei einem turbulenten Reaktor (vergl. Abb. 12.11) entspricht die Wahrscheinlichkeitsdichtefunktion in etwa einer Gauß-Verteilung. Je weiter man sich von dem Einströmrand entfernt, desto wahrscheinlicher trifft man eine vollständige Vermischung an. Die Breite der Gauß-Verteilung wird immer geringer, bis schließlich die Gauß-Verteilung in eine *Dirac'sche Deltafunktion* übergeht (die Wahrscheinlichkeit, vollständige Durchmischung anzutreffen, geht gegen Eins).

Zur analytischen Beschreibung von eindimensionalen PDFs verwendet man z. B. *abgeschnittene Gauß-Funktionen* oder *β-Funktionen*.

Die *abgeschnittene Gauß-Funktion* (siehe Abb. 12.12) besteht aus einer Gauß-Verteilung und zwei Diracschen δ-Funktionen zur Beschreibung der *Intermittenzspitzen* (Gutheil u. Bockhorn 1987).

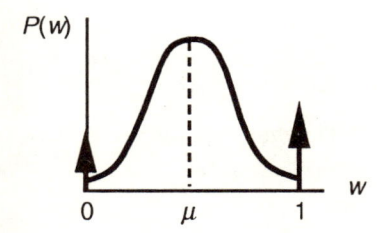

Abb. 12.12. Verlauf einer abgeschnittenen Gauß-Funktion

Eine analytische Darstellung für diese sehr oft benutzte Funktion ist gegeben durch (Williams 1984)

$$P(Z) = \alpha \cdot \delta(Z) + \beta \cdot \delta(1-Z) + \gamma \cdot \exp\left[-(Z-\zeta)^2 / (2\sigma^2)\right]. \quad (12.46)$$

Dabei charakterisieren ζ und σ die Lage bzw. die Breite der Gauß-Verteilung. Die Normierungskonstante γ ergibt sich bei vorgegebenen α und β aus

$$\gamma = \frac{(1-\alpha-\beta)\sqrt{\frac{2\sigma}{\pi}}}{\operatorname{erf}\left(\frac{1-\zeta}{\sqrt{2\sigma}}\right) + \operatorname{erf}\left(\frac{\zeta}{\sqrt{2\sigma}}\right)} \quad (12.47)$$

wobei erf die *Fehlerfunktion* (englisch: *error function*) bezeichnet.

Die *β-Funktion* (Abb. 12.13) besitzt den großen Vorteil, daß sie nur zwei Parameter (α, β) enthält (Rhodes 1979):

$$P(Z) = \gamma Z^{\alpha-1}(1-Z)^{\beta-1}; \qquad \gamma = \frac{\Gamma(\alpha+\beta)}{\Gamma(\alpha)\cdot\Gamma(\beta)} \quad (12.48)$$

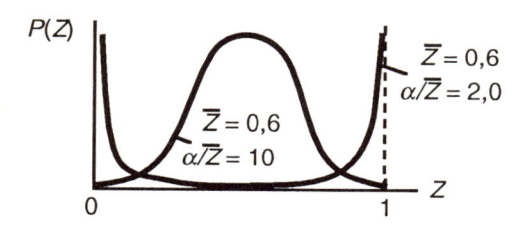

Abb. 12.13. Verlauf einer β-Funktion

Der dritte Parameter γ ergibt sich aus der Normierungsbedingung $\int P(Z)\,dZ = 1$. (Es sei hier angemerkt, daß in der Mathematik üblicherweise das Integral $B(\alpha,\beta) = \int_0^1 t^{\alpha-1}(1-t)^{\beta-1}\,dt$ als β-Funktion bezeichnet wird). Die Konstanten α und β lassen sich aus Mittelwert und Varianz von Z ermitteln.

$$\overline{Z} = \frac{\alpha}{\alpha+\beta} \qquad \overline{Z'^2} = \frac{\overline{Z}(1-\overline{Z})}{1+\alpha+\beta} \quad (12.49)$$

Die β-Funktion zeichnet sich durch ihre Variabilität und leichte Anwendbarkeit aus.

12.8 Eddy-Break-Up-Modelle

Eddy-Break-Up-Modelle sind empirische Modelle für die mittlere Reaktionsgeschwindigkeit bei sehr schneller Chemie. In diesem Fall wird die Reaktionsgeschwindigkeit durch die Geschwindigkeit der turbulenten Dissipation kontrolliert ("*mixed is burnt*"). Dieses Modell beschreibt die Reaktionszone als eine Mischung aus unverbrannten und fast vollständig verbrannten Bereichen.

Eine Formulierung von Spalding (1970) beschreibt die Geschwindigkeit, mit der Bereiche unverbrannten Gases in kleinere Bruchstücke zerfallen, die ausreichend Kontakt zu bereits verbranntem Gas haben, dadurch eine ausreichend hohe Temperatur haben und somit reagieren, analog zur Abnahme der turbulenten Energie. Es ergibt sich danach für die Reaktionsgeschwindigkeit (F= Brennstoff, C_F ist eine die empirische Konstante der Größenordnung 1):

$$\overline{\omega}_F = -\frac{\overline{\rho} \, C_F}{\overline{M}} \sqrt{\overline{w_F''^2}} \, \frac{\tilde{\varepsilon}}{\tilde{k}} \qquad (12.50)$$

12.9 Large-Eddy Simulation (LES)

Large Eddy Simulation (LES, Reynolds 1989) bedeutet die Simulation eines turbulenten Geschwindigkeitsfeldes mit Hilfe direkter Simulation der großen Strukturen, während die zu Auflösungs- und Rechenzeitproblemen führende Simulation kleiner Strukturen mit Hilfe eines Turbulenzmodells (z. B. des k-ε-Modells) geschieht. Hierzu werden die strömungsmechanischen Prozesse durch einen Filter in zwei Längenskalenbereiche geteilt. Die Anwendung erfolgt z. B. bei Motorensimulationen (z.B. Programmpaket KIVA, Amsden et al. 1989) oder bei Wetterberechnungen.

12.10 Turbulente Skalen

Wie weiter oben schon erwähnt wurde, spielen sich turbulente Prozesse auf verschiedenen Längenskalen ab. Die größten Längenskalen entsprechen hierbei den geometrischen Abmessungen des Systems (*integrales Längenmaß* l_0). Durch Störungen großer Wellenlänge (kleiner Frequenz) im Strömungsfeld werden primär große Wirbel gebildet. Diese Wirbel wechselwirken miteinander und zerfallen unter Bildung immer kleinerer Wirbel (kleinere Wellenlänge, größere Frequenz). Es liegt somit eine *Energiekaskade* vor. Der größte Anteil der kinetischen Energie steckt in Prozessen großer Wellenlänge, also in der Bewegung großer Wirbel. Die Energiekaskade endet damit, daß die kinetische Energie sehr kleiner Wirbel (unterhalb der Größe des Kolmogorov-Längenmaßes l_k) in thermische Energie (also molekulare Bewegung) dissipiert.

Die Verteilung der kinetischen Energie auf die verschiedenen Längenskalen des Gesamtprozesses läßt sich anhand des *turbulenten Energiespektrums* darstellen

(Abb. 12.14). Hierbei wird die Abhängigkeit der mittleren spezifischen kinetischen Energie pro Masseneinheit (q) von der Wellenzahl k ($k = 1/l$), d. h. des Reziprokwertes des turbulenten Längenmaßes, durch die spektrale Energiedichte $e(k)$ beschrieben:

$$q(\vec{r},t) = \int_0^\infty e(k;\vec{r},t)dk \qquad (12.51)$$

Das Energiespektrum beginnt beim *integralen Längenmaß* l_0 (bestimmt durch die charakteristische Länge der Versuchsanordnung) und bricht bei dem *Kolmogorov-Längenmaß* l_k: ab.

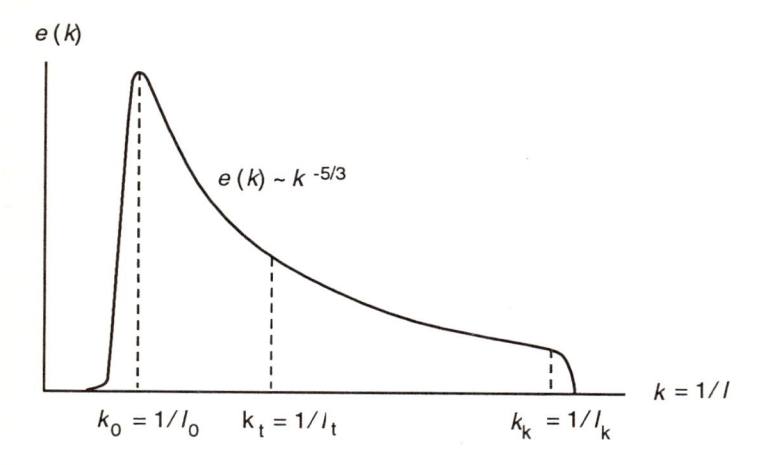

Abb. 12.14. Turbulentes Energiespektrum

Kolmogorov (um 1940) leitete für isotrope Turbulenz ab (und wird durch spätere Messungen bestätigt), daß für vollentwickelte Turbulenz der Zusammenhang

$$e(k) \sim k^{-5/3} \qquad (12.52)$$

gilt. Zur Beschreibung des Turbulenzgrades benutzt man nun anstelle der unpräzisen Reynoldszahl (Re) zweckmäßigerweise die *Turbulenz-Reynoldszahlen* (Williams 1984)

$$R_l = \frac{\bar{\rho}\sqrt{2q}\, l_0}{\bar{\mu}}, \qquad (12.53)$$

die sich auf das integrale Längenmaß l_0 bezieht. Mit Hilfe der Turbulenz-Reynoldszahl läßt sich die Kolmogorov-Länge l_k berechnen als

$$l_k = \frac{l_0}{R_l^{3/4}}. \qquad (12.54)$$

Die Turbulenz-Reynoldszahl ist demnach eine Maß für das Verhältnis zwischen integralem Längenmaß und Kolmogorov-Länge. Aus diesem Zusammenhang ist ersichtlich, daß die Turbulenz Reynoldszahl turbulente Strömungen besser charakterisiert als die Reynoldszahl Re.

Ein weiteres Längenmaß, das oft bei der Beschreibung der Dissipation verwendet wird, ist das *Taylor-Längenmaß* $l_t = l_0/R_l^{1/2}$. Es läßt sich eine auf die Taylor-Länge bezogene Turbulenz-Reynoldszahl definieren (vergl. 12.53),

$$R_t = \frac{\overline{\rho}\sqrt{2q}\, l_t}{\overline{\mu}}, \qquad (12.55)$$

wobei sich der folgende einfache Zusammenhang mit der Turbulenz-Reynoldszahl ergibt:

$$R_t = \sqrt{R_l}. \qquad (12.56)$$

Im stationären Fall muß die *Dissipationsgeschwindigkeit* ε der turbulenten kinetischen Energie (auf der rechten Seite des Spektrums) gleich sein der Geschwindigkeit der Bildung turbulenter kinetischer Energie auf der linken Seite des Spektrums z.B. durch Schervorgänge in den Grenzschichten, die untrennbar mit der Bildung turbulenter Strömung verbunden sind. Es ergibt sich durch eine Dimensionsanalyse, daß die Dissipationsgeschwindigkeit von der Energie q des Spektrums und dem integralen Längenmaß l_0 abhängt:

$$\varepsilon = (2q)^{3/2}/l_0 \qquad (12.57)$$

Die Vorstellung der *Energiekaskade* hat wesentlich zur Entwicklung des k-ε-Modells beigetragen.

12.11 Übungsaufgaben

Aufgabe 12.1. Eine auf $T_p = 500$ °C erhitzte Platte wird von Gas der Temperatur $T_0 = 0$ °C längs angeströmt. Die Strömung sei turbulent. Für den Punkt 2 wird eine Temperaturmeßreihe aufgenommen:

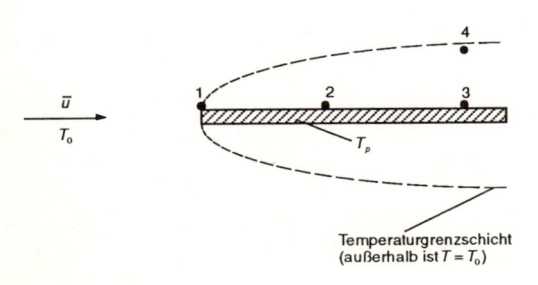

12 Turbulente reaktive Strömungen

Nr.	1	2	3	4	5	6	7	8	9	10	11	12	13	14	15
T [°C]	400	392	452	410	363	480	433	472	402	350	210	490	351	421	279
Nr.	16	17	18	19	20	21	22	23	24	25	26	27	28	29	30
T [°C]	403	404	221	445	292	430	444	370	482	102	412	409	302	480	308

a) Ermitteln Sie an Hand der Meßreihe die mittlere Temperatur und die Wahrscheinlichkeit W dafür, daß die gemessene Temperatur im Intervall 0-100°C bzw. 100 - 200 °C bzw. 200 - 300 °C bzw. 300 - 400 °C bzw. 400 - 500 °C liegt. Zeichnen Sie für die aus diesem Fall resultierende Wahrscheinlichkeitsdichtefunktion ein Diagramm. (Ersetzen Sie hierzu Differentiale durch Differenzen.)

b) Die Wahrscheinlichkeitsdichtefunktion am Punkt 2 soll beschrieben sein durch die Funktion

$$P(T) = \frac{1}{100(1-e^{-5})} e^{\frac{T-500}{100}} \qquad (T \text{ in } °C)$$

Zeigen Sie, daß diese Funktion die Normierungsbedingung erfüllt und geben Sie die mittlere Temperatur, die sich aus dieser Funktion ergibt, an. Zeichnen Sie diese PDF in das Diagramm aus a) ein.

c) Skizzieren Sie die PDF's für die Punkte 1, 3 und 4.

Aufgabe 12.2. Betrachten Sie eine turbulente Rohrströmung. Wie groß sind bei einem Durchmesser von 200 mm und bei einer Turbulenz-Reynoldszahl $R_t = 15000$ das Kolmogorov-Längenmaß l_k und die spezifische turbulente Energie q? Geben Sie außerdem den Funktionsverlauf der spektralen Dichte $e(k)$ der spezifischen turbulenten Energie an (es sei $\bar{v} = \bar{\mu}/\bar{\rho} = 20$ mm²/s).

13 Turbulente Diffusionsflammen

Turbulente Diffusionsflammen sind von großem Interesse in praktischen Anwendungen. Da sich Brennstoff und Oxidationsmittel erst im Verbrennungsraum vermischen, sind Diffusionsflammen im Hinblick auf sicherheitstechnische Überlegungen einfacher zu handhaben als vorgemischte Flammen. Gerade die praktische Bedeutung ist ein Grund dafür, daß zahlreiche mathematische Modelle entwickelt wurden, die eine Simulation dieser Verbrennungsprozesse erlauben.

Von besonderem Interesse sind hierbei Modelle, die nicht nur globale Größen wie z.B. Wärmefreisetzung beschreiben, sondern auch die Schadstoffbildung bei der Verbrennung. Da die Schadstoffbildung ein kinetisch kontrollierter Prozeß ist, müssen Modelle verwendet werden, die detaillierte Chemie berücksichtigen. Im vorliegenden Kapitel sollen einige Modelle zur Beschreibung turbulenter Diffusionsflammen beschrieben werden (eine detaillierte Behandlung findet sich z.B in Bilger 1980, Peters 1988).

13.1 Typen von turbulenten Diffusionsflammen

Eine Momentanaufnahme einer *turbulenten Freistrahldiffusionsflamme* ist in Abb. 13.1 dargestellt. Brennstoff strömt in das Oxidationsmittel (Sauerstoff, Luft). Turbulente Vermischung bewirkt, daß Brennstoff und Oxidationsmittel eine brennbare Mischung bilden. Neben Bereichen, in denen der Brennstoff überwiegt (fette Mischung), und Bereichen, in denen Oxidationsmittel im Überschuß vorhanden ist, existiert eine stöchiometrische Fläche, entlang derer eine stöchiometrische Mischung vorliegt.

Im oberen Teil der Abbildung ist der Molenbruch beispielhaft für einen bestimmten Abstand zum Brenner dargestellt. In vielen Fällen treten bei turbulenten Diffusionsflammen Flammenfronten, die sich durch die intensiven Leuchterscheinungen identifizieren lassen, im Bereich sehr nahe der stöchiometrischen Mischung auf.

Es stellt sich nun die Frage, ob die Flammenfront in der stöchiometrischen Ebene eine gewinkelte laminare Flammenfront ist. In diesem Fall lassen sich nämlich die detaillierten Kenntnisse über laminare Flammenfronten nach einer zuerst von Damköhler (1940) formulierten Idee in ökonomischer Weise auch zur Simulation turbulenter Flammen nutzen.

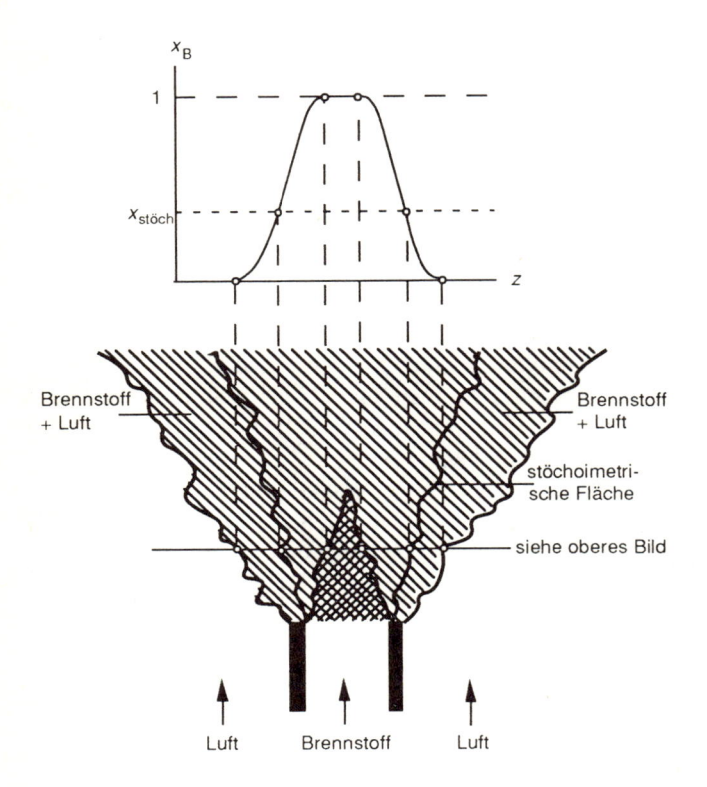

Abb. 13.1. Schematische Darstellung einer Momentaufnahme einer turbulenten Freistrahldiffusionsflamme

Zur Beantwortung dieser Frage wird die folgende Betrachtung angestellt: Die verschiedenen Prozesse in turbulenten Flammen lassen sich anhand des sogenannten *Borghi-Diagramms* (Borghi 1984) klassifizieren (Abb. 13.2). Aufgetragen ist nach oben hin die Turbulenzintensität v' ($v' = \sqrt{2k_0/\overline{\rho}_0}$), wobei k_0 und ρ_0 für das System repräsentative Werte der turbulenten kinetischen Energie $\tilde{k}$ und der Dichte bezeichnen) normiert mit der laminaren Flammengeschwindigkeit v_L, die für Diffusionsflammen durch den Quotienten einer laminaren Flammendicke l_L und einer Zeit ersetzt wird, die für den Durchgang durch die Flammenfront benötigt wird), nach rechts die Größe der größten turbulenten Strukturen (ausgedrückt durch das Längenmaß l_0, normiert durch die laminare Flammendicke l_L).

Das Diagramm wird durch verschiedene Geraden in einzelne Bereiche aufgeteilt. Ist die Turbulenz-Reynoldszahl $R_t < 1$, so findet eine laminare Verbrennung statt. Der Bereich turbulenter Verbrennung ($R_t > 1$) läßt sich weiter unterteilen. Zur Charakteri-

13.1 Typen von turbulenten Diffusionsflammen

sierung verwendet man zwei dimensionslose Größen, die *turbulente Karlovitz-Zahl Ka* und weiter die *turbulente Damköhler-Zahl Da*. Die turbulente Karlovitz-Zahl Ka beschreibt das Verhältnis der Zeitskala t_L der laminaren Flamme ($t_L = l_L/v_L$) zu der Kolmogorov-Zeitskala t_K:

$$Ka = \frac{t_L}{t_k} \quad \text{mit} \quad t_k = \sqrt{\frac{v}{\varepsilon}}, \quad (13.1)$$

worin v eine charakteristische kinematische Viskosität ist ($v = \mu/\rho$). Die turbulente Damköhlerzahl Da beschreibt das Verhältnis der makroskopischen Zeitskalen zu der Zeitskala der chemischen Reaktion:

$$Da = \frac{t_0}{t_L} = \frac{l_0 U_L}{U' l_L}. \quad (13.2)$$

Im Bereich $v'/v_L < 1$ ist die Turbulenzintensität kleiner als die laminare Flammengeschwindigkeit, und es liegt ein Ensemble gekrümmter (gewinkelter) laminarer Flammen vor. Bei höherer Turbulenzintensität werden die Flammenfronten z.T. aufgerissen. Trotzdem liegen im gesamten Bereich bis $Ka = 1$ ungestörte lokale Flammenfronten vor. Dieser sogenannte *Flamelet*-Bereich (unterhalb der Linie $l_L = l_k$) beinhaltet demnach Reaktionssysteme, bei denen die Flammenfrontdicke l_L kleiner ist als das kleinste turbulente Längenmaß l_k.

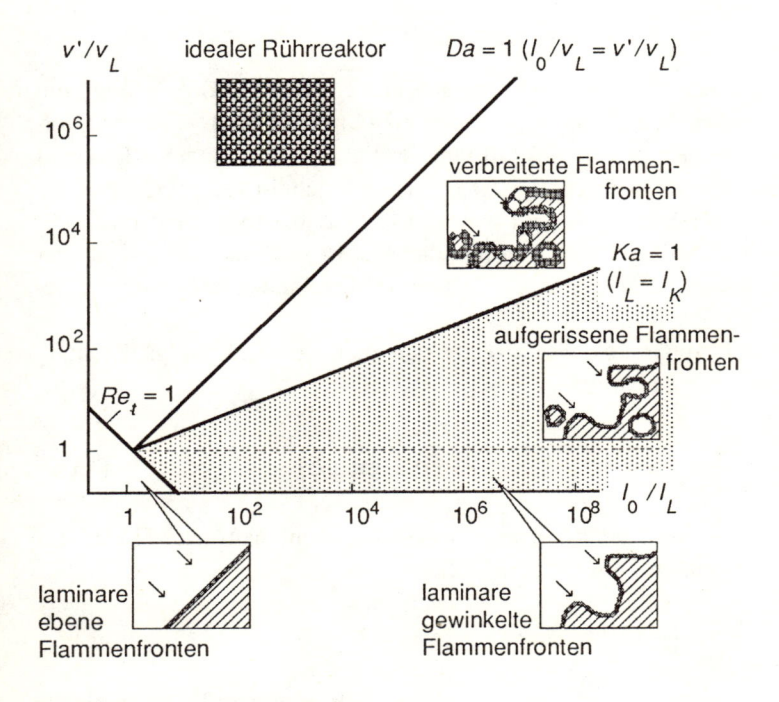

Abb. 13.2. Borghi-Diagramm

Oberhalb der Linie $Ka = 1$ können turbulente Strukturen die Flammenfronten verbreitern und die laminare Struktur zerstören. Man beobachtet dann verbreiterte Reaktionszonen, d.h. die wohldefinierten laminaren Flammenfront-Strukturen werden, bedingt durch die hohe Turbulenzintensität, zum Teil zerstört.

Wird die makroskopische Zeitskala der Turbulenz größer als die Zeitskala der chemischen Reaktion ($Da > 1$), so findet eine Durchmischung statt, die viel schneller ist als die chemische Reaktion. Das System verhält sich wie eine homogene Mischung und kann als ein homogener Reaktor beschrieben werden.

13.2 Diffusionsflammen mit „unendlich" schneller Chemie

Zur vereinfachten Behandlung soll zunächst angenommen werden, daß die Chemie unendlich schnell abläuft, sich also unendlich dünne Flammenfronten ergeben. Ferner werden wieder gleiche Diffusionskoeffizienten angenommen, so daß die Erhaltungsgleichungen für Element-Massenbrüche quelltermfrei sind (siehe Abschnitt 12.5). Zur Beschreibung des Konzentrationsfeldes dient dann in einfacher Weise der *Mischungsbruch* (siehe Kapitel 9)

$$\xi = \frac{Z_i - Z_{i2}}{Z_{i1} - Z_{i2}}. \qquad (13.3)$$

Dabei sind die Z_i Element-Massenbrüche. Es soll nun ein Zwei-Strom Problem mit den Element-Massenbrüchen Z_{i1} und Z_{i2} in den beiden Strömen (z. B. in einer Strahl-Flamme) betrachtet werden. ξ ist unabhängig von der Wahl des betrachteten Elementes i ($i = 1, \ldots, M$) und wegen (13.3) und $Z_i = \Sigma \mu_{ij} w_j$ (siehe Abschnitt 12.5) linear mit den Massenbrüchen w_j verknüpft. Es ist $\xi = 1$ in Strom 1, $\xi = 0$ in Strom 2. ξ kann als der Massenbruch des Materials gedeutet werden, das aus Strom 1 stammt, $1-\xi$ als der Massenbruch des Materials, das aus Strom 2 stammt (Einzelheiten finden sich in Kapitel 9).

Wegen der linearen Abhängigkeit (13.3) läßt sich leicht eine Erhaltungsgleichung für den Mischungsbruch ξ ableiten:

$$\frac{\partial(\rho \xi)}{\partial t} + \text{div}\left(\rho \vec{v} \xi\right) - \text{div}\left(\rho D \text{ grad } \xi\right) = 0 \qquad (13.4)$$

Nach Mittelwertbildung und unter Verwendung des Gradientenansatzes (12.23) ergibt sich für den stationären Fall (vergl. 12.28):

$$\text{div}\left(\overline{\rho} \, \tilde{\vec{v}} \, \tilde{\xi}\right) - \text{div}\left(\overline{\rho} \, v_t \text{ grad } \tilde{\xi}\right) = 0 \qquad (13.5)$$

Für Lewis-Zahl $Le = \lambda/(D\rho c_p) = 1$ kann außerdem bei konstantem Druck auch das Enthalpie- bzw. Temperaturfeld durch ξ mitbeschrieben werden:

13.2 Diffusionsflammen mit „unendlich" schneller Chemie

$$\xi = \frac{h - h_2}{h_1 - h_2}$$

Bei Annahme unendlich schneller Chemie sind alle skalaren Variablen (Temperatur, Massenbrüche und Dichte) eindeutige Funktionen des Mischungsbruches. Kennt man also die Verteilungsfunktion des Mischungsbruches, so lassen sich die Mittelwerte der skalaren Größen berechnen. Da in (12.24-28) die mittlere Dichte eingeht, läßt sich auf diese Weise das System der gemittelten Erhaltungsgleichungen schließen.

Eine einfache Methode, um die Wahrscheinlichkeitsdichtefunktion des Mischungsbruches zu bestimmen besteht darin, daß man eine bestimmte Form der Verteilungsfunktion annimmt (z.B eine β-Funktion) und durch ihren Mittelwert und die Varianz charakterisiert (vergl. Abschnitt 12.7). Aus 13.5 läßt sich eine Erhaltungsgleichung für die Favre-Varianz $\widetilde{\xi''^2} = \overline{\rho \xi''^2} / \overline{\rho}$ herleiten (Multiplikation von Gleichung 13.5) mit ξ und anschließende Mittelwertbildung). Es ergibt sich (Bilger 1980)

$$\text{div}(\overline{\rho}\,\tilde{v}\,\widetilde{\xi''^2}) - \text{div}(\overline{\rho}\, v_T\, \widetilde{\xi''^2}) = 2\overline{\rho}\, v_T\, \text{grad}^2 \tilde{\xi} - 2\overline{\rho D \text{grad}^2 \xi''}, \quad (13.6)$$

wobei $\text{grad}^2 \xi$ das Betragsquadrat des Gradienten $((\text{grad } y)^T \text{grad } y)$ bezeichnet. Den letzten Term in dieser Gleichung nennt man *skalare Dissipationsgeschwindigkeit* χ. Auch dieser Term muß modelliert werden z.B. durch den einfachen Gradiententransport-Ansatz

$$\tilde{\chi} = 2\overline{\rho D \text{grad}^2 \xi''}/\overline{\rho} \approx 2D\,\text{grad}^2 \tilde{\xi}. \quad (13.7)$$

Aus $\tilde{\xi}$ und $\widetilde{\xi''^2}$ läßt sich nun die Wahrscheinlichkeitsdichtefunktion $P(\xi;\vec{r})$ bestimmen (z.B. eine β-Funktion; siehe Abschnitt 12.7). Mit deren Hilfe können dann die interessierenden Mittelwerte berechnet werden, da ρ, w_i und T als Funktionen von ξ bekannt sind:

$$\tilde{w}_i(\vec{r}) = \int_0^1 w_i(\xi)\,\tilde{P}(\xi;\vec{r})\,d\xi$$

$$\tilde{T}(\vec{r}) = \int_0^1 T(\xi)\,\tilde{P}(\xi;\vec{r})\,d\xi$$

$$\widetilde{w_i''^2}(\vec{r}) = \int_0^1 \left[w_i(\xi) - \tilde{w}_i(\vec{r})\right]^2 \tilde{P}(\xi;\vec{r})\,d\xi$$

$$\widetilde{T''^2}(\vec{r}) = \int_0^1 \left[T(\xi) - \tilde{T}(\vec{r})\right]^2 \tilde{P}(\xi;\vec{r})\,d\xi$$

(13.8)

$\tilde{P}$ ist dabei eine Favre-gemittelte Wahrscheinlichkeitsdichtefunktion, die sich aus der Wahrscheinlichkeitsdichtefunktion durch Integration über die Dichte berechnen läßt,

$$\tilde{P}(\xi;\vec{r}) = \frac{1}{\bar{\rho}} \int_0^\infty \rho\, P(\rho,\xi;\vec{r})\, d\rho. \tag{13.9}$$

Bei Annahme unendlich schneller Chemie besteht das System der Erhaltungsgleichungen somit aus den Erhaltungsgleichungen für Dichte- und Geschwindigkeitsfeld (z.B. unter Benutzung der Gleichungen des k-ε Modells), sowie den Erhaltungsgleichungen für Mittelwert und Favre-Varianz des Mischungsbruches.

13.3 Flamelet-Modell für endlich schnelle Chemie

Im Falle endlich schneller Chemie müssen die vollständigen Erhaltungsgleichungen betrachtet werden, d.h. neben den Erhaltungsgleichungen für Gesamtmasse, Energie und Impuls zusätzlich alle Erhaltungsgleichungen für die einzelnen Spezies des Reaktionssystems:

$$\frac{\partial(\rho w_i)}{\partial t} + \mathrm{div}(\rho \vec{v}\, w_i) - \mathrm{div}(\rho D\, \mathrm{grad}\, w_i) \;=\; M_i \omega_i \quad , \quad i = 1,\ldots,S \tag{13.10}$$

Wie in Abschnitt 12.7 beschrieben wurde, treten Probleme bei der Bestimmung der Mittelwerte der Quellterme auf. Eine Berechnung dieser Mittelwerte ist möglich, wenn man annimmt, daß die turbulente Flamme aus vielen gewinkelten laminaren Flämmchen besteht (*Flamelet*-Bereich im Borghi-Diagramm; siehe Abschnitt 13.1) und die Konzentrationen der Spezies eine eindeutige Funktion des Mischungsbruches ξ sind. Es ergibt sich dann für die Massenbrüche w_i und ihre Orts- und Zeitableitungen (der Index F soll andeuten, daß dieser Ansatz an die Gültigkeit des Flamelet-Modells gebunden ist)

$$w_i = w_i^{(F)}(\xi) \qquad \frac{\partial w_i}{\partial t} = \frac{dw_i^{(F)}}{d\xi}\frac{\partial \xi}{\partial t} \qquad \mathrm{grad}\, w_i = \frac{dw_i^{(F)}}{d\xi}\, \mathrm{grad}\, \xi.$$

Einsetzen in die Erhaltungsgleichung für w_i liefert dann die (nur im Rahmen der oben genannten Vereinfachung gültige) Gleichung (Bilger 1980; mit noch weniger Voraussetzungen Peters 1988)

$$\frac{dw_i^{(F)}}{d\xi}\left[\frac{\partial(\rho\xi)}{\partial t} + \mathrm{div}(\rho\vec{v}\xi) - \mathrm{div}(\rho D\, \mathrm{grad}\,\xi)\right] - \rho D\,(\mathrm{grad}\,\xi)^2\, \frac{d^2 w_i^{(F)}}{d\xi^2} \;=\; M_i \omega_i.$$

Gemäß (13.4) verschwindet der Term in der eckigen Klammer und man erhält die *Flamelet*-Gleichung

$$-\rho D\, \mathrm{grad}^2\,\xi\, \frac{d^2 w_i^{(F)}}{d\xi^2} \;=\; M_i \omega_i. \tag{13.12}$$

13.3 Flamelet-Modell für endlich schnelle Chemie

Führt man eine Favre-Mittelung durch, erhält man die mittlere Reaktionsgeschwindigkeit

$$\overline{M_i \omega_i} = -\frac{1}{2} \overline{\rho} \int_0^1 \int_0^\infty \chi \frac{d^2 w_i^{(F)}}{d\xi^2} \tilde{P}(\chi,\xi) \, d\chi \, d\xi \qquad (13.13)$$

wobei χ wiederum die *skalare Dissipationsgeschwindigkeit* $\chi = 2D\,(\text{grad}\,\xi)^2$ bezeichnet. Die Abhängigkeit der Massenbrüche von dem Mischungsbruch, die zur Berechnung von $d^2 w_i^{(F)}/d\xi^2$ bekannt sein muß, läßt sich dabei aus Berechnungen laminarer Diffusionsflammen (siehe Kapitel 9) ermitteln. Mit Hilfe von (13.13) kann nun das Gleichungssystem (12.24-28) gelöst werden, wenn die Wahrscheinlichkeitsdichteverteilung $\tilde{P}(\chi,\xi)$ bekannt ist.

Üblicherweise nimmt man an, daß χ und ξ *statistisch unabhängig* sind, so daß man einen Produktansatz ($\tilde{P}(\chi,\xi) = \tilde{P}_1(\chi) \, \tilde{P}_2(\xi)$) verwenden kann (Peters 1988). Für $\tilde{P}_1(\chi)$ benutzt man nach Kolmogorov eine logarithmische Normalverteilung (siehe z.B. Liew et al. 1984), während für $\tilde{P}_2(\xi)$ eine β-Funktion gewählt wird (siehe Abschnitt 13.2).

Der bis hier geschilderte Weg, turbulente Diffusionsflammen mit einem Flamelet-Modell zu simulieren, verlangt die Lösung der Erhaltungsgleichungen für alle im Reaktionssystem vorkommenden Spezies und ist daher sehr aufwendig. Zudem sind die Massenbrüche, die Temperatur und die Dichte (gemäß der oben dargestellten Annahme) eindeutige Funktionen des Mischungsbruches. Ein einfacherer Weg ist demnach, die Dichte, die Massenbrüche und die Temperaturen mit Hilfe der Wahrscheinlichkeitsdichteverteilungen für χ und ξ zu berechnen, so daß sich analog zu (13.8) ergibt:

$$\overline{\rho}(\vec{r}) = \int_0^1 \int_0^\infty \rho^{(F)}(\chi,\xi) P(\chi,\xi;\vec{r}) \, d\chi \, d\xi$$

$$\tilde{w}_i(\vec{r}) = \int_0^1 \int_0^\infty w_i^{(F)}(\chi,\xi) \tilde{P}(\chi,\xi;\vec{r}) \, d\chi \, d\xi$$

$$\tilde{T}(\vec{r}) = \int_0^1 \int_0^\infty T^{(F)}(\chi,\xi) \tilde{P}(\chi,\xi;\vec{r}) \, d\chi \, d\xi \qquad (13.14)$$

$$\widetilde{w_i''^2}(\vec{r}) = \int_0^1 \int_0^\infty \left[w_i^{(F)}(\chi,\xi) - \tilde{w}_i^{(F)}(\vec{r})\right]^2 \tilde{P}(\chi,\xi;\vec{r}) \, d\chi \, d\xi$$

$$\widetilde{T''^2}(\vec{r}) = \int_0^1 \int_0^\infty \left[T^{(F)}(\chi,\xi) - \tilde{T}^{(F)}(\vec{r})\right]^2 \tilde{P}(\chi,\xi;\vec{r}) \, d\chi \, d\xi$$

Dabei ist $\tilde{P}(\chi,\xi)$ hier wiederum eine Favre-gemittelte PDF; d.h. es gilt also dabei

$$\tilde{P}(\chi,\xi;\vec{r}) = \frac{1}{\bar{\rho}}\int_0^\infty \rho^{(F)} P(\rho^{(F)},\chi,\xi;\vec{r})\,d\rho^{(F)} \qquad (13.15)$$

Nimmt man näherungsweise wieder an, daß die Dichte $\rho^{(F)}$ nur vom Mischungsbruch ξ abhängt, so ergibt sich zwischen PDF und Favre-PDF der einfache Zusammenhang

$$\tilde{P}(\chi,\xi;\vec{r}) = \frac{\rho^{(F)}(\xi)}{\bar{\rho}(\vec{r})} P(\chi,\xi;\vec{r}). \qquad (13.16)$$

Voraussetzung für die Auswertung von (13.14) ist, daß die Abhängigkeiten $\rho^{(F)} = \rho^{(F)}(\chi,\xi)$, $w_i^{(F)} = w_i^{(F)}(\chi,\xi)$, $T^{(F)} = T^{(F)}(\chi,\xi)$ aus Berechnungen laminarer Diffusionsflammenfronten bekannt sind. Man benötigt demnach *Bibliotheken* von Flammenstrukturen $\rho^{(F)} = \rho^{(F)}(\xi)$, $w_i^{(F)} = w_i^{(F)}(\xi)$, $T^{(F)} = T^{(F)}(\xi)$ bei verschiedenen skalaren Dissipationsgeschwindigkeiten χ. Die Berechnung solcher Bibliotheken ist zwar aufwendig, muß jedoch nur einmal durchgeführt werden. Die Berechnung der Mittelwerte nach (13.14) ist dann recht einfach (Rogg et al. 1987).

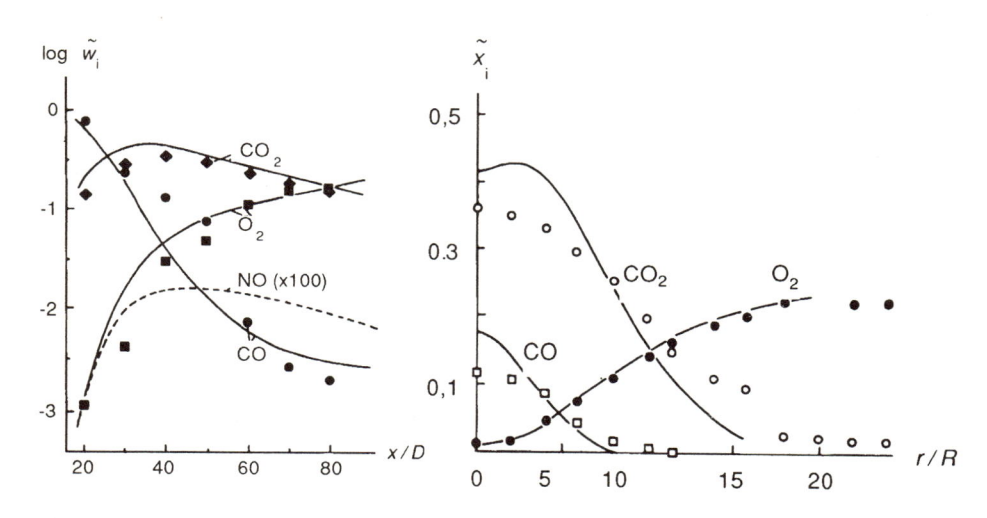

Abb. 13.3. Berechnete (Rogg et al. 1987) und experimentell bestimmte (Razdan u. Stevens 1985) Konzentrationsprofile in einer turbulenten CO/Luft Freistrahldiffusionsflamme; dargestellt sind radiale (links) und axiale (rechts) Profile.

Das oben beschriebene Modell liefert, sofern die Flamelet-Annahme erfüllt ist, mit einem recht geringen Aufwand sehr gute Ergebnisse. Zur Demonstration zeigt Abb. 13.3 gemessene (Razdan u. Stevens 1985) und mit Hilfe des Flamelet-Modells simulierte (Rogg et al. 1987) Konzentrationsprofile in einer turbulenten Strahl-Diffusionsflamme von CO in Luft. Das CO-Luft-System hat hier den Vorzug, daß die Bedingung gleicher Diffusionskoeffizienten recht gut erfüllt ist, andererseits nicht (wie bei Kohlenwasserstoff-Flammen) Strahlung von Ruß die Temperatur absenkt.

13.4 Flammenlöschung

Laminare Gegenstromdiffusionsflammen wurden in Kapitel 9 schon beschrieben. Es zeigte sich, daß charakteristische Parameter, wie z.B. Flammentemperaturen sehr stark von der Streckung abhängen. Die Streckung (charakterisiert durch den Streckungsparameter a) beschreibt dabei den Geschwindigkeitsgradienten entlang der Flammenfläche.

Bei genügend großer Streckung verlöschen die laminaren Diffusionsflammen. Dieses Verhalten ist in Abb. 13.4 (Tsuji u. Yamaoka 1967) dargestellt. Oberhalb eines kritischen Streckungsparameters (entsprechend einer kritischen Anströmgeschwindigkeit V der Luft) wird die Flamme „ausgeblasen." f_w ist ein dimensionsloser Ausströmparameter, der sich aus der Geschwindigkeit V der einströmenden Luft, der Austrittsgeschwindigkeit v_w des Brennstoffs aus dem porösen Zylinder, der Reynoldszahl Re und dem Zylinderradius R berechnen läßt. Die Streckung ist gegeben durch $a = 2V/R$.

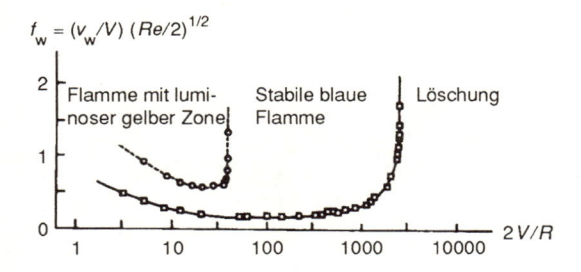

Abb. 13.4. Stabilitätsdiagramm einer laminaren Gegenstromdiffusionsflamme (Tsuji u. Yamaoka 1967).

Diese Flammenlöschung ist eine *Lewis-Zahl-Instabilität*, die durch die Konkurrenz von Wärmeleitung (destabilisierend wegen Wärmeverlust aus der Flammenfront) und von Diffusion (stabilisierend wegen Brennstoffnachschub in die Flammenfront) zustandekommt und nur für bestimmte Lewis-Zahlen $Le = \lambda/(D\rho c_p)$ auftritt (Tsuji u. Yamaoka 1967).

Bei turbulenten Flammen wird die Streckung der laminaren Flamelets durch die skalare Dissipationsgeschwindigkeit am Ort stöchiometrischer Mischung bestimmt. Die skalare Dissipationsgeschwindigkeit ist demnach ein direktes Maß für die Streckung. Übersteigt sie einen kritischen Wert, so tritt lokale Verlöschung der Flamelets ein. Auf diese Weise lassen sich Löschprozesse in turbulenten Diffusionsflammen erklären.

Abbildung 13.5 zeigt berechnete Temperaturprofile für verschiedene skalare Dissipationsgeschwindigkeiten χ, d. h. für verschiedene Streckungen a, in einer Gegenstrom-Diffusionsflamme. Mit wachsender Streckung sinkt die maximale

Flammentemperatur. Für eine bestimmte Streckung a_q (hier für $\chi_q = 20{,}6$ s^{-1}, wobei der Subskript q für „*quenching*" steht) tritt schließlich Flammenlöschung auf (Rogg et al. 1987).

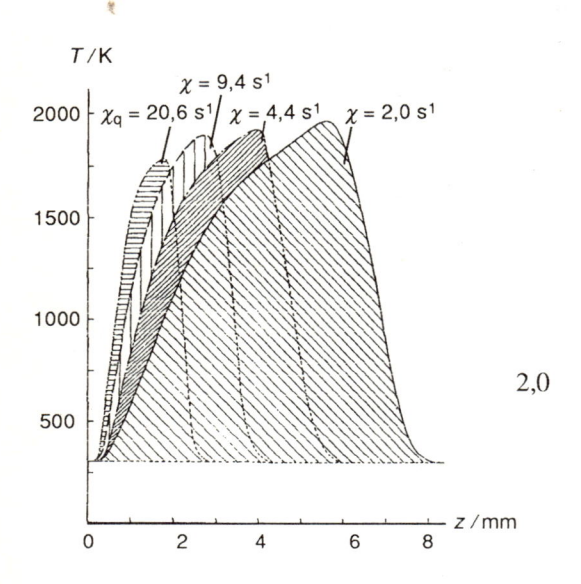

Abb. 13.5. Berechnete Temperaturprofile in einer CH$_4$-Luft-Gegenstrom-Diffusionsflamme für verschiedene skalare Dissipationsgeschwindigkeiten χ (Rogg et al. 1987); die Flammen-Löschung tritt bei $\chi = 20{,}6$ s^{-1} auf; Gastemperatur $T = 298$ K auf beiden Seiten; $p = 1$ bar

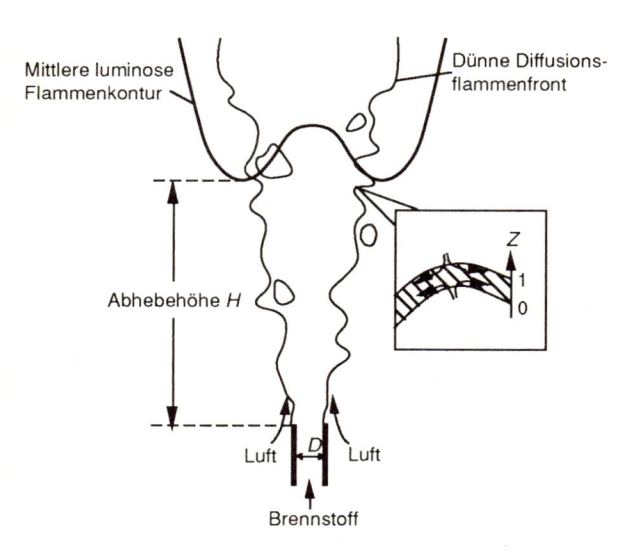

Abb. 13.6. Schematische Darstellung der Vorgänge beim Abheben einer turbulenten Freistrahldiffusionsflamme

Auf die Löschung durch Streckung läßt sich mit Hilfe des Flamelet-Modells auch das *Abheben* von turbulenten Flammen zurückführen, das in Abb. 13.6 schematisch dargestellt ist. Die praktische Bedeutung dieser Betrachtung liegt in der Möglichkeit, Löschprozesse (z.B. an brennenden Ölquellen) optimal durchzuführen, nämlich am Fuß der Flamme, wo die Neigung zur Löschung wegen der dort stärksten Streckung am größten ist.

Am Düsenaustritt ist die Streckung der Flammenfront am größten; demgemäß tritt hier am häufigsten Löschung ein. Die mittlere leuchtende Flammenkontur zeigt also ein Abheben vom Brenner an, das umso größer ist, je größer die Austrittsgeschwindigkeit des Brennstoffs ist.

Bei der Modellierung von turbulenten Diffusionsflammen werden Löschprozesse dadurch berücksichtigt, daß bei der Ermittlung der Mittelwerte für Dichte, Temperatur und Massenbrüche nur über den Bereich der skalaren Dissipationsgeschwindigkeit integriert wird, in dem keine Flammenlöschung stattfindet:

$$\tilde{T}(\vec{r}) = \int_0^1 \int_0^{\chi_q} T^{(F)}(\chi,\xi)\tilde{P}(\chi,\xi;\vec{r})\,d\chi\,d\xi \qquad (13.17)$$

13.5 Übungsaufgaben

Aufgabe 13.1. Worin liegt der wesentliche Unterschied zwischen einer laminaren und einer turbulenten stationären Diffusionsflamme? Durch welche Kennzahlen wird die turbulente Flamme charakterisiert?

Aufgabe 13.2. Betrachten Sie einen beidseitig offenen Zylinder, bei dem an einer Seite Oxidationsmittel O und an der anderen Seite Brennstoff F vorbeiströmen. Im Zylinder laufe eine schnelle chemische Reaktion nach der Formel F + 2 O → 3 P (P = Produkt) ab.

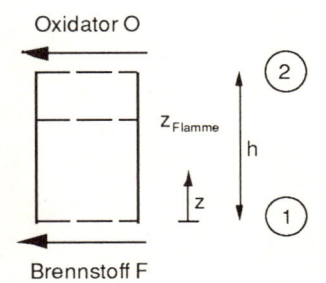

a) Durch welche Bedingung ist die Lage der Flammenfront im laminaren Fall bestimmt; wo liegt sie? Skizzieren Sie den Verlauf der Molenbrüche von Brennstoff, Oxidator und den Produkten über dem Mischungsbruch und über der Höhe z.

b) Die Verbrennung soll nun als turbulent angsehen werden. Welches Diagramm aus a) gilt weiterhin und welches kann nicht mehr verwendet werden? Begründen Sie Ihre Antwort!

14 Turbulente Vormischflammen

Dieses Kapitel soll sehr kurz gehalten werden, da die formale Behandlung von turbulenten Vormischflammen ganz ähnlich zu der von turbulenten Diffusionsflammen erfolgen kann.

14.1 Flamelet-Behandlung

Die Entscheidung über die Möglichkeit der Anwendung von Flamelet-Modellen kann wieder anhand des Borghi-Diagramms (siehe Abschnitt 13.1) getroffen werden. Bei der Flamelet-Behandlung ist die Vorgehensweise sehr ähnlich zu der bei turbulenten Diffusionsflammen. Es besteht jedoch ein wesentlicher Unterschied bei der Wahl der Variablen, die den Verbrennungsfortschritt beschreiben.

In turbulenten Diffusionsflammen konnte (zumindest im Falle schneller Chemie) das Konzentrationsfeld durch den Mischungsbruch vollständig beschrieben werden. Für turbulente Vormischflammen ist diese Begriffsbildung sinnlos, da Brennstoff und Oxidationsmittel schon vor der Reaktion miteinander vermischt sind. Daher muß eine andere Variable zur Beschreibung des Verbrennungsprozesses gewählt werden. Es hat sich durchgesetzt, dazu eine *Fortschrittsvariable c* zu benutzten, die den Fortgang der Verbrennung in einer Vormischflammenfront beschreibt und ebenfalls wie der Mischungsbruch Werte von Null bis Eins annimmt (Bray 1980). Dazu benutzt man z. B. den Prozentsatz der Bildung eines Endproduktes wie

$$w_{CO_2} = c \cdot w_{CO_2,b}\,, \tag{14.1}$$

wobei der Index b das verbrannte Gas bezeichnet. Das benutzte Profil darf kein Maximum aufweisen, da sonst keine eindeutige Festlegung von c möglich ist.

Die Rechtfertigung der Anwendung des Flamelet-Modells in vorgemischter turbulenter Verbrennung bei motorischen Bedingungen ergibt sich z.B. aus Laser-Lichtschnitt-Experimenten. Abbildung 14.1 zeigt Messungen von OH-Konzentrationen in einem Otto-Motor (Becker et al. 1990). Es lassen sich deutlich die lokal gewinkelten Flammenfronten erkennen.

180   14 Turbulente Vormischflammen

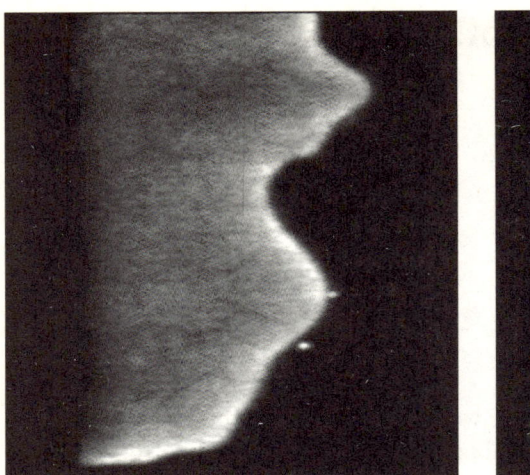

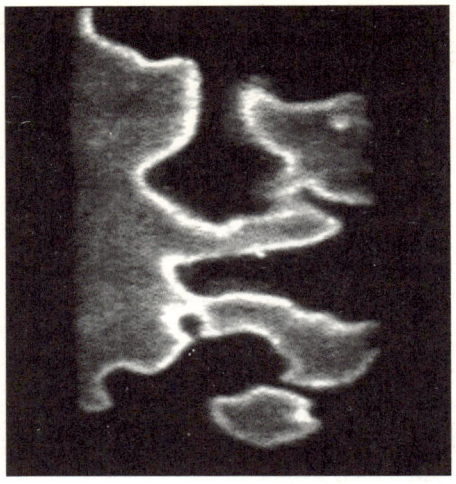

Abb. 14.1. Laser-Lichtschnitt-LIF-Aufnahme der OH-Konzentration in einem Otto-Motor (Becker et al. 1990). Die schwarze Umgebung zeigt verschwindende OH-Konzentration an, die schwarzen Streifen in dem strukturierten Teil der (ursprünglich farbigen) Aufnahme zeigen die maximale OH-Konzentration (etwa 0,3 Mol-%) in der turbulenten Flammenfront an, die wegen der Streckung im Geschwindigkeitsfeld schwankt. Linkes Bild: relativ ungestörte Flammenfront, rechtes Bild: Störung durch Flammenlöschung

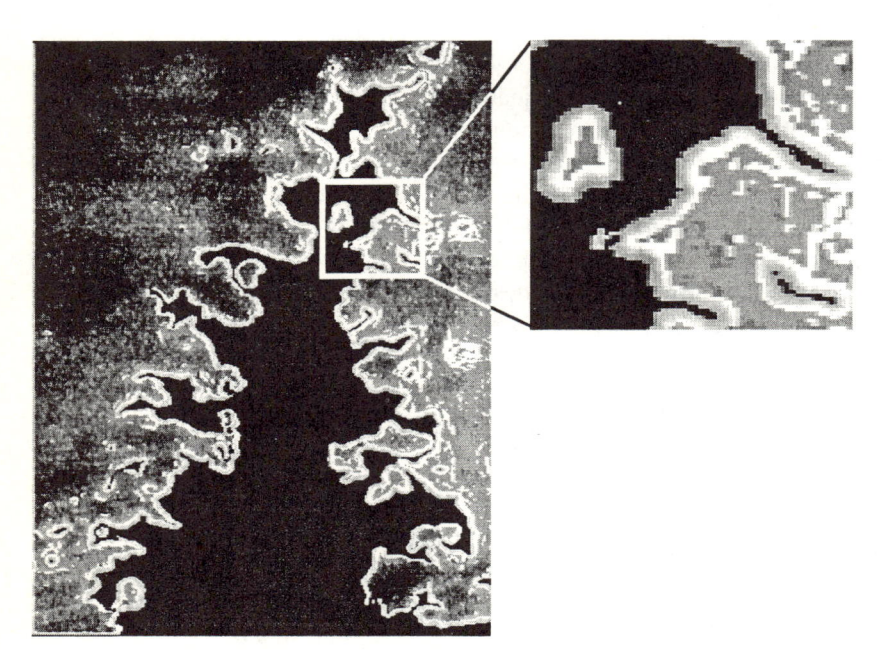

Abb. 14.2. Laser-Lichtschnitt-LIF-Aufnahme der OH-Konzentration in einer turbulenten Erdgas-Luft Freistrahlvormischflamme. Der schwarze Kern zeigt die Zone unverbrannter Mischung (Schäfer et al. 1993).

Auch bei turbulenten Freistrahlflammen befindet man sich oft im Bereich der Gültigkeit des laminaren Flamelet-Modells. Abbildung 14.2 zeigt als Beispiel dafür eine LIF-OH Momentaufnahme einer turbulenten Erdgas-Luft-Freistrahl-Vormischflamme auf einem Brenner in halbtechnischem Maßstab (Schäfer et al. 1993). Auch hier lassen sich ganz deutlich die gewinkelten laminaren Flammenstrukturen erkennen.

14.2 Weitere Modelle

Sind laminare Flamelet-Modelle nicht anwendbar (im Motor zum Beispiel bei Umdrehungszahlen > 2000 min^{-1}), so lassen sich (vorläufig wegen Rechenzeitproblemen nur für stark simplifizierte Modellbeispiele) direkte numerische Simulationen durchführen, es kann *Large-Eddy*-Simulation erfolgen, z. B. mit dem *Kiva-2*-Programm von den Los Alamos National Laboratories (Amsden et al. 1989), oder es kann mit Erhaltungsgleichungen für gemittelte Werte und einem Turbulenzmodell gearbeitet werden. In allen Fällen erfolgt die Behandlung wie für turbulente Diffusionsflammen (lediglich mit anderen Anfangs- und Randbedingungen), da die Gleichungen für das turbulente Geschwin-digkeitsfeld unverändert übernommen werden können.

Anders als bei turbulenten Diffusionsflammen ist hier lediglich die Berechnung der mittleren Reaktionsgeschwindigkeit durchzuführen. Hervorzuheben ist das Modell von *Bray*, *Libby* und *Moss* (*BML-Modell*, Bray u. Libby 1976, Bray u. Moss 1977), das zum Ziel hat, turbulente Vormischflammen in allen Gebieten des Borghi-Diagramms modellieren zu können.

Das Modell benutzt eine Einschrittreaktion (also endlich schnelle Chemie), so daß lediglich eine einzige die Reaktion charakterisierende Variable, die den Reaktionsfortschritt beschreibt (siehe Abschnitt 14.1), berechnet werden muß. Der turbulente Charakter der Flamme wird mittels eines PDF-Ansatzes modelliert; dabei sollen verschiedene Formen der PDF die unterschiedlichen Gebiete im Borghi-Diagramm beschreiben. Es zeigt sich jedoch zum Glück, daß die Ergebnisse relativ insensitiv in Bezug auf die verwendeten PDF sind.

14.3 Turbulente Flammengeschwindigkeit

Den Fortschritt einer turbulenten Vormisch-Flammenfront versucht man (analog zum laminaren Fall) durch eine *turbulente Flammengeschwindigkeit* v_T zu beschreiben. Im einfachsten Fall stellt man sich die turbulente Flammenfront als eine gewinkelte laminare Flammenfront vor (Damköhler 1940). Mit dem Ansatz

$$\rho_u v_T A_T = \rho_u v_L A_L \qquad (14.2)$$

wobei A_L die Gesamtfläche der gewinkelten laminaren Flammenfronten, A_T die Fläche der mittleren turbulenten Flammenfront und v_L die laminare Flammengeschwindigkeit bezeichnen (vergl. Abb. 14.3). Es ergibt sich dann der grundlegende Zusammenhang

$$v_T = v_L A_L / A_T \qquad (14.3)$$

Das Verhältnis von v_T und v_L ist also durch das Flächenverhältnis von laminarer und (mittlerer) turbulenter Flammenfläche gegeben.

Damköhler verwendet z. B. den Ansatz $A_L/A_T = 1 + v'/v_L$ wobei v' die turbulente Schwankungsgeschwindigkeit bedeutet (vergl. Abschnitt 13.1). Damit ergibt sich

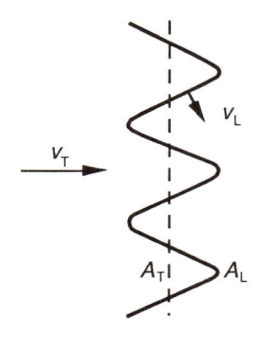

$$v_T = v_L + v' = v_L(1 + v'/v_L) \qquad (14.4)$$

Abb. 14.3. Schematische Darstellung der Fortpflanzung einer turbulenten Flammenfront

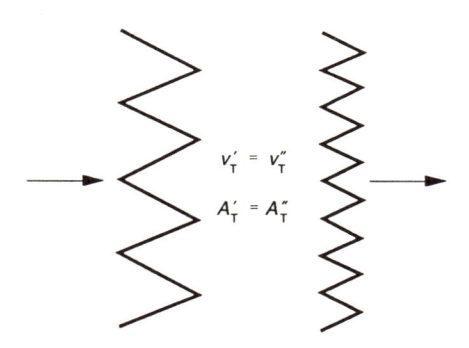

Abb. 14.4. Schematische Darstellung zweier Flammenfronten mit unterschiedlichen Längenskalen, aber gleicher Fläche.

Dieses Ergebnis ist in Übereinstimmung mit experimentellen Ergebnissen, solange die Turbulenzintensität nicht zu groß ist (Auftreten von Flammenlöschung; vergl. Abschnitt 14.4). Insbesondere beschreibt dieses Modell auf sehr einfache Weise die

Tatsache, daß bei der motorischen Verbrennung die Erhöhung der Umdrehungszahl (v' ist proportional zur Umdrehungszahl) zur Beschleunigung der Brenngeschwindigkeit führt. Ohne diesen Zusammenhang wäre effektive motorische Verbrennung auf niedrige Drehzahlen beschränkt (Heywood 1989).

Ebenfalls in Übereinstimmung mit dem Experiment (Liu u. Lenze 1988) ist die Tatsache, daß (14.4) keine Abhängigkeit vom turbulenten Längenmaß (z. B. vom integralen Längenmaß l_0) zeigt. Dies läßt sich ganz zwanglos anhand einer einfachen schematischen Darstellung erklären (Abb. 14.4). Obwohl die beide dargestellten Flammenfronten verschiedene Längenskalen besitzen, sind die Gesamtflächen der laminaren Flammenfronten und damit auch die turbulente Flammengeschwindigkeit gleich.

14.4 Flammenlöschung

Bei sehr großer Turbulenzintensität v' nimmt die turbulente Flammengeschwindigkeit v_T nicht mehr zu, sondern wieder ab, und es tritt Flammenlöschung ein, wie z.B. Messungen von *Bradley* und Mitarbeitern (Abdel-Gayed et al. 1984) in einer Verbrennungsbombe mit C_3H_8-Luft bei intensiver Turbulenzerzeugung durch mehrere starke Ventilatoren zeigen (Abb. 14.5).

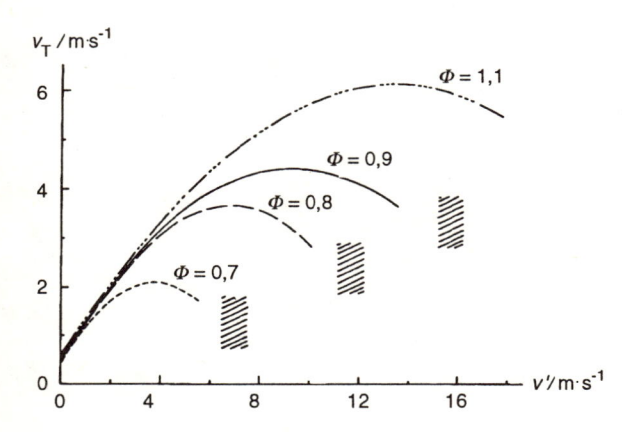

Abb. 14.5. Abhängigkeit der turbulenten Flammengeschwindigkeit von der Turbulenzintensität; Reaktion einer C_3H_8/Luft Mischung in einer Verbrennungsbombe (Abdel-Gayed et al. 1984)

Eine Erklärung für dieses Verhalten erhält man sofort, wenn man auf die Flamelet-Vorstellung zurückgreift. Auch für vorgemischte laminare Flammen ergibt sich Löschung bei genügender großer Streckung. Turbulente Flammen müssen demnach dasselbe Löschverhalten aufweisen (vergl. Kapitel 13).

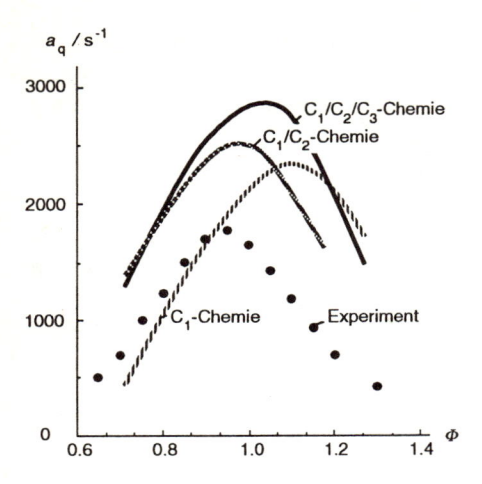

Abb. 14.6. Abhängigkeit der zur Flammenlöschung notwendigen Streckung a_q von der Gemischzusammensetzung für Propan-Luft Flammen

Abbildung 14.6 zeigt die zur Löschung notwendige Streckung als Funktion des Äquivalenzverhältnisses Φ für ein Paar von gegeneinander brennenden Methan-Luft-Vormischflammen. Es werden verschiedene Reaktionsmechanismen überprüft, um abzusichern, daß die Diskrepanz zwischen Messung und Simulation nicht auf die Chemie zurückzuführen ist (Stahl u. Warnatz 1991).

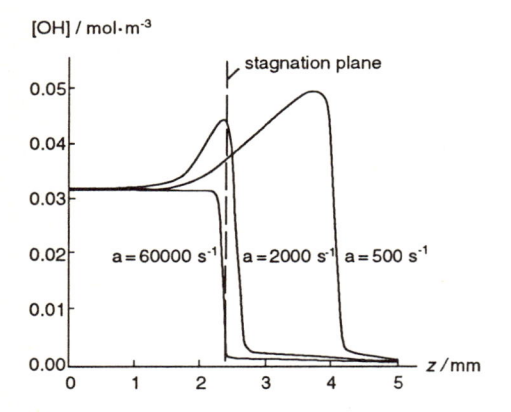

Abb. 14.6. Abhängigkeit der OH-Konzentration in der Flammenfront als Funktion der Streckung für stöchiometrische Propan-Luft Flammen

Diese Messungen und Simulationen bei laminaren Bedingungen zusammen mit einem Flamelet-Modell erlauben eine Erklärung der in turbulenten Vormischflammen beobachtbaren Löscherscheinungen. Zu beachten ist die besonders leichte Löschung von mageren Gemischen, die z.B. zu unerwartet starken Kohlenwasserstoff-Emissionen bei Magermotoren führt.

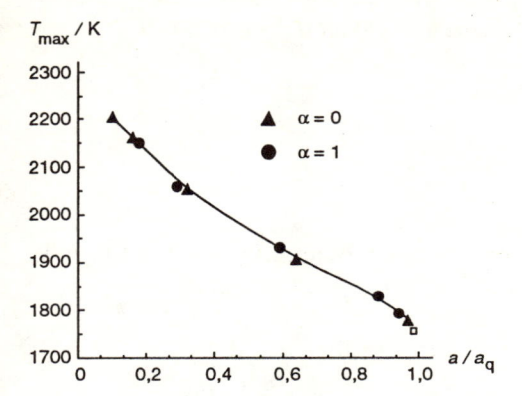

Abb. 14.8. Abhängigkeit der maximalen Flammentemperatur von der Streckung a bei einer stöchiometrischen Methan-Luft Flamme für planare ($\alpha = 0$) und rotationssymmetrische ($\alpha = 1$) Gegenstromanordnung (Stahl u. Warnatz 1991)

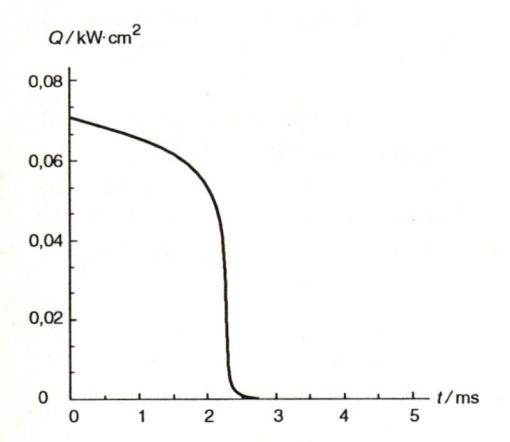

Abb. 14.9. Zeitlicher Verlauf der Wärmefreisetzung während der Flammenlöschung für eine stöchiometrische Methan-Luft Gegenstrom-Vormischflamme (Stahl u. Warnatz 1991)

Die Flammenlöschung ist wie bei Diffusionsflammen eine Lewis-Zahl-Instabilität (Peters u. Warnatz 1982). Bei Erhöhung der Streckung sinkt die maximale Flammentemperatur und die Konzentration der Radikale in der Flammenfront sinkt (siehe Abb. 14.7 und Abb. 14.8), bis Löschung eintritt (Stahl u. Warnatz 1991).

Zusammen mit der Streckung ist eine Abnahme der Flammentemperatur zu beobachten, die letztlich bei Absinken auf etwa 1750 K auf Grund der starken Verlangsamung der Reaktionsgeschwindigkeiten zur Verlöschung der Flamme führt.

Rechnungen zeigen weiterhin, daß die charakteristische Zeit für die Flammenlöschung nur einige Bruchteile von Millisekunden beträgt (siehe Beispiel in Abb. 14.9). Die durch das plötzliche Löschen verursachten Kontraktionen des Gases sind als Quelle der Flammengeräusche (zusammen mit durch die Geometrie bedingten entsprechenden Resonanzbedingungen) anzusehen (Stahl u. Warnatz 1991).

14.5 Übungsaufgaben

Aufgabe 14.1. In einer turbulenten vorgemischten Bunsenflamme sei folgende Wahrscheinlichkeitsdichtefunktion für die Geschwindigkeit gegeben:

$$P(u) = 0{,}0012 \, (10 \, u^2 - u^3) \quad \text{für} \quad 0 \leq u \leq 10 \text{ m/s}$$
$$P(u) = 0 \quad \text{für} \quad u \geq 10 \text{ m/s}$$

wobei in $P(u)$ die Geschwindigkeit dimensionslos eingesetzt werde. Berechnen Sie wahrscheinlichste Geschwindigkeit u_w, Mittelwert $\overline{u}$ und mittleres Schwankungsquadrat $\overline{u'^2}$. Wie groß ist die mittlere turbulente Flammengeschwindigkeit v_T, wenn die laminare Flammengeschwindigkeit $v_l = 60$ cm/s ist? Geben Sie außerdem das Flächenverhältnis von der mittleren turbulenten zur laminaren Flammenfläche an.

Aufgabe 14.2. Der Grenzfall turbulenter vorgemischter Flammen wäre eine unendlich schnelle Vermischung von Reaktanten und Produkten. Stellen Sie sich dazu einen Reaktor vor, in welchen Brennstoff und Luft einströmen und in dem so stark verwirbelt wird, daß überall eine konstante Mischung aus Brennstoff, Luft und Produkten vorliegt. Temperatur T_R und Druck im Reaktor seien ebenfalls konstant.

```
Brennstoff F,                          Produkte und etwas
Luft L           ┌─────────────────┐   Brennstoff und Luft
─────────────────┤ p, V, T, w_F, w_B, Ψ ├─────────────────
   m, T_0        └─────────────────┘   m, T_R
```

a) Bestimmen Sie den Massenanteil Ψ an unverbrannten Bestandteilen in Abhängigkeit von der Temperatur T_R des Reaktors und der Temperatur T_v, die sich bei vollständiger Verbrennung einstellen würde. Nehmen Sie dazu eine mittlere konstante Wärmekapazität c_p und eine massenspezifische Reaktionswärme q an.

b) Leiten Sie eine Beziehung her, die den volumenbezogenen Massenstrom $\dot{m}/V$ in Abhängigkeit von der Reaktortemperatur, den Brennstoff- und Luftmassenanteilen und vom Druck zeigt. Was ergibt sich für $T_R = T_v$? Die Reaktion erfolge nach der Gleichung

$$F + L \rightarrow \text{Produkte}$$

und die auf die Dichte bezogene Geschwindigkeitskonstante sei $k = A \exp(-E/RT)$.

15 Verbrennung flüssiger und fester Brennstoffe

Bei vielen technisch relevanten Verbrennungsprozessen findet die Verbrennung nicht in homogener Phase statt, sondern es werden flüssige oder feste Brennstoffe durch ein gasförmiges Oxidationsmittel verbrannt. Wegen der komplexen Prozesse bei diesen Verbrennungen sind sie weniger gut verstanden als Verbrennungsprozesse in homogener Phase. Dies ist nicht zuletzt dadurch begründet, daß neben den Prozessen in der Gasphase (chemische Reaktion und molekularer Transport) auch die Vorgänge in der flüssigen oder festen Phase, sowie die Prozesse an den Grenzschichten zwischen den Phasen berücksichtigt werden müssen.

Hier sollen kurz nur einige grundlegende Aspekte der Verbrennung flüssiger und fester Brennstoffe beschrieben werden. Eine eingehendere Darstellung dieser Prozesse findet man z.B. bei Görner (1991), Faeth (1984), Sirignano (1984) und Williams (1990).

15.1 Tröpfchen- und Spray-Verbrennung

Die Spray-Verbrennung umfaßt zahlreiche Teilprozesse, die miteinander wechselwirken und deshalb meist nicht getrennt betrachtet werden können. Hierzu zählen die *Bildung des Sprays (Aufbrechen der Flüssigkeit)*, die *Verdampfung der Tröpfchen*, die *Zündung* und die *Verbrennung* des gebildeten Dampfes. Bei der Modellierung unterscheidet man prinzipiell zwei verschiedene Vorgehensweisen:
- Ist man an der Modellierung realer technischer Systeme interessiert, so führen detaillierte Modelle zu einem nicht zu bewältigenden Rechenaufwand. Aus diesem Grund beschreibt man die Verdampfung und die Verbrennung durch sehr grobe Modelle.
- Ist man jedoch an den grundlegenden physikalisch-chemischen Prozessen interessiert, so beschränkt man sich auf die Betrachtung von einzelnen Tröpfchen und verwendet sehr detaillierte Modelle zur Beschreibung der chemischen Reaktion, der Verdampfung und des molekularen Transports in der Gasphase, im Tröpfchen und an der Grenzschicht.

15.1.1 Verbrennung von Einzeltröpfchen

Ein sehr genaues Verständnis der Vorgänge bei der Tröpfchenverbrennung erhält man durch die Betrachtung von Einzeltröpfchen, die von Oxidationsmittel umgeben sind. Um die Behandlung zu vereinfachen, nimmt man meist an, daß das Tröpfchen eine ideale sphärische Geometrie besitzt und deshalb durch ein eindimensionales Modell beschrieben werden kann. Die mathematische Modellierung geschieht dann durch Lösen der Erhaltungsgleichungen im Tröpfchen, in der Gasphase und an der Grenzschicht (siehe z.B. Cho et al. 1992, Stapf et al. 1991). Auch experimentell läßt sich dieses einfache System realisieren. Hierzu werden in einer Verbrennungskammer fein verteilte Tröpfchen erzeugt. Um den Einfluß der Gravitation auszuschließen, der zu einer Störung der sphärischen Symmetrie führen würde, wird die Verbrennungskammer während des Experiments in einem Fallturm frei fallen gelassen (siehe z.B. Yang u. Avedisian 1988).

Üblicherweise beobachtet man bei der Verbrennung von Einzeltröpfchen drei verschiedene Phasen, die i.a. parallel zueinander ablaufen und miteinander wechselwirken: (1) Wärme von der Gasphase wird übertragen und damit das Tröpfchen aufgeheizt; schließlich stellt sich ein Phasengleichgewicht an der Grenzschicht ein, und das Tröpfchen beginnt zu verdampfen. (2) Der Brennstoffdampf wandert, bedingt durch Diffusion, in die Gasphase; es wird ein brennbares Gemisch gebildet. (3) Das Gemisch zündet schließlich und verbrennt in Form einer Diffusionsflamme.

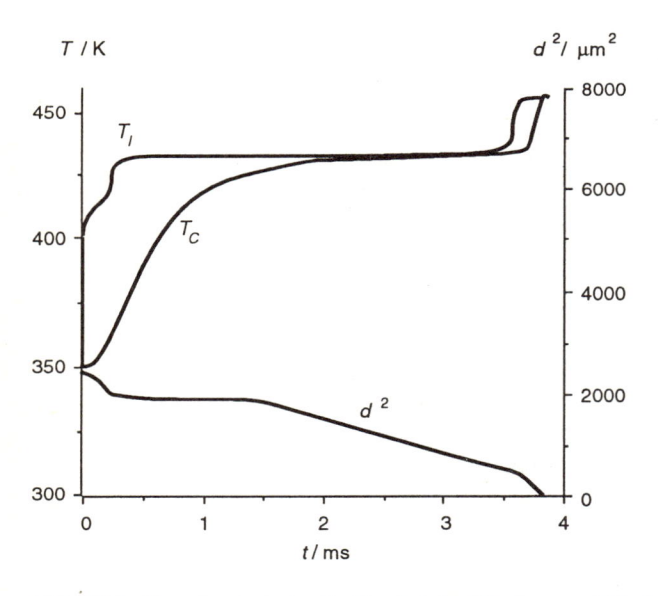

Abb. 15.1. Charakteristische Größen bei der Zündung und Verbrennung eines Methanoltröpfchens (Temperatur 350 K, Durchmesser 50 μm) in Luft ($T = 1100$ K, $p = 30$ bar); dargestellt sind die Temperatur im Tröpfchenmittelpunkt (T_c) und an der Phasengrenze (T_l) sowie der Tröpfchendurchmesser d (Stapf et al. 1991)

15.1 Tröpfchen- und Sprayverbrennung

Charakteristische Größen bei der Verdampfung, Zündung und Verbrennung eines Methanoltröpfchens, das von heißer Luft umgeben ist, sind in Abb. 15.1 dargestellt. Sobald das Tröpfchen der heißen Umgebung ausgesetzt wird, findet Wärmeübergang von der heißen Gasphase an das Tröpfchen statt und die Temperatur T_I am Tröpfchenrand steigt rasch an, bis sich ein Phasengleichgewicht ausbildet. Auch im Inneren des Tröpfchens findet Wärmeleitung statt, was dazu führt, daß auch die Temperatur T_C im Mittelpunkt des Tröpfchens ansteigt. Nach der Einstellung des Phasengleichgewichtes beginnt die Verdampfung des Tröpfchens, die in Abb. 15.1 an der Abnahme des Durchmessers zu erkennen ist. Nach einer Induktionszeit findet eine Zündung in der (das Tröpfchen umgebenden) Gasphase statt. Die mit der Zündung verbundene starke Temperaturerhöhung führt zu einer weiteren Aufheizung des Tröpfchens und damit zu einer beschleunigten Verdampfung.

Basierend auf einer vereinfachten Betrachtung des Verdampfungsprozesses (siehe z.B. Strehlow 1985) läßt sich ableiten, daß das Quadrat des Tröpfchendurchmessers bei der Verdampfung linear mit der Zeit abnimmt,

$$\frac{d(d^2)}{dt} = \text{const.}, \qquad (15.1)$$

wobei die Konstante von zahlreichen Eigenschaften des Tröpchens und der umgebenden Gasphase abhängt. Dieses d^2-*Gesetz* gilt allerdings nur unter sehr idealisierten Bedingungen, wie z.B. für einen stationären Verdampfungsvorgang. Zudem wird angenommen, daß die Temperatur des Tröpfchens dessen Siedepunkt entspricht. Abbildung 15.1 zeigt deutlich die Abweichungen eine realen Zündprozesses vom d^2-Gesetz. So führt z.B. die Zündung zu einer Temperaturerhöhung an der Tröpfchenoberfläche, und die Verdampfungsgeschwindigkeit erhöht sich. Während dieses Prozesses läßt sich die Verdampfung nicht mehr durch das einfache d^2-Gesetz beschreiben.

Bedingt durch die Vielzahl parallel ablaufender physikalisch-chemischer Prozesse wird die Zündung von Tröpfchen durch viele Faktoren beeinflußt. Für praktische Anwendungen ist oft eine Kenntnis der Zündverzugszeiten wichtig (vergl. hierzu auch Abschnitt 10.4). Da eine zündfähige Mischung erst nach Verdampfung des Brennstoffs und Diffusion in die Gasphase vorliegt, werden Ort der Zündung und Zündverzugszeit sowohl durch die Temperatur der Gasphase als auch durch die lokale Zusammensetzung der Gasphase bestimmt. Nur wenn gleichzeitig eine ausreichend hohe Temperatur und eine zündfähige Gemischzusammensetzung vorliegen, kann eine Zündung erfolgen. Aus diesem Grund hängt die Zündverzugszeit bei Tröpfchen stark von den Eigenschaften (Temperatur, Durchmesser) des Tröpfchens ab.

Zündverzugszeiten in Abhängigkeit von der Temperatur der Gasphase sind für verschiedene Tröpfchenradien in Abb. 15.2 dargestellt (Stapf et al. 1993). Eine Erhöhung der Temperatur führt analog zu Zündprozessen in gasförmigen Mischungen zu einer Verkürzung der Zündverzugszeit. Im allgemeinen steigt die Zündverzugszeit mit zunehmendem Tröpfchenradius. Dies ist dadurch bedingt, daß das Tröpfchen der Gasphase bei der Verdampfung Wärme entzieht.

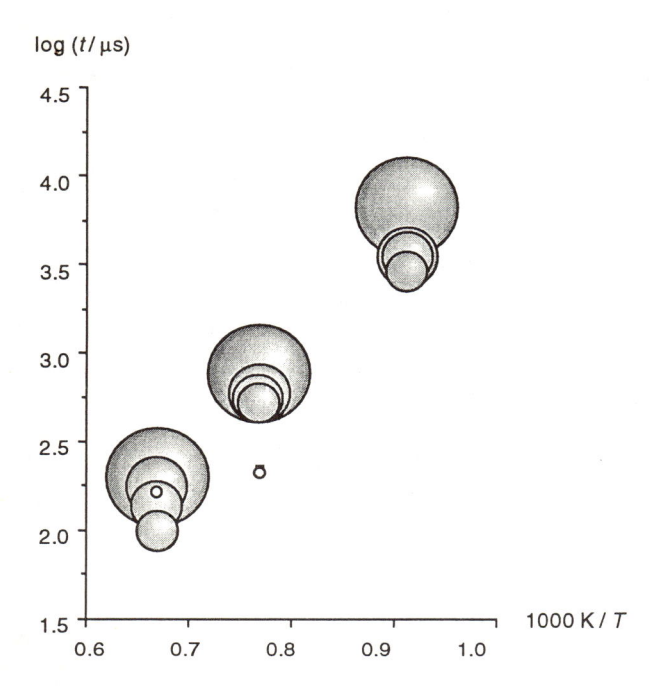

Abb. 15.2. Zündverzugszeiten bei der Zündung von Methanoltröpchen in Luft in Abhängigkeit von Temperatur und Tröpchengröße (Durchmesser 10 bis 100 µm)

Abweichungen von diesem Verhalten ergeben sich bei sehr kleinen Tröpfchendurchmessern, da in diesem Fall das Tröpfchen vor der eigentlichen Zündung schon vollständig verdampft ist.

15.1.2 Verbrennung eines Sprays

Die Modellierung der Verbrennung von Einzeltröpfchen liefert interessante Einblicke in die physikalisch-chemischen Prozesse bei der Verbrennung flüssiger Brennstoffe. Bei praktischen Anwendungen (z.B. Verbrennung in Dieselmotoren) sind die Vorgänge jedoch weitaus komplexer. In diesem Fall kann man die Einzeltröpfchen nicht isoliert betrachten, sondern muß ihre gegenseitige Wechselwirkung, sowie die Wechselwirkung mit dem (meist turbulenten) Strömungsfeld berücksichtigen (siehe z.B. Williams 1990).

Der Gesamtprozeß der Spray-Verbrennung läßt sich in aufgliedern in die Bildung des Sprays, die Bewegung der gebildeten Tröpfchen, die Verdampfung und die Verbrennung. Die Bildung des Sprays erfolgt dadurch, daß ein Brennstoffstrahl (z.B. der Strahl aus einer Kraftstoffdüse) bei der schnellen Einspritzung in das Gas durch Scherkräfte in einzelne Tröpfchen aufgespalten wird. Dieser Vorgang erfolgt ähnlich wie die Erzeugung von turbulenten Strukturen in Scherschichten (Clift et al. 1978).

Die gebildeten Tröpfchen bewegen sich dann im (meist turbulenten) Strömungsfeld. Die Tröpfchengröße in einem Spray ist nicht einheitlich, sondern es liegt eine Tröpfchengrößenverteilung vor, die durch die Art der Einspritzung und die Strömung im Brennraum bestimmt wird.

Durch Verdampfung der Tröpfchen und Diffusion des Brennstoffs in die Gasphase entsteht eine brennbare Mischung, die bei ausreichend hoher Temperatur zündet. Betrachtet man *dünne Sprays*, d.h. Sprays, bei denen die einzelnen Tröpfchen hinreichend weit voneinander entfernt sind, so lassen sich die Prozesse bei der Zündung und Verbrennung durch eine isolierte Betrachtung der Tröpfchen verstehen. Bei *dichten Sprays* sind sich die Tröpfchen jedoch so nahe, daß ihre gegenseitige Wechselwirkung nicht mehr vernachlässigt werden kann.

Mathematische Modelle der Sprayverbrennung gehen meist von stark vereinfachenden Annahmen aus. Oft werden die Tröpfchen im Reaktionssystem als Punktquellen angenommen, wobei die Verdampfung des Brennstoffs durch das d^2-Gesetz beschrieben wird.

15.2 Kohleverbrennung

Auf die komplexen Vorgänge bei der Kohleverbrennung soll hier nur kurz eingegangen werden. Eine ausführliche Behandlung findet man z.B. in Görner (1991). Kohle ist keine einheitliche chemische Verbindung, sondern eine Mischung verschiedener Bestandteile mit komplizierter Struktur. Neben den brennbaren Anteilen enthält Kohle auch nicht brennbare Stoffe, die nach dem Verbrennungsprozeß als Asche anfallen. Man unterscheidet bei der Kohleverbrennung drei Teilprozesse, die sich gegenseitig beeinflussen: die *Pyrolyse* der Kohle, den *Koksabbrand* und den *Abbrand der flüchtigen Bestandteile*.

Pyrolyse der Kohle: Die Pyrolyse (*thermische Zersetzung* und *Entgasung*) der Kohle findet bei Temperaturen > 600K statt. Hierbei erfolgt eine Trennung in Koks, Teer und flüchtige Bestandteile. Der Pyrolysevorgang hängt von zahlreichen physikalisch-chemischen Faktoren ab. Hierzu zählen z.B. das Schwellen oder Schrumpfen der Kohlepartikel, die Struktur der Kohle (z.B. Porengröße), die Transportprozesse in den Poren und an den Korngrenzen, die Temperatur bei der Pyrolyse und Sekundärreaktionen der Pyrolyseprodukte.

Der Mechanismus der Pyrolyse ist wegen seiner Komplexität nur in sehr groben Zügen bekannt (siehe z.B. Solomon et al. 1987). Flüchtige Bestandteile entstehen z.B. durch die thermische Abspaltung einzelner funktioneller Gruppen unter Bildung von CH_4, H_2, CO, HCN usw. Durch Aufspaltung chemischer Bindungen entstehen weiterhin kleinere Bruchstücke, die sich umlagern können und zu Teerverbindungen weiterreagieren. An die chemische Umwandlung der Kohle schließt sich Diffusion der flüchtigen Bestandteile an die Oberfläche der Kohlepartikel an, wo sie verdampfen und in die Gasphase diffundieren.

Da nur wenig über die detaillierten Prozesse bekannt ist, wird der komplexe Pyrolysevorgang meist durch sehr grobe Modelle, wie z.B. konstante Pyrolysegeschwindigkeit oder globale Geschwindigkeitsgesetze beschrieben. Ebenso wie bei Reaktionen in der Gasphase (siehe Kapitel 6) besitzen diese einfachen Modelle den Nachteil, daß sie nur für ganz bestimmte Bedingungen verwendet werden können und eine Extrapolation auf andere Bedingungen meist nicht möglich ist.

Abbrand der flüchtigen Bestandteile: Die bei der Entgasung gebildeten flüchtigen Bestandteile werden in der Gasphase verbrannt. Die zugrundeliegenden Prozesse (Verdampfung, Diffusion in die Gasphase und Verbrennung) sind sehr ähnlich zu denen der Tröpfchenverbrennung. Allerdings sind die bei der Entgasung gebildeten Produkte eine sehr komplizierte Mischung verschiedener Bestandteile, sodaß eine genaue Beschreibung zur Zeit noch nicht möglich ist.

Koksabbrand: Auch der Koksabbrand ist ein sehr komplexer Vorgang. Teilprozesse sind die chemischen Vorgänge an der Oberfläche (Adsorption von Sauerstoff, Oberflächenreaktionen und Desorption der Verbrennungsprodukte), die Porendiffusion und die Diffusion an den Korngrenzen. Im Gegensatz zu Verbrennungsprozessen in der Gasphase sind diese heterogenen Reaktionen noch nicht sehr gut verstanden.

16 Motorklopfen

Eine genaue Kenntnis der Verbrennungsvorgänge in Motoren bildet die Grundlage für eine Weiterentwicklung sowohl der Motortechnik als auch der Kraftstofftechnologie mit dem Ziel, einen sparsameren und umweltfreundlicheren Betrieb von Kraftfahrzeugen zu ermöglichen. Vor allem die beim Ottomotor unerwünscht in Erscheinung tretenden Selbstzündungen verlangen eine besondere Beachtung. Eine thermodynamische Analyse des in einem Ottomotor ablaufenden Kreisprozesses zeigt, daß der ideale Wirkungsgrad eines Ottomotors mit zunehmendem Verdichtungsverhältnis ansteigt. Gleichzeitig nimmt die absolute Leistung infolge des größeren Füllgrades des Motors zu. Die Verdichtung jedoch läßt sich nicht beliebig steigern; Grund dafür ist das Auftreten des Motorklopfens.

16.1 Grundlegende Phänomene

Beim Motorklopfen wird das Frischgas vom Kolben und von der sich ausbreitenden Flammenfront der regulären Zündung komprimiert und dadurch erhitzt, bis spontane Selbstzündung auftritt (Jost 1939). Dabei entstehen hohe Druckspitzen im Verbrennungsraum, und die gesamte Gasmasse wird zu starken Schwingungen angeregt, welche das bekannte klingelnde Geräusch hervorrufen und den Motor übermäßig beanspruchen.

In ihrer Klopfneigung zeigen Kraftstoffe ein recht unterschiedliches Verhalten. Um einen direkten Vergleich zu ermöglichen, definierte das *Cooperative Fuel Research Committee* (CFR) eine Meßskala, nach der die sogenannten Oktanzahlen (OZ) bestimmt werden. In einem genormten Motor wird dabei die Klopffestigkeit eines Kraftstoffs mit der eines n-Heptan/iso-Oktan (2,2,4-Trimethylpentan)-Gemisches verglichen. Dem klopffreudigen n-Heptan wird die Oktanzahl 0, dem klopffesten iso-Oktan die Oktanzahl 100 zugeordnet. Ein Treibstoff mit der OZ 80 entspricht danach bezüglich seines Klopfverhaltens einem Gemisch aus 80% iso-Oktan und 20% n-Heptan. Ein Vergleich der Oktanzahlen zeigt, daß verzweigte Alkane weitaus klopffester sind als ihre unverzweigten Struktisomeren (Jost 1939); diese Beobachtung ließ sich bisher jedoch nicht quantifizieren.

Aufnahmen in einem Versuchsmotor mit optischem Zugang vom Zylinderkopf her (Smith et al. 1984) zeigen die Selbstzündung des unverbrannten Endgases (Abb. 16.1). Die Einzelbilder sind in einem zeitlichen Abstand von 28,6 µs mit einer Belichtungszeit von 1,5 µs aufgenommen. Das Endgas wird hier durch vier Flammenfronten (herrührend von vier Zündkerzen) komprimiert, um Wärmeverluste zur Wand möglichst zu vermeiden und eine adiabatische Versuchsdurchführung zu garantieren, so daß aus dem gemessenen Druckverlauf (unter Annahme weitgehend adiabatischer Versuchsführung) gut auf den Temperaturverlauf im Endgas geschlossen werden kann. Das Einsetzen der Zündung findet in diesem Beispiel zu einem Zeitpunkt nach der vierten Momentaufnahme statt (zu erkennen an einer Verdunkelung). Das unverbrannte Endgas zündet (im Rahmen der vorgegebenen Zeitauflösung) vollkommen simultan.

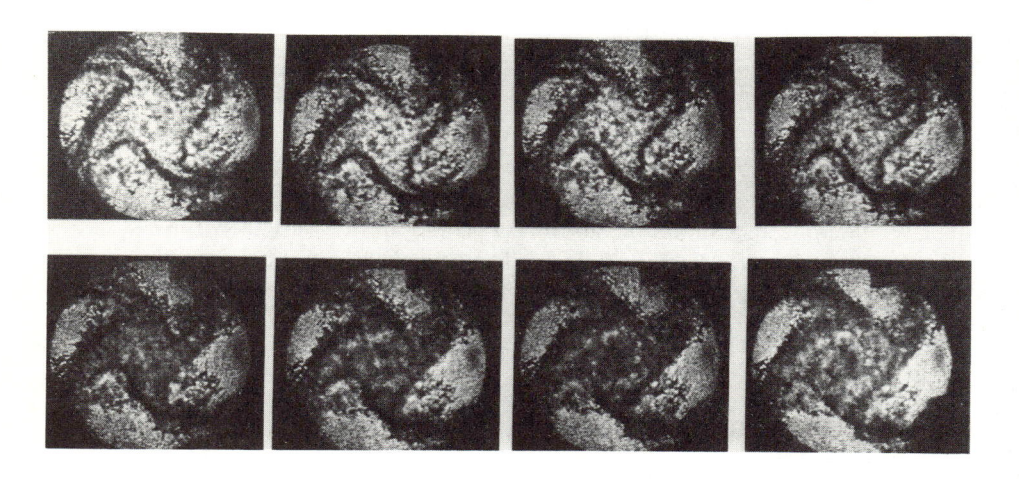

Abb. 16.1. Selbstzündung des unverbrannten Endgases in einem Versuchsmotor (Smith et al. 1984)

Das Einsetzen der Zündung wird fast ausschließlich durch die chemische Kinetik kontrolliert. Das Frischgas wird von dem sich aufwärts bewegenden Kolben und der sich ausbreitenden Flammenfront der regulären Zündung komprimiert und deshalb stark erhitzt, bis spontane Selbstzündung auftritt. Temperatur- und Druckgeschichte bestimmen hierbei die Zündverzugszeit (vergleiche Kapitel 10).

Wegen der großen Sensitivität der Zündverzugszeit bezüglich der Temperatur zündet das Endgas zunächst an Punkten erhöhter Temperatur (englisch: *hot spots*), die ihre Ursache darin haben, daß das Endgas zwar nahezu homogen ist, aber doch geringe Fluktuationen von Druck und Temperatur vorherrschen, wobei die Ursache dieser Fluktuationen noch nicht genau eingegrenzt ist. Die Zündung der „hot spots" leitet dann durch druckinduzierte Flammenfortpflanzung oder die Bildung von Detonationswellen eine schnelle Zündung des gesamten Endgases ein (siehe Abschnitt 10.6 für Einzelheiten über diesen Prozeß).

16.2 Hochtemperatur-Oxidation

Abbildung 16.2 zeigt durch CARS- (*coherent Anti-Stokes Raman Scattering*) und SRS-Spektroskopie (*spontaneous Raman scattering*), also moderne berührungsfreie Meßmethoden (siehe Kapitel 2), gemessene Temperaturen im Endgas des in Abschnitt 16.1 beschriebenen Versuchsmotors (Smith et al. 1984).

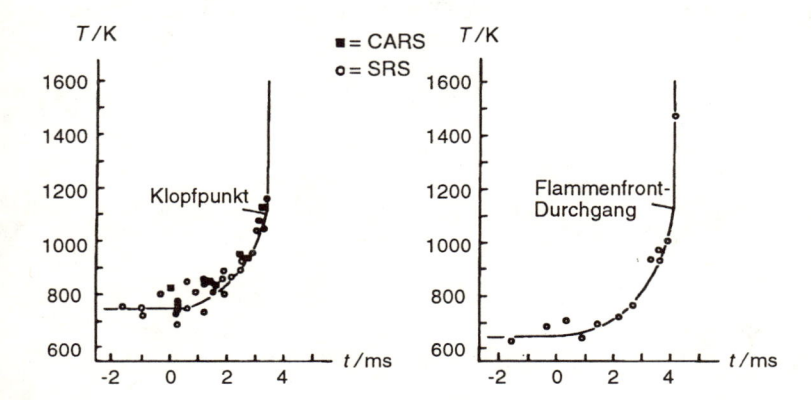

Abb. 16.2. Temperatur des unverbrannten Endgases in einem Versuchsmotor

Das Klopfen tritt in diesem Motor bei etwa 1100 K auf, und es besteht die Aufgabe, nach Reaktionsmechanismen zu suchen, die bei dieser Temperatur die Selbstzündung beschreiben. Unterhalb 1200 K ist die in Flammenfortpflanzungsprozessen bei höheren Temperaturen dominierende Kettenverzweigung

$$H^\bullet + O_2 \rightarrow O^\bullet + OH^\bullet$$

wegen ihrer starken Temperaturabhängigkeit zu langsam, um den Selbstzündungsprozeß im Endgas des Otto-Motors erklären zu können. Reaktionsweg- und Sensitivitätsanalysen führen zu dem Schluß (Esser et al. 1985), daß die zur Selbstzündung führende Kettenverzweigung gegeben ist durch (R = Kohlenwasserstoffrest)

$$HO_2^\bullet + RH \rightarrow H_2O_2 + R^\bullet$$
$$H_2O_2 + M \rightarrow OH^\bullet + OH^\bullet + M.$$

Die OH-Radikale können dann wieder das ursprünglich eingesetzte HO_2 zurückbilden, z. B. durch

$$OH^\bullet + H_2 \rightarrow H_2O + H^\bullet$$
$$H^\bullet + O_2 + M \rightarrow HO_2^\bullet + M$$

In der Tat vermag die Verzweigung über das HO_2-Radikal die Ergebnisse in dem betrachteten Versuchsmotor um 1100 K zu erklären. Abbildung 16.3 zeigt Simulation und Experiment für einen klopfenden und einen nicht klopfenden Motorzyklus (Esser et al. 1985). Ausgehend von gemessenen Druckprofilen und daraus berechneten Temperaturprofilen wird der Zündzeitpunkt bei den jeweiligen Bedingungen berechnet. Im klopfenden Fall stimmt der berechnete Zündzeitpunkt mit der Zeit, zu der im Experiment das Klopfen einsetzt, recht gut überein. Für den nicht-klopfenden Fall läge der Zündpunkt so spät, daß die sich ausbreitende Verbrennung abgeschlossen wäre, bevor eine Selbstzündung eintreten könnte.

Dieses Ergebnis darf jedoch leider nicht verallgemeinert werden. Serienmotoren in Automobilen klopfen bei wesentlich niedrigeren Temperaturen, und die Chemie des Klopfvorgangs gestaltet sich wesentlich komplizierter (siehe Abschnitt 16.3).

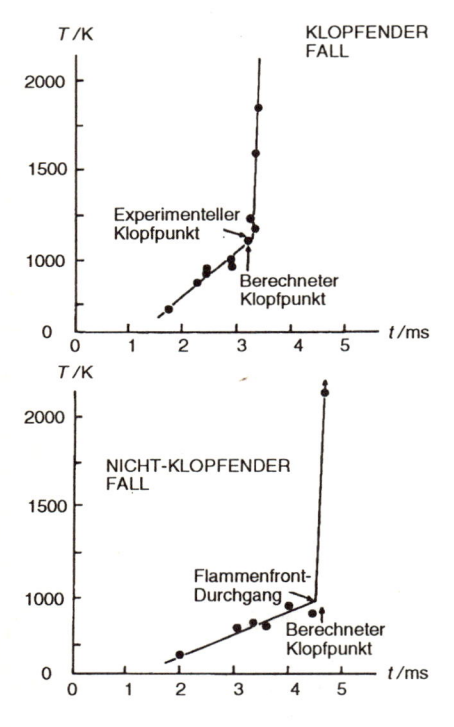

Abb. 16.3. Klopfpunkte in einem klopfenden (oben) und einem nicht klopfenden Zyklus (unten) in einem Versuchsmotor (Treibstoff: n-Butan). Experiment: Smith et al. 1984, Simulation: Esser et al. 1985

16.3 Niedertemperatur-Oxidation

Bei Serienmotoren sind die Wärmeverluste zur Wand größer als im vorher beschriebenen Experimentalmotor, und die Selbstzündung findet bei niedrigeren Temperaturen statt (800 K - 900 K, siehe Beispiel weiter unten). Bei diesen Temperaturen wird der oben erwähnte H_2O_2-Zerfall ziemlich langsam, und andere (brennstoffspezifische und damit kompliziertere) Kettenverzweigungsmechanismen bauen sich auf (Pitz et al. 1989):

R•	+ O_2	⇌	RO_2•		(erste O_2-Addition)
RO_2•	+ RH	→	ROOH	+ R•	(externe H-Atom-Abstraktion)
ROOH		→	RO•	+ OH•	(Kettenverzweigung)
RO_2•		→	R'OOH•		(interne H-Atom-Abstraktion)
R'OOH•		→	R'O	+ OH•	(Kettenfortpflanzung)

Im ersten Schritt reagieren Kohlenwasserstoffradikale mit Sauerstoff zu Peroxiradikalen (RO_2•). Diese können nun Wasserstoffatome unter Bildung von Hydroperoxiverbindungen (ROOH) abstrahieren. Während bei der externen Wasserstoffabstraktion (Reaktion mit einem anderen Molekül) das Hydroperoxid unter Kettenverzweigung in ein Oxiradikal (RO•) und OH zerfällt, reagiert bei der internen Wasserstoffabstraktion (Abstraktion eines Wasserstoffatoms des selben Moleküls) das primär gebildete Radikal R´O_2H• (die freie Valenz ist nun an der Stelle, von der das Wasserstoffatom abstrahiert wurde) entsprechend einer Kettenfortpflanzung zu einer gesättigten Verbindung (Aldehyd oder Keton) und OH.

Es ergibt sich jedoch, daß die externe H-Atom-Abstraktion sehr viel langsamer ist als die interne H-Atom-Abstraktion, so daß mit diesem Mechanismus noch keine wirksame Kettenverzweigung und damit auch keine Zündung des Gemisches erklärt werden kann. Das wird jedoch erreicht, wenn man die O_2-Addition mit dem bei der internen Wasserstoffabstraktion gebildeten Radikal R´O_2H• noch einmal wiederholt (Chevalier et al 1990a und 1990b):

R'O_2H•	+ O_2	⇌	O_2R'O_2H•		(zweite O_2-Addition)
O_2R'O_2H•	+ RH	→	HO_2R'O_2H	+ R•	(externe H-Atom-Abstraktion)
HO_2R'O_2H		→	HO_2R'O•	+ OH•	(Kettenverzweigung)
HO_2R'O•		→	OR'O	+ OH•	(Kettenfortpflanzung)
O_2R'O_2H•		→	HO_2R"O_2H•		(interne H-Atom-Abstraktion)
HO_2R"O_2H•		→	HO_2R"O + OH•		(Kettenfortpflanzung)
HO_2R"O		→	OR"O•	+ OH•	(Kettenverzweigung)

Mit diesem Mechanismus lassen sich die sogenannte *Zweistufenzündung* (siehe Abb. 16.4) und ein *negativer Temperaturkoeffizient* der Zündverzugszeit (siehe Abb. 16.5) erklären: Die durch die Sauerstoffaddition gebildeten Vorläufer der Kettenverzweigung zerfallen wegen ihrer Instabilität bei höherer Temperatur wieder in die Ausgangsstoffe (man sagt daher *degenerierte Kettenverzweigung*). Bei der Zweistufenzündung reagiert ein brennbares Gemisch zunächst unter geringer Temperaturerhöhung, die zum Abbruch der Kettenverzweigung führt. Nach einer weiteren sehr langen Induktionszeit findet dann eine zweite Zündung mit vollständiger Reaktion statt, die allein durch die langsamere Hochtemperatur-Oxidation zustandekommt. Der Bereich des negativen Temperaturkoeffizienten ist dadurch charakterisiert, daß bei einer Erhöhung der Temperatur eine Verlangsamung der Zündung (d.h. eine Verlängerung der Induktionszeit) erfolgt. In einem bestimmten Temperaturintervall gilt dann die normale Temperaturabhängigkeit der Zündverzugszeit (vergl. Abschnitt 10.4) nicht mehr.

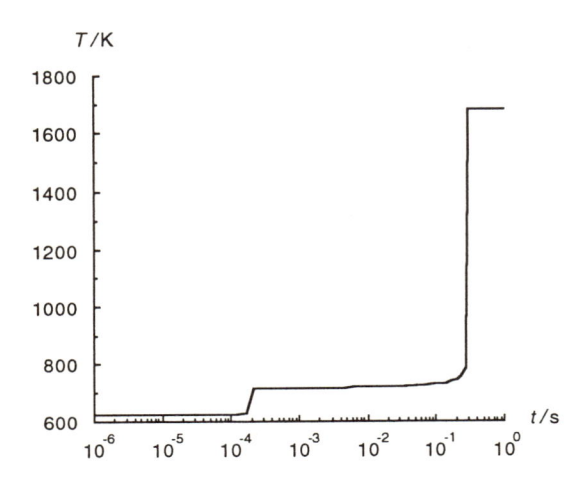

Abb. 16.4. Temperaturverlauf bei einer Zweistufenzündung in einem stöchiometrischen n-Heptan-Luft-Gemisch, $p = 15$ bar, $T_0 = 625$ K, adiabatisch (Esser 1990)

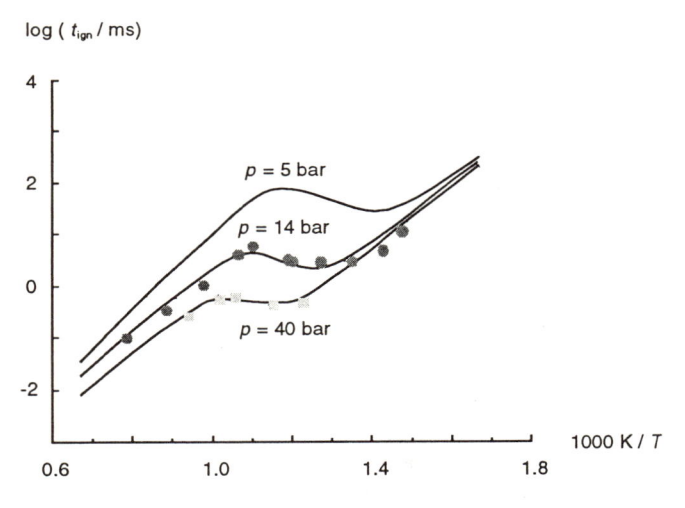

Abb. 16.5. Zündverzugszeiten in stöchiometrischen n-Heptan-Luft Mischungen; negativer Temperaturkoeffizient (Chevalier et al. 1990a und 1990b)

Ein Beispiel für die Selbstzündung (als notwendige Voraussetzung für das Motorklopfen) in einem serienmäßigen Motor ist in Abb. 16.6 wiedergegeben (Warnatz 1991). Dabei ist der benutzte Treibstoff das relativ klopfempfindliche unverzweigte n-Oktan. Der Druckverlauf wird gemessen und daraus der Temperaturverlauf unter Berücksichtigung der Wärmeverluste an der Wand berechnet.

Die Selbstzündung im Experiment ereignet sich etwa bei 900 K, erkennbar durch deutliche Oszillationen des Druckverlaufs. Die Simulation beruht auf dem gemessenen Druck- und Temperatur-Verlauf unter Verwendung detaillierter Chemie und führt zu ähnlichem Selbstzündverhalten, erkennbar z. B. am OH-Radikal-Profil und dem Einsetzen der CO-Bildung.

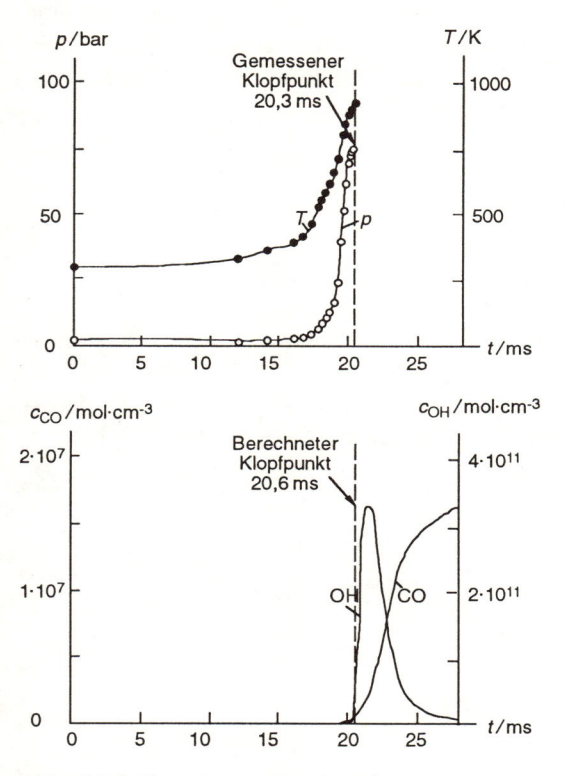

Abb. 16.6. Experimentelles (oben) und simuliertes (unten) Klopfverhalten eines Motors (Warnatz 1991)

Die hier beschriebene Niedertemperatur-Oxidation führt zu sehr großen Reaktionsmechanismen, da die enthaltenen Radikale R, R', R",... viele verschiedene isomere Strukturen haben können (~6000 Reaktionen von ~2000 Spezies für n-$C_{16}H_{34}$, Cetan). Aus diesem Grunde werden diese Reaktionsmechanismen vom Rechner auto-matisch erzeugt.

Ein weiteres Beispiel für die Anwendung solcher Reaktionsmechanismen ist die eindeutige Korrelation von Zündverzugszeiten und Oktanzahlen. Dieser eindeutige Zusammenhang ist ein weiterer Beweis für die Hypothese, daß das Motorklopfen durch die Kinetik der Selbstzündung des Endgases bestimmt wird.

16.4 Klopfschäden

Die Selbstzündung einzelner heißer Punkte (englisch: *hot spots*) im unverbrannten Endgas erfolgt so schnell, daß keine Zeit für den Druckausgleich zur Verfügung steht und Druckwellen entstehen, die offensichtlich auch in (selbsterhaltende) Detonationen übergehen können (Goyal et al. 1990a, 1990b). Die schnelle Ausbreitung der Detonationswellen (u.U. mit Geschwindigkeiten von mehr als 2000 m/s) bewirkt eine nahezu simultane Zündung des Endgases. Charakteristisch für Detonationen sind hohe Druckspitzen. Treffen solche Druckwellen (u.U. auch die Überlagerung mehrerer Wellen oder fokussierte Druckwellen) auf die Zylinderwände oder den Kolben, so können die bekannten Klopfschäden resultieren.

16.5 Übungsaufgaben

Aufgabe 16.1. Stellen Sie für den für das Motorklopfen verantwortlichen Reaktionsmechanismus die zeitliche Änderung der Konzentration der OH-Radikale in Abhängigkeit von R, O_2 und RH dar, wobei R und R' zwei verschiedene Kohlenwasserstoffreste sind und der Punkt über einem Molekül eine freie Bindung andeutet. Sie können dazu für Zwischenprodukte Quasistationarität annehmen. Der Mechanismus sei gegeben durch die Reaktionen

$$\dot{R} + O_2 \rightarrow \dot{R}O_2 \quad (1)$$
$$\dot{R}O_2 \rightarrow \dot{R} + O_2 \quad (-1)$$
$$\dot{R}O_2 + RH \rightarrow ROOH + \dot{R} \quad (2)$$
$$ROOH \rightarrow \dot{R}O + \dot{O}H \quad (3)$$
$$\dot{R}O_2 \rightarrow \dot{R}'OOH \quad (4)$$
$$\dot{R}'OOH \rightarrow R'O + \dot{O}H \quad (5)$$

Wie sieht das Ergebnis aus, wenn Reaktion (-1) wesentlich langsamer verläuft als Reaktion (1)?

17 Stickoxid-Bildung

Die zunehmende Umweltbelastung erfordert eine Minimierung aller aus Verbrennungsprozessen resultierenden Schadstoffe. Besondere Bedeutung kommt den Stickoxiden (NO_x) zu, welche in der Troposphäre die Bildung des gefährlichen Ozons und des photochemischen Smogs begünstigen. Auch bei der Bildung von Stickoxiden ist eine phänomenologische oder experimentelle Untersuchung allein nicht sinnvoll. Nur in Verbindung mit detaillierten Modellen zur Beschreibung der Stickoxidbildung lassen sich die komplexen Prozesse verstehen und Wege zur Schadstoff-Minderung finden.

Bei der Stickoxidbildung unterscheidet man drei verschiedene Prozesse, nämlich die Bildung von NO_x aus Luftstickstoff bei hohen Temperaturen, die bei niederen Temperaturen und die Bildung aus brennstoffgebundenem Stickstoff. Bei der Reduktion der NO_x-Emissionen lassen sich Primärmaßnahmen, die die Bildung von NO_x verhindern, und Sekundärmaßnahmen, welche NO_x zu ungefährlichen Produkten (wie z.B. H_2O und N_2) abbauen, unterscheiden.

17.1 Thermisches NO (Zeldovich-NO)

Thermisches NO oder *Zeldovich*-NO (nach Y.A. Zeldovich, 1948, der den Mechanismus erstmals postulierte) entsteht durch die Elementarreaktionen (Baulch et al. 1991)

$$O + N_2 \xrightarrow{k_1} NO + N \quad k_1 = 1{,}8 \cdot 10^{12} \exp(-319 \text{ kJmol}^{-1}/RT) \text{ cm}^3/(\text{mol} \cdot \text{s}) \quad (1)$$

$$N + O_2 \xrightarrow{k_2} NO + O \quad k_2 = 6{,}4 \cdot 10^{9} \exp(-26 \text{ kJmol}^{-1}/RT) \text{ cm}^3/(\text{mol} \cdot \text{s}) \quad (2)$$

$$N + OH \xrightarrow{k_3} NO + H \quad k_3 = 3{,}0 \cdot 10^{13} \quad\quad\quad\quad\quad\quad\quad \text{ cm}^3/(\text{mol} \cdot \text{s}) \quad (3)$$

Den Namen „*thermisch*" verdankt dieser Mechanismus der Stickoxidbildung der Tatsache, daß die erste Reaktion (1) wegen der starken N_2-Dreifachbindung eine hohe Aktivierungsenergie besitzt und daher erst bei sehr hohen Temperaturen ausreichend schnell abläuft. Wegen ihrer relativ kleinen Geschwindigkeit ist Reaktion (1) der geschwindigkeitsbestimmende Schritt bei der thermischen NO-Bildung. Die Temperaturabhängigkeit des Geschwindigkeitskoeffizienten ist in Abb. 17.1 dargestellt.

202 17 Stickoxid-Bildung

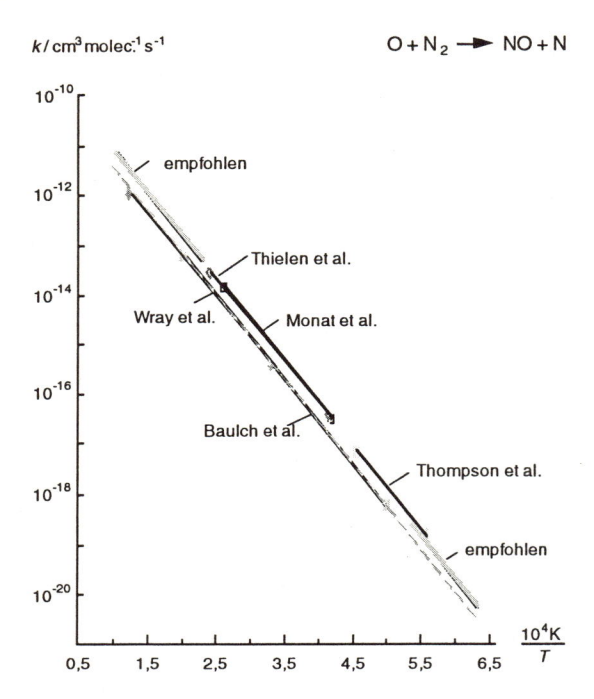

Abb. 17.1. Arrhenius-Darstellung $k = k(1/T)$ für die Reaktion $O + N_2 \rightarrow NO + N$ (Riedel et al. 1989)

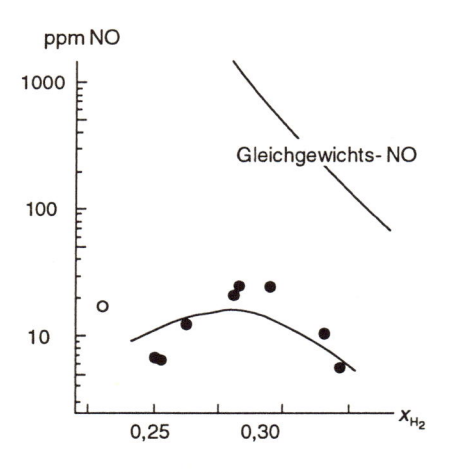

Abb. 17.2. Gemessene und berechnete NO-Konzentrationen in H_2-Luft-Flammen in Abhängigkeit von der Stöchiometrie (Warnatz 1981)

Abbildung 17.2 zeigt Ergebnisse von NO-Konzentrationsmessungen in Wasserstoff-Luft-Flammen verschiedener Stöchiometrie und stellt diese den Resultaten einer Simulation gegenüber, die die Reaktionen (1-3) berücksichtigt (Warnatz 1981a). Es ergibt sich gute Übereinstimmung, da die Geschwindigkeitskoeffizienten k_1, k_2 und k_3 recht genau gemessen sind (vergleiche z.B. Abb. 17.1).

Vollkommen falsche Ergebnisse erhält man dagegen (diese Annahme wird noch oft benutzt), wenn man die Einstellung eines chemischen Gleichgewichts annimmt (man beachte die logarithmische Skala in Abb. 17.2). Reaktion (1) ist so langsam, daß sich das Gleichgewicht erst nach Zeiten einstellt, die um Größenordnungen länger sind als die in der Flammenfront zur Verfügung stehenden charakteristischen Zeiten (einige ms).

Für die NO-Bildungsgeschwindigkeit ergibt sich gemäß den Reaktionen (1-3) das Geschwindigkeitsgesetz

$$\frac{d[NO]}{dt} = k_1[O][N_2] + k_2[N][O_2] + k_3[N][OH]. \quad (17.1)$$

Da weiterhin

$$\frac{d[N]}{dt} = k_1[O][N_2] - k_2[N][O_2] - k_3[N][OH] \quad (17.2)$$

gilt und die Stickstoffatome wegen der schnellen Weiterreaktion in den Schritten (2) und (3) als quasistationär angenommen werden dürfen (Einzelheiten dazu in Abschnitt 7.1.1), d.h. $d[N]/dt = 0$, ergibt sich für die NO-Bildung der einfache Zusammenhang

$$\frac{d[NO]}{dt} = 2k_1[O][N_2]. \quad (17.3)$$

Eine Minimierung des NO ist demnach möglich durch Minimierung von k (d.h. Verringerung der Temperatur), von [O] oder von [N_2] (z.B. durch Benutzung von Sauerstoff statt Luft).

Am einfachsten wäre es jetzt, für die O-Atom-Konzentration den aus thermodynamischen Betrachtungen leicht zu ermittelnden Gleichgewichtswert einzusetzen (die N_2-Konzentration ist leicht meßbar oder gut abschätzbar). Dies führt jedoch zu großen Fehlern von bis zu einem Faktor 10, da (wie man aus Abb. 17.3 ersehen kann) in der Flammenfront eine erhöhte Konzentration an Sauerstoffatomen auftritt (englisch: *super-equilibrium concentration*).

Einen Ausweg bietet die Berechnung von O-Konzentrationen unter Annahme eines *partiellen Gleichgewichtes* (siehe Abschnitt 7.1.2). Damit ergibt sich

$$[O] = \left(\frac{k_1 k_3 [O_2][H_2]}{k_2 k_4 [H_2O]}\right). \quad (17.4)$$

Die O-Atom-Konzentration kann somit aus den Konzentrationen von H_2O, O_2 und H_2 ermittelt werden, die als stabile Teilchen wieder leicht meßbar oder genügend gut abschätzbar sind. Diese einfache algebraische Beziehung gilt nur für hohe Temperaturen (siehe Abschnitt 7.1.2). Im betrachteten Zusammenhang ist das jedoch überhaupt keine Einschränkung (Warnatz 1990), da thermisches NO selbst erst bei hohen Temperaturen gebildet wird.

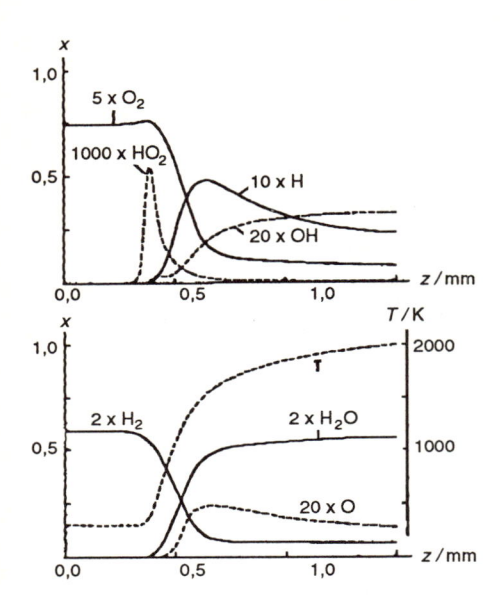

Abb. 17.3. Molenbruchprofile in einer stöchiometrischen Wasserstoff-Luft-Flamme; $p = 1$ bar, $T_u = 298$ K (Warnatz 1981a)

17.2 Promptes NO (Fenimore-NO)

Die Behandlung des *prompten NO* (oder nach C.P. Fenimore (1979), der diesen Mechanismus erstmals postulierte, *Fenimore-NO* genannt) ist wesentlich komplizierter als die des vorher behandelten thermischen NO, da seine Entstehung mit dem Radikal CH verbunden ist, das in vielfältiger Weise reagieren kann (siehe Reaktionsschema Abb. 17.4). Das intermediär gebildete CH reagiert mit Luftstickstoff, wobei Blausäure (HCN) gebildet wird, welche dann schnell zu NO weiterreagiert (für Einzelheiten siehe Abschnitt 17.3):

$$CH + N_2 \rightarrow HCN + N \rightarrow ... \rightarrow NO$$

Über den geschwindigkeitsbestimmenden Schritt $CH + N_2 \rightarrow HCN + N$ gibt es in der Literatur nicht sehr genaue Informationen, wie aus einer Arrheniusdarstellung der Temperaturabhängigkeit des Geschwindigkeitskoeffizienten (dargestellt in Abb. 17.5) leicht ersichtlich ist.

Dementsprechend läßt sich die Bildung des Fenimore-NO noch nicht befriedigend durch Simulationen reproduzieren, wie Abb. 17.6 zeigt (geschätzte Genauigkeit zur Zeit: Faktor 2). Dargestellt sind hier Molenbruchprofile in einer stöchiometrischen C_3H_8-Luft-Flamme (Bockhorn et al. 1991). Dabei kennzeichnen Punkte experimentelle Ergebnisse, die Linien stellen Simulationen dar.

Abb. 17.4. Mechanismus der Oxidation von C_1- und C_2-Kohlenwasserstoffen (Warnatz 1981)

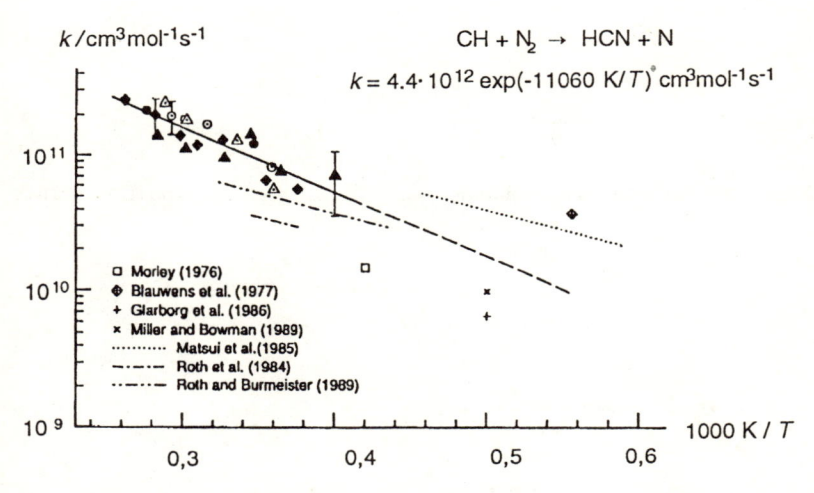

Abb. 17.5. Geschwindigkeitskoeffizienten für die Reaktion von CH mit N_2 (Dean et al. 1990)

Da das Ethin (Acetylen) als Vorläufer des CH-Radikals (siehe Abb. 17.4) nur unter brennstoffreichen Bedingungen gebildet wird (Bevorzugung der Bildung von C_2-Kohlenwasserstoffen durch CH_3-Rekombination), wird auch das prompte NO hauptsächlich unter diesen Bedingungen gebildet.

Zur Demonstration ist die Bildung von NO in einem *Rührreaktor* bei der Verbrennung von CH_4 in Abb. 17.7 wiedergegeben. Berechnet ist die NO-Bildung für einen rein thermischen Mechanismus und für den vollständigen Mechanismus (Zeldovich- und Fenimore-NO), so daß die Differenz zwischen thermischem NO und Gesamt-NO dem prompten NO zuzurechnen ist.

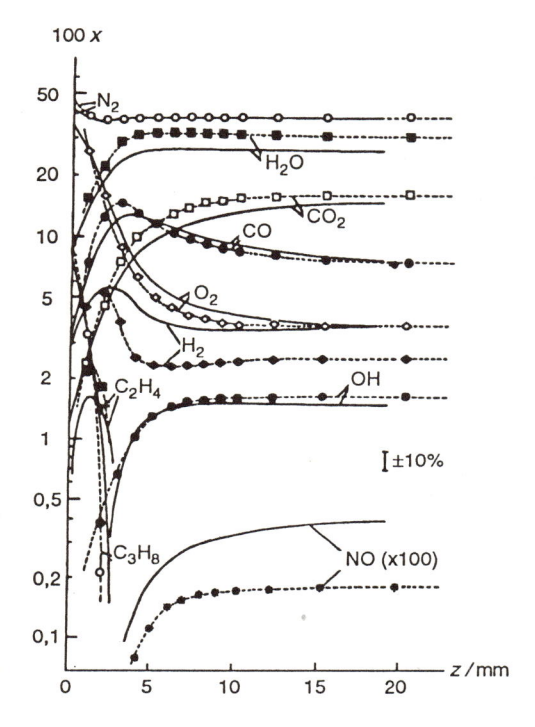

Abb. 17.6. Molenbruchprofile in einer stöchiometrischen Propan-Luft-Flamme (Bockhorn et al. 1991)

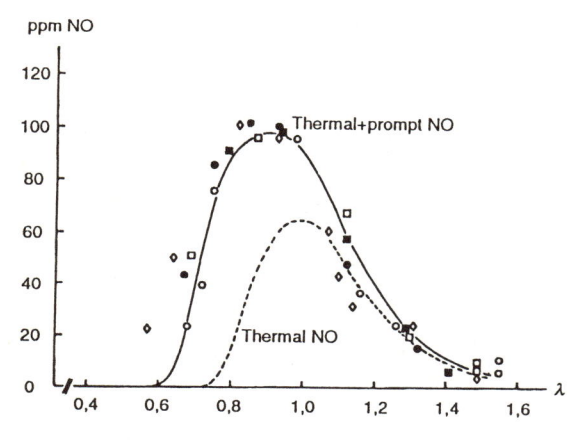

Abb. 17.7. NO-Bildung in einem Rührreaktor in Abhängigkeit von der Stöchiometrie (Bartok et al. 1972, Glarborg et al. 1986)

Die Aktivierungsenergie der Reaktion CH + N_2 → HCN +N beträgt nur 57 kJ/mol im Vergleich zu den 319 kJ/mol für die Bildung des thermischen NO; dementsprechend tritt das prompte NO auch bei viel tieferen Temperaturen (schon um 1000 K) als thermisches NO auf.

17.3 Konversion von Brennstoff-Stickstoff in NO

Die Umwandlung von Brennstoff-Stickstoff in NO tritt hauptsächlich bei der Kohleverbrennung auf, da auch sehr „saubere" Kohle etwa 1% gebundenen Stickstoff enthält. Die stickstoffhaltigen Verbindungen entweichen bei der Entgasung zum größten Teil und führen dann in der Gasphase zu NO-Bildung.

Typisch für diesen Prozeß ist, daß die Umwandlung des Brennstoff-Stickstoffs in Verbindungen wie NH_3 (Ammoniak) und HCN (Blausäure) sehr schnell erfolgt und damit nicht geschwindigkeitsbestimmend ist (siehe Abb. 17.8). Die geschwindigkeitsbestimmenden langsamen Schritte sind hier die Reaktionen der N-Atome (siehe weiter unten).

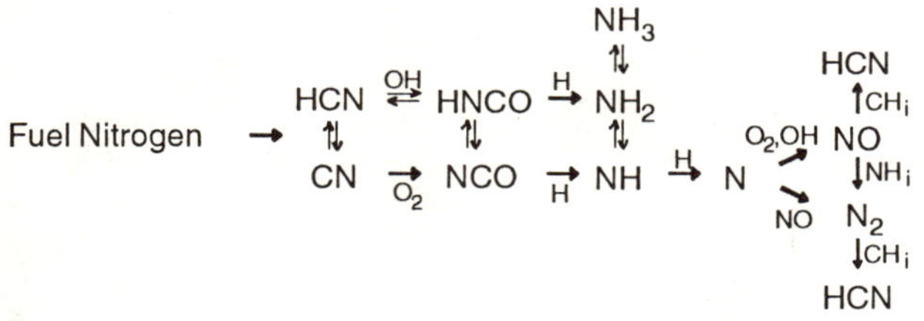

Abb. 17.8. Reaktionsschema für die NO-Bildung aus brennstoffgebundenem Stickstoff (Glarborg et al. 1986)

Als Modellsystem für die Bildung von NO aus brennstoffgebundenem Stickstoff kann man eine Propan-Luft-Flamme betrachten, der 2400 ppm CH_3-NH_2 (Methylamin) zugesetzt sind (Abb. 17.9, Eberius et al. 1987). Bei Luftüberschuß ($\phi < 1,0$) werden etwa zwei Drittel dieses Stickstoffs zu NO oxidiert, der Rest wird in N_2 umgesetzt. Bei brennstoffreichen Bedingungen ($\phi > 1,0$) sinkt die Menge an gebildetem NO zwar, dafür entstehen jedoch Stoffe wie HCN (Blausäure) und NH_3 (Ammoniak), die in der Atmosphäre ebenfalls zu NO umgesetzt werden. Entscheidend ist, daß die Summe der Schadstoffe ein Minimum bei $\phi = 1,4$ besitzt, d. h. unter diesen brennstoffreichen Bedingungen wird ein Maximum des Brennstoff-Stickstoffs in den erwünschten molekularen Stickstoff (N_2) umgewandelt. Die entsprechenden Simulationen wurden mit dem in Tab. 17.1 dargestellten Reaktionsmechanismus (zusätzlich zu dem für die Propan-Verbrennung Tab. 17.1) ausgeführt, der auch prompte und thermische NO-Bildung einschließt.

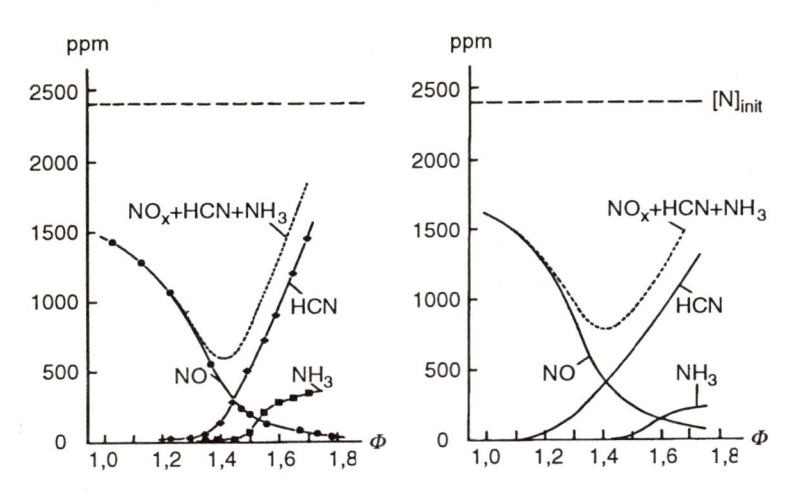

Abb. 17.9 Messung (links) und Simulation (rechts) der Bildung stickstoffhaltiger Verbindungen in mit 2400 ppm Methylamin-dotierten Propan-Luft-Flammen verschiedener Stöchiometrie (Eberius et al. 1987]

Tab. 17.1. Detaillierter Reaktionsmechanismus für die NO-Bildung

Verbrauch von NH_3										
NH_3	+	H	=	NH_2	+	H_2		2,500E+13	0,0	71,50
NH_3	+	O	=	NH_2	+	OH		1,500E+12	0,0	25,10
NH_3	+	OH	=	NH_2	+	H_2O		3,200E+12	0,0	8,80
NH_3	+	M	=	NH_2	+	H	+ M	9,200E+15	0,0	354,80
Verbrauch von NH_2										
NH_2	+	H	=	NH	+	H_2		2,000E+13	0,0	0,00
NH_2	+	O	=	NH	+	OH		6,300E+14	-0,5	0,00
NH_2	+	OH	=	NH	+	H_2O		4,500E+12	0,0	9,20
NH_2	+	NH_2	=	NH_3	+	NH		6,300E+12	0,0	41,80
NH_2	+	O_2	=	HNO	+	OH		4,500E+12	0,0	104,60
Verbrauch von NH										
NH	+	H	=	N	+	H_2		1,000E+12	0,68	7,90
NH	+	O	=	N	+	OH		6,300E+11	0,50	33,00
NH	+	O_2	=	HNO	+	O		1,100E+12	0,0	13,40
Verbrauch von HNO										
HNO	+	H	=	NH	+	OH		2,000E+11	0,50	54,40
HNO	+	H	=	NO	+	H_2		4,800E+12	0,0	0,00
HNO	+	OH	=	NO	+	H_2O		3,600E+13	0,0	0,00
HNO	+	N	=	NO	+	NH		1,000E+13	0,0	8,30
HNO	+	NH_2	=	NO	+	NH_3		5,000E+13	0,0	4,20
HNO	+	M*	=	NO	+	H	+ M*	8,600E+16	0,0	203,80
Verbrauch von N										
N	+	OH	=	NO	+	H		3,000E+13	0,0	0,00
N	+	O_2	=	NO	+ O			6,400E+09	1,0	26,10

17.3 Konversion von Brennstoff-Stickstoff in NO

Verbrauch von NO								
NO	+ NH	$\rightarrow$	NO	+ NH		4,300E+14	-0,5	0,00
NO	+ NH$_2$	=	N$_2$	+ H$_2$O		4,000E+15	-1,25	0,00
NO	+ NH$_2$	=	N$_2$H	+ OH		9,000E+15	-1,25	0,00
NO	+ CH$_3$	$\rightarrow$	HCN	+ H$_2$O		5,000E+12	0,0	0,00
NO	+ CH$_2$	=	HNCO	+ H		2,900E+12	0,0	-2,50
NO	+ CH	=	HCN	+ O		1,100E+14	0,0	0,00
Verbrauch von HCN								
HCN	+ O	=	NCO	+ H		1,200E+04	2,64	20,80
HCN	+ O	=	NH	+ CO		5,200E+03	2,64	20,80
HCN	+ OH	=	HNCO	+ H		3,000E+13	0,0	50,00
Verbrauch von CN								
CN	+ H$_2$	=	HCN	+ H		5,450E+11	0,7	20,40
CN	+ O	=	CO	+ N		1,100E+13	0,0	0,00
CN	+ OH	=	NCO	+ H		5,200E+11	0,0	0,00
CN	+ O$_2$	=	NCO	+ O		3,200E+13	0,0	4,20
Verbrauch von HNCO und NCO								
HNCO	+ H	=	NH$_2$	+ CO		5,000E+13	0,0	0,00
NCO	+ H$_2$	=	HNCO	+ H		8,580E+12	0,0	9,00
NCO	+ H	=	NH	+ CO		5,000E+13	0,0	0,00
NCO	+ O	=	NO	+ CO		5,600E+13	0,0	0,00
Verbrauch von N$_2$H								
N$_2$H	+ OH	=	N$_2$	+ H$_2$O		3,000E+13	0,0	0,00
N$_2$H	+ M	=	N$_2$	+ H + M		2,000E+14	0,0	83,70
N$_2$H	+ NO	=	N$_2$	+ HNO		5,000E+13	0,0	0,00
Verbrauch von N$_2$								
N$_2$	+ O	=	NO	+ N		1,800E+14	0,0	319,00
N$_2$	+ CH	=	HCN	+ N		4,000E+11	0,0	56,90

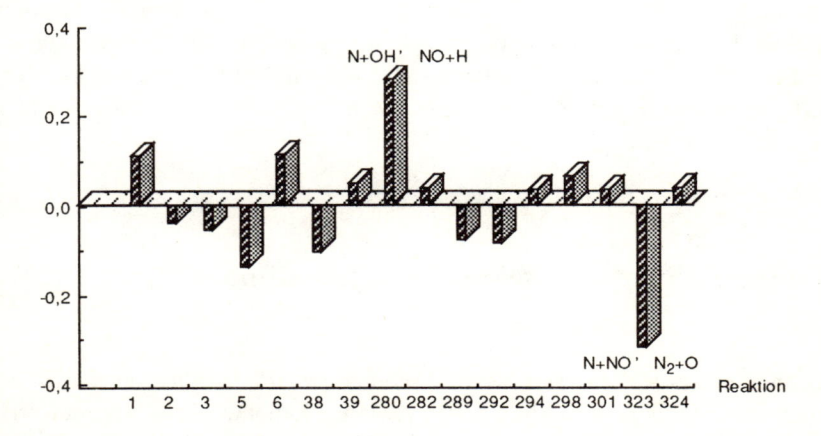

Abb. 17.10. Empfindlichkeitsanalyse bezüglich der NO-Bildung für den Reaktionsmechanismus in Tab. 17.1 (Bockhorn et al. 1991)

Eine Empfindlichkeitsanalyse (Abb. 17.10) zeigt, daß die geschwindigkeitsbestimmenden Schritte für die NO-Bildung die beiden um die N-Atome konkurrierenden (aus dem Zeldovich-Mechanismus schon bekannten) Reaktionen

$$N + OH \rightarrow NO + H$$
$$N + NO \rightarrow N_2 + O$$

sind. Für diese beiden Reaktionen liegen wegen ihrer Einfachheit zuverlässige Literaturdaten vor, so daß die Brennstoffstickstoff-Konversion quantitativ verstanden werden kann.

17.4 NO-Reduktion durch primäre Maßnahmen

Technisch ausgenutzt werden die in Abschnitt 17.3 geschilderten Zusammenhänge bei der *gestuften Verbrennung*. Dabei wird zuerst brennstoffreich (bei etwa $\phi = 1,4$) verbrannt, um ein Maximum an unschädlichem N_2 zu erzeugen, dann wird luftreich verbrannt, um insgesamt stöchiometrische Verbrennung zu erreichen. Dabei wird das in der ersten Stufe erzeugte N_2 nicht in thermisches NO umgewandelt, da die Verbrennungstemperatur dazu zu niedrig gehalten wird. Eine zusätzliche Reduktion von NO kann man noch erreichen, wenn die zweite Stufe so betrieben wird, daß insgesamt Luftüberschuß vorhanden ist; dann kann in einer dritten Stufe noch einmal Brennstoff zugesetzt werden („*reburn*") und NO durch die Reaktion NO + CH_3 → Produkte reduziert werden (Kolb et al. 1988).

Solche Maßnahmen zur vorbeugenden Reduzierung von NO durch geschickte Verbrennungsführung bezeichnet man als *primäre Maßnahmen*. Diese Wege zur Verhütung bzw. Minimierung der NO-Bildung sind naturgemäß am billigsten und ohne den Einsatz von zusätzlichen Mitteln zu erreichen und daher erstrebenswert. Andererseits erfordern primäre Maßnahmen bauliche Voraussetzungen, die einen nachträglichen Einbau in Verbrennungsanlagen verhindern. Die NO-Reduktion durch primäre Maßnahmen läßt sich daher praktisch nur in Neuanlagen durchführen. Bei Altanlagen bleibt nur der Weg über *sekundäre Maßnahmen*, die im folgenden besprochen werden sollen.

17.5 NO-Reduktion durch sekundäre Maßnahmen

Der Einfachheit halber soll zuerst die *selektive homogene Reduktion* von NO (SHR, auch *thermisches* $DeNO_x$ genannt) behandelt werden. Hierbei wird den Abgasen NH_3 (Ammoniak) zugesetzt, das durch vorhandenes OH bei genügend hoher Temperatur zu NH_2 abgebaut wird welches anschließend NO zu Wasser und N_2 (bzw. N_2H, das letztlich auch N_2 bildet) umsetzt (Lyon 1974, Gehring et al. 1973). Die wichtigsten Elementarreaktionen dieses Prozesses sind in Abb. 17.11 dargestellt.

$$
\begin{array}{lll}
NH_3 + H & \rightarrow & NH_2 + H_2 \\
NH_3 + O & \rightarrow & NH_2 + OH \\
\rightarrow \boxed{NH_3 + OH \rightarrow NH_2 + H_2O} \\
\\
NH_2 + OH & \rightarrow & NH + H_2O \\
NH_2 + O_2 & \rightarrow & HNO + OH \\
NH_2 + NH_2 & \rightarrow & NH_3 + NH \\
\rightarrow \boxed{NH_3 + OH \rightarrow NH_2 + H_2O} \\
\rightarrow \boxed{NH_3 + OH \rightarrow N_2H + OH} \\
NH_2 + HNO & \rightarrow & NH_3 + NO \\
\\
HNO + H & \rightarrow & NH + OH \\
HNO + M & \rightarrow & H + NO + M \\
HNO + OH & \rightarrow & NO + H_2O \\
\\
N_2H + M & \rightarrow & N_2 + H + M \\
N_2H + NO & \rightarrow & N_2 + HNO \\
N_2H + OH & \rightarrow & N_2 + H_2O \\
\end{array}
$$

Abb. 17.11. Schlüsselreaktionen für die NO-Reduktion durch sekundäre Maßnahmen (Glarborg et al. 1986)

Zu hohe Temperatur führt jedoch zur Oxidation des NH_2, d.h. das Ammoniak wird selbst oxidiert. Daher ist die selektive Reduktion nur in einem relativ engen Temperaturfenster möglich. Abb. 17.12 zeigt das Verhältnis von NO vor und nach der Reduktion; man sieht, daß eine effektive Reduktion nur im Bereich um 1300K stattfindet.

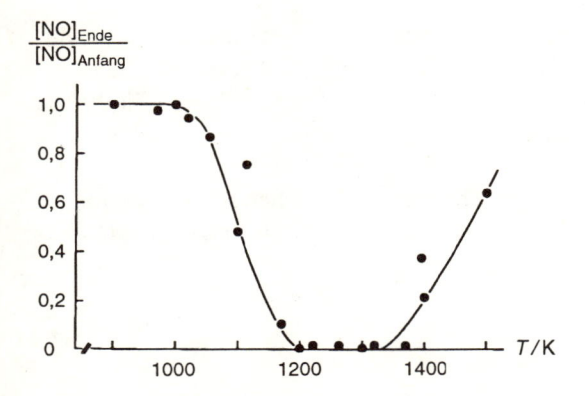

Abb. 17.12. Temperaturfenster für die NO-Reduktion durch thermisches $DeNO_x$; Punkte: Messungen (Lyon 1974), Linie: Rechnungen (Warnatz 1987). 4,6% O_2 mit 0,074% NO und 0,85% NH_3 in N_2, Reaktionszeit 0,15 s

Der Überschuß des Ammoniaks gegenüber dem NO darf nicht zu groß sein ($[NH_3]/[NO] < 1,5$), da sonst der NH_3-Schlupf in die Atmosphäre letztlich wieder zu NO_x führt. Außerdem muß eine gute Vermischung stattfinden, wie in Abb. 17.13, in der Ergebnisse von Messungen des Entstickungsgrades dargestellt sind, zu sehen ist (Mittelbach u. Voje 1986). Ammoniak wird mit Wasserdampf bei hohem Druck verschieden schnell eingedüst, wobei sich verschiedene Entstickungsgrade ergeben. Die Ergebnisse beruhen auf einer sorgfältigen Optimierung der Chemie des Vorgangs, der in einem Kraftwerk getestet wurde. Zum Vergleich sind (gestrichelt) ältere Ergebnisse aus einem Kraftwerk in Long Beach, CA, wiedergegeben (Hurst 1984).

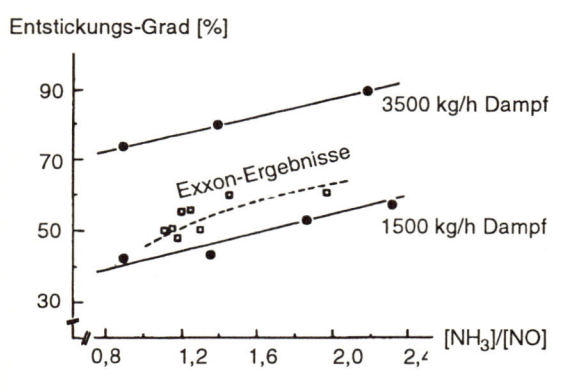

Abb. 17.13. Gemessene Effektivität der NO-Reduktion durch thermisches $DeNO_x$

Bei der *selektiven katalytischen Reduktion* (SCR) von NO wird ein Katalysator benutzt (NO_x-Symposium 1985). Die Chemie der Reaktion mit NH_3 an diesem Katalysator ist nicht bekannt, führt aber ebenfalls zu H_2O und N_2 als harmlosen Endprodukten.

Die Vorteile des katalytischen Verfahrens sind der Wegfall des schwierig zu handhabenden Temperaturfensters und die Pufferwirkung des Katalysators, die Schwankungen in der Verbrennungsführung überbrücken kann. Nachteilig sind die hohen Kosten des Katalysators und Schwierigkeiten bei der Verwendung sehr schlechter Kohle.

Über die detaillierten chemischen Prozesse bei der katalytischen NO-Reduktion ist, ebenso wie über die Prozesse im *Dreiwegekatalysator* von Kraftfahrzeugen, nur äußerst wenig bekannt.

18 Bildung von Kohlenwasserstoffen und Ruß

Neben den Stickoxiden (Kapitel 17) sind *unverbrannte Kohlenwasserstoffe, polyzyklische aromatische Kohlenwasserstoffe* und *Ruß* unerwünschte Schadstoffe bei Verbrennungsprozessen. Die Bildung dieser Schadstoffe ist zwar experimentell recht gut untersucht, ein vollständiges theoretisches Verständnis aller zugrundeliegenden Prozesse liegt zur Zeit jedoch noch nicht vor. Allerdings existieren für einzelne Teilaspekte auch hier Modelle, die jedoch in der Zukunft stark verfeinert und ausgeweitet werden müssen.

18.1 Unverbrannte Kohlenwasserstoffe

Bei Kohlenwasserstoffen als Schadstoffen ist es im Prinzip nicht korrekt, von einer „Bildung" zu sprechen. Vielmehr entstehen diese Schadstoffe teilweise auch dadurch, daß der Brennstoff nicht vollständig verbrannt wird. Dies ist bedingt durch lokale Flammenlöschung. Man unterscheidet hierbei Flammenlöschung durch Streckung (die vorher schon ausführlich besprochen worden ist) und Flammenlöschung an der Wand und in Spalten.

18.1.1 Flammenlöschung durch Streckung

Flammenlöschung durch Streckung ist ein Prozeß, der ausschließlich von den Prozessen in der verbrennenden Gasmischung kontrolliert wird. Starke Streckung von Flammenfronten (bewirkt z.B. durch intensive Turbulenz) führt zu einer lokalen Löschung der Flamen (siehe Kapitel 13 und 14). Findet keine erneute Zündung statt, so verläßt der Brennstoff unverbrannt die Reaktionszone. Der Effekt der Flammenlöschung durch Streckung ist besonders wichtig bei fetten oder mageren Flammen (siehe Kapitel 14) und ist z.B. der Grund für das Problem der hohen Kohlenwasserstoffemissionen bei Magermotoren.

18.1.2 Flammenlöschung an der Wand und in Spalten

Flammenlöschung an der Wand und in Spalten wird durch Wechselwirkung der Flamme mit den Wänden des Reaktionsraums verursacht. Verantwortlich hierfür sind sowohl Wärmeableitung an die Wand (Abkühlung der Reaktionszone) als auch die Zerstörung reaktiver Zwischenprodukte (z.B. Radikale) durch Reaktionen an der Oberfläche der Wand. Nach den geometrischen Gegebenheiten lassen sich hier Löschung einer zur Wand parallelen Flammenfront, Löschung einer zur Wand senkrechten Flammenfront und die Flammenlöschung in Spalten unterscheiden.

Löschen einer Flammenfront parallel zu einer Wand: Flammenfronten können in der Nähe kalter Wände nicht existieren; der *Löschabstand* ist dabei von der Größenordnung der Flammenfrontdicke (Williams 1984). Die Wanderung einer brennenden flachen Flammenfront auf eine Wand zu (schematisch dargestellt in Abb. 18.1) kann als eindimensionales zeitabhängiges Problem behandelt werden; es ist also die Lösung der laminaren zeitabhängigen Erhaltungsgleichungen (siehe Kapitel 10) nötig. Lösungen liegen hier z. B. für die Methanol-Verbrennung bei hohem Druck vor (Westbrook u. Dryer 1981).

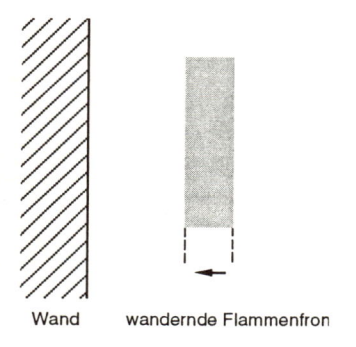

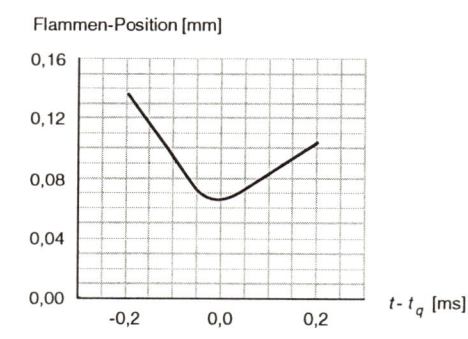

Abb. 18.1. Löschung einer zu einer Wand parallelen Flammenfront; CH_3OH-Luft-Flamme, $p = 10$ bar, $\Phi = 1$, $T_w = 300$ K

Abbildung 18.1 zeigt zusätzlich den zeitlichen Verlauf der Position der Flammenfront bei einer zur Wand parallelen Flamme (t_q ist die Zeit der größten Annäherung der Flamme an die Wand). Der minimale Abstand der Flamme zur Wand beträgt hier etwa 0,07 mm. Nachdem die Flamme diese Position erreicht hat, bewirken Wärmeableitungs- und Diffusionsprozesse eine Verbreiterung und damit erneute Änderung der Flammenposition.

Bis vor einigen Jahren bestand die Vermutung, daß ein erheblicher Teil der von Otto-Motoren emittierten Restkohlenwasserstoffe aus Flammenlöschung an den relativ kalten Wänden resultiert. Es zeigt sich jedoch, daß der unverbrannte Kohlenwasserstoff aus der Löschzone nicht übrig bleibt, sondern in die relativ lange lebende verlöschende Flamme hineindiffundiert und so bis auf wenige ppm verbraucht wird. Die Löschung von Flammenfronten trägt demnach kaum zur Emission von Kohlenwasserstoffen aus Otto-Motoren bei.

Löschen einer Flammenfront senkrecht zu einer Wand: Die Löschung einer senkrecht zur Wand brennenden Flamme ist in Abb. 18.2 dargestellt. Dieses ist sicherlich ein viel realistischerer Fall als das Löschen einer Flammenfront parallel zu einer Wand. Jedoch sind für ein quantitatives Verständnis dieser Konfiguration Lösungen der zweidimensionalen Erhaltungsgleichungen mit einer komplexen detaillierten Chemie (mindestens 100 Reaktionen von etwa 20 Spezies) notwendig.

Solche Rechnungen sind zur Zeit leider noch nicht ausführbar; aus Simulationen kleinerer Systeme (siehe z.B. Maas u. Warnatz 1989) läßt sich jedoch abschätzen, daß dies in naher Zukunft möglich sein wird und hier eine Absicherung des Verständnisses dieser Prozesse zu erwarten ist.

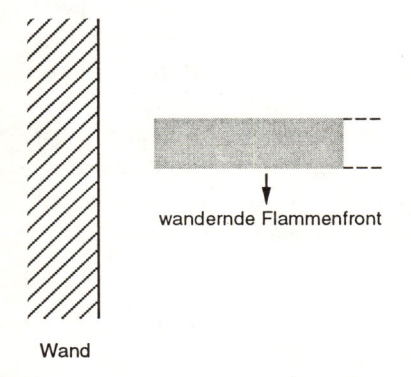

Abb. 18.2. Löschen einer zur Wand senkrechten Flammenfront

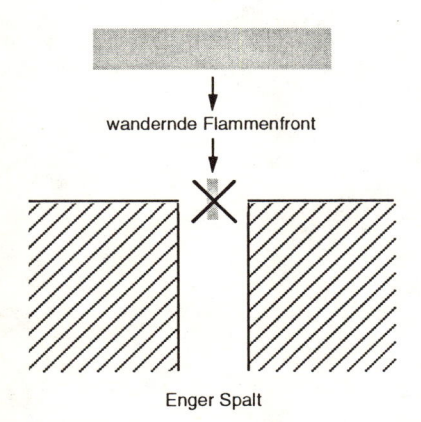

Abb. 18.3. Löschen einer Flammenfront in einem engen Spalt

Löschen einer Flammenfront in einem Spalt: Auch bei der Bewegung einer Flammenfront in einen engen Spalt (z. B. zwischen Zylinder und Kolben vor den Kolbenringen) hinein muß Flammenlöschung eintreten (vergl. Abb. 18.3). Über den Einfluß von Spalten und Rauhigkeit von Wänden auf die Kohlenwasserstoff-Emission gibt es systematische experimentelle Ergebnisse (siehe z.B. Bergner et al. 1983). Eine quantitative Modellierung wird jedoch erst in Zukunft möglich sein.

18.2 Bildung von polyzyklischen aromatischen Kohlenwasserstoffen (PAH)

Findet keine Flammenlöschung statt, so wird der Brennstoff in der Flammenfront vollkommen abgebaut. Höhere Kohlenwasserstoffe, die nach dem Abbau in der Flammenfront entstehen, müssen also aus kleinen Kohlenwasserstoff-Bausteinen (C_1- und C_2-Verbindungen) wieder aufgebaut werden. Die wichtigste Klasse dieser höheren Kohlenwasserstoffe, die insbesondere bei fetter Verbrennung gebildet werden, sind die *polyzyklischen aromatischen Kohlenwasserstoffe* (*PAK*, im englischen Sprachgebrauch *PAH, polycyclic aromatic hydrocarbons*). Sie sind zum Teil kanzerogen (z.B. Benzpyren) und spielen außerdem eine wichtige Vorläuferrolle bei der Rußbildung. Der wichtigste Vorläufer für die Bildung höherer Kohlenwasserstoffe ist das Ethin (Acetylen, C_2H_2), das in brennstoffreichen Flammen in recht hohen Kon-zentrationen gebildet wird (siehe Abbildung 18.4 und Reaktionsschema 17.4).

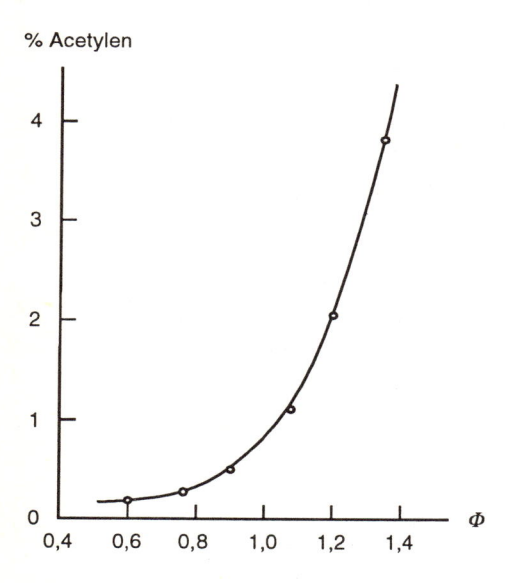

Abb. 18.4. Ethin-Bildung in CH_4-O_2-Flammen in Abhängigkeit vom Äquivalenzverhältnis (Wagner 1979)

Die aromatischen Ringstrukturen entstehen dann durch Reaktion von CH oder CH_2 mit C_2H_2 unter Bildung von C_3H_3, das dann durch Rekombination (Alkemade u. Homann 1989) und Umlagerung den ersten Ring bilden kann (Stein et al. 1991):

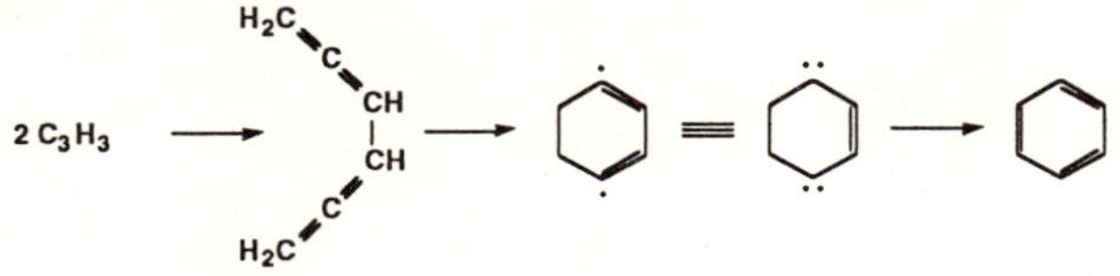

Durch weitere Anlagerung von C_2H_2 können dann weitere Ringe entstehen (siehe weiter unten). Typisches Kennzeichen für derartige *Kondensationsprozeße* ist, daß die Produkte umso mehr vom Äquivalenzverhältnis Φ abhängen, je mehr Aufbauschritte benötigt werden. Ein Beispiel für ein Ringwachstum ist in Abbildung 18.5 wiedergegeben (Frenklach u. Clary 1983, Frenklach u. Wang 1991):

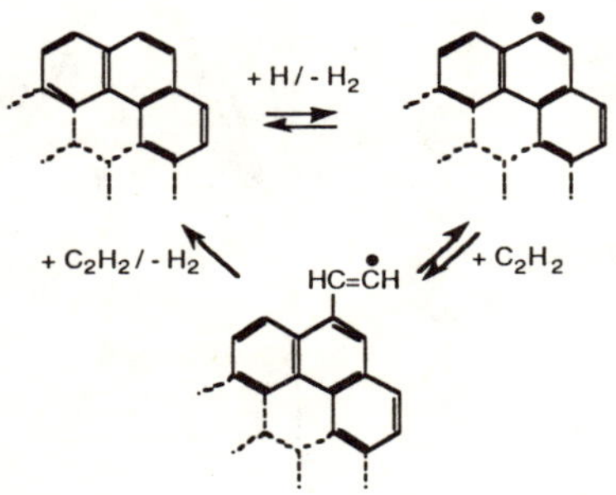

Abb. 18.5. Ringwachstum bei der PAH-Bildung (Frenklach u. Clary 1983, Frenklach u. Wang 1991)

Einen Vergleich von experimentellen Ergebnissen (Bockhorn et al. 1983) und Simulationen (Frenklach u. Warnatz 1987) der Bildung von PAH gibt Abb. 18.6 wieder. Zwar werden die Gruppierungen der Stoffe und ihre Konzentrationsmaxima leidlich gut wiedergegeben, die Simulationen sagen jedoch im Gegensatz zu den Experimenten einen viel zu schnellen Abbau der PAH durch Oxidation voraus. Daraus ist ersichtlich, daß die Modelle noch stark weiterentwickelt werden müssen.

18.3 Rußbildung

Ruß entsteht beim Weiterwachsen polyzyklischer aromatischer Kohlenwasserstoffe. Dabei entsteht eine Vielzahl verschiedener chemischer Verbindungen, die sich in ihrem Kohlenstoff- und Wasserstoffgehalt unterscheiden (siehe z.B. Wagner 1979, Homann 1984). Alle diese Verbindungen haben eine ähnliche chemische Struktur, so daß man Ruß meist durch die (i.a. logarithmisch-normale) Verteilung der molaren Massen der verschiedenen Spezies charakterisiert.

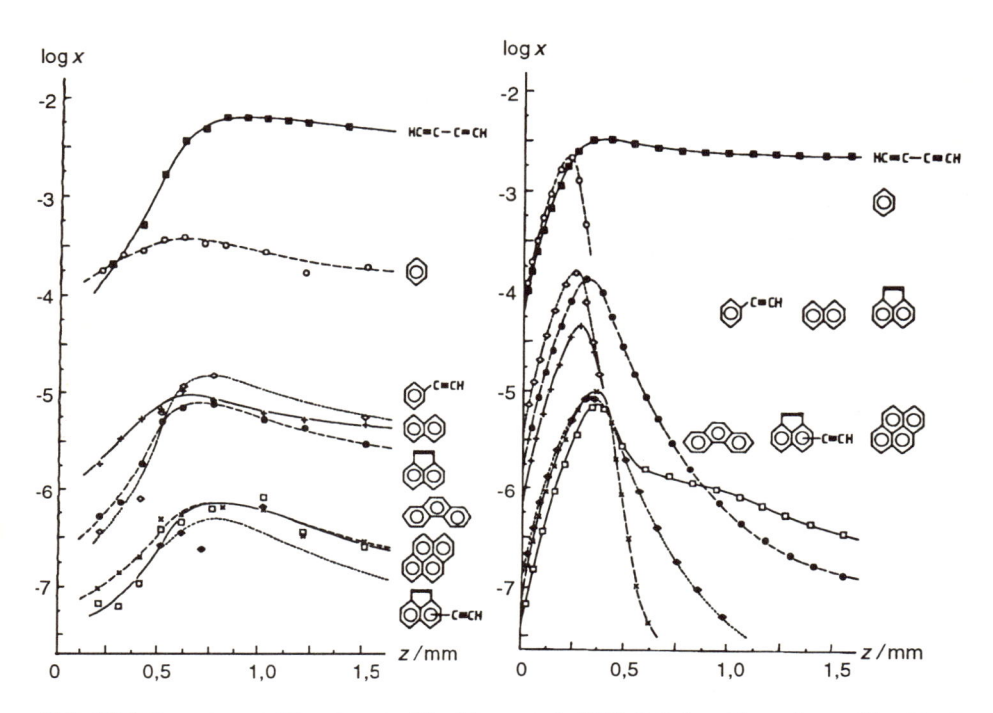

Abb. 18.6. Experimentell bestimmte (Bockhorn et al. 1983, links) und berechnete (Frenklach u. Warnatz 1987, rechts) Profile von PAH in einer laminaren vorgemischten Ethin-Sauerstoff-Argon-Flamme bei Niederdruck und starkem Brennstoff-Überschuß

Die genaue Struktur von Ruß ist sehr schwer zu charakterisieren. Während des Entstehungsvorgangs findet man keine deutlichen Umwandlungen Gas-Flüssigkeit oder Flüssigkeit-Festkörper. Frischer Ruß besteht aus Polycyclen mit Seitenketten mit einem molaren Verhältnis H/C ungefähr 1; nach Alterung durch Ausheizen ergeben sich graphitähnliche kohlenstoffreichere Versionen. Ebenso wie das Auftreten der polyzyklischen aromatischen Kohlenwasserstoffe ist auch das Auftreten von Ruß an die Bildung von höheren Kohlenwasserstoffen (siehe Abschnitt 18.2) gekoppelt.

Ruß wird in vielen industriellen Prozessen verwendet, wie z.B. bei der Herstellung von Druckerschwärze oder als Füllmaterial in Reifen. Bei der Verbrennung ist Ruß zwar ein unerwünschtes Endprodukt (z. B. bei Dieselmotoren wegen der Möglichkeit der Absorption von krebserregenden Polyaromaten). Andererseits ist Ruß als Zwischenprodukt in Feuerungsprozeßen erwünscht, da er durch Strahlung einen Großteil der notwendigen Wärmeübertragung bewerkstelligt.

19 Literaturverzeichnis

Abdel-Gayed RG, Bradley D, Hamid NM, Lawes M (1984) Lewis number effects on turbulent burning velocity. 20th Symp (Int) Comb, The Combustion Institute, Pittsburgh, S 505
Alkemade V, Homann KH (1989) Formation of C_6H_6 isomers by recombination of propynyl in the system sodium vapour/propynylhalide. Z Phys Chem NF 161: 19
Amsden AA, O'Rourke PJ, Butler TD (1989) KIVA II: A computer program for chemically reactive flows with sprays. Los Alamos National Laboratory, Los Alamos NM, LA-11560-MS
Aris R (1962) Vectors, tensors, and the basic equations of fluid mechanics. Prentice Hall, New York
Arnold A, Becker H, Hemberger R, Hentschel W, Ketterle W, Köllner M, Meienburg W, Monkhouse P, Neckel H, Schäfer M, Schindler KP, Sick V, Suntz R, Wolfrum J (1990) Laser in situ monitoring of combustion processes. Appl Optics 29: 4860
Arnold A, Hemberger R, Herden R, Ketterle W, Wolfrum J (1990) Laser stimulation and observation of ignition processes in CH_3OH-O_2-mixtures. 23rd Symp (Int) Comb, The Combustion Institute, Pittsburgh, S1783
Arrhenius S (1889) Über die Reaktionsgeschwindigkeit bei der Inversion von Rohrzucker durch Säuren. Z Phys Chem 4: 226
Bamford CH, Tipper CFH (eds) (1977) Comprehensive Chemical Kinetics, Vol 17: Gas Phase Combustion, Elsevier, Amsterdam Oxford New York
Baulch DL, Cox AM, Just T, Kerr JA, Pilling M, Troe J, Walker RW, Warnatz J (1991) Compilation of rate data on C1/C2 Species Oxidation. J Phys Chem Ref Data Vol 21, 3
Bartok W, Engleman VS, Goldstein R, del Valle EG (1972) Basic kinetic studies and modeling of nitrogen oxide formation in combustion processes. AIChE Symp Ser 68 (126): 30-8
Becker H, Monkhouse PB, Wolfrum J, Cant RS, Bray KNC, Maly R, Pfister W, Stahl G, Warnatz J (1990) Investigation of extinction in unsteady flames in turbulent combustion by 2D-LIF of OH radicals and flamelet analysis. 23rd Symp (Int) Comb, The Combustion Institute, Pittsburgh, S 817
Bergner P, Eberius H, Just T, Pokorny H (1983) Untersuchung zur Kohlenwasserstoff-Emission eingeschlossener Flammen im Hinblick auf die motorische Verbrennung. VDI-Berichte 498: 233
Bilger RW (1976) The structure of diffusion flames. Comb Sci Technol 13: 155
Bilger RW (1980) Turbulent flows with nonpremixed reactants. In: Libby PA, Williams FA (eds) Turbulent reactive flows. Springer, New York
Bird RB, Stewart WE, Lightfoot EN (1960) Transport phenomena. John Wiley & Sons, New York

Bloembergen N, Shen YR (1964) Phys Rev Lett 12: 304

Bockhorn H, Fetting F, Wenz HW (1983) Investigation of the formation of high molecular hydrocarbons and soot in premixed hydrocarbon-oxygen flames Ber Bunsenges Phys Chem 87: 1067

Bockhorn H, Chevalier C, Warnatz J, Weyrauch V (1991) Experimental Investigation and modeling of prompt NO formation in hydrocarbon flames. HTD-Vol 166, Heat transfer in fire and combustion systems, Santoro RJ, Felske JD (eds) Book No G00629-1991

Bockhorn H, Chevalier C, Warnatz J, Weyrauch V (1990) Bildung von promptem NO in Kohlenwasserstoff-Luft-Flammen. 6. TECFLAM-Seminar, ISBN 3-926751-09-6

Boddington T, Gray P, Kordylewski W, Scott SK (1983) Thermal explosions with extensive reactant consumption: A new criterion for criticality. Proc R Soc London, [Ser] A, 390(1798): 13

Bodenstein M, Lind SC (1906) Geschwindigkeit der Bildung des Bromwasserstoffs aus seinen Elementen. Z Phys Chem 57: 168

Borghi R (1984) In: Bruno C, Casci C (eds) Recent advances in aeronautical science. Pergamon, London

Bray KNC, Libby PA (1976) Interaction effects in turbulent premixed flames. Phys Fluids 19: 1687

Bray KNC, Moss JB (1977) Acta Astron 4: 291

Bray KNC (1980) Turbulent flows with premixed reactants. In: Libby PA, Williams FA (eds) Turbulent reacting flows. Springer, New York

Braun M (1988) Differentialgleichungen und ihre Anwendungen. Springer, Berlin Heidelberg New York London Paris Tokyo, S 521

Brown GM, Kent JC (1985) In: Yang WC (ed) Flow Visualization III. Hemisphere Pub Corp, S 118

Burcat A (1984) In: Gardiner WC (ed) Combustion chemistry. Springer, New York Heidelberg

Burke SP, Schumann TEW (1928) Ind Eng Chem 20: 998

Chevalier C, Louessard P, Müller UC, Warnatz J (1990a) A detailed low-temperature reaction mechanism of n-heptane auto-ignition. Proc. 2nd Int. Symp. on diagnostics and modeling of combustion in reciprocating Engines. The Japanese Society of Mechanical Engineers, Tokyo, S 93

Chevalier C, Warnatz J, Melenk H (1990b) Automatic generation of reaction mechanisms for description of oxidation of higher hydrocarbons. Ber Bunsenges Phys Chem 94: 1362

Cho SY, Yetter RA, Dryer FL (1992) A computer model for one-dimensional mass and energy transport in and around chemically reacting particles, including complex gas-phase chemistry, multicomponent molecular diffusion, surface evaporation, and heterogeneous reaction. J Comp Phys 102: 160

Clift R, Grace JR, Weber ME (1978) Bubbles, drops, and particles. Academic Press, New York

Curtiss CF, Hirschfelder JO (1959) Transport properties of multicomponent gas mixtures. J Chem Phys 17: 550

Damköhler G (1940) Z Elektrochem 46: 601

Dean AM, Hanson RK, Bowman CT (1990) High temperature shock tube study of reactions of CH and C-atoms with N_2. 23rd Symp (Int) Comb, The Combustion Institute, Pittsburgh, S 259

Dibble RW, Masri AR, Bilger RW (1987) The spontaneous Raman scattering technique applied to non-premixed flames of methane. Comb Flame 67: 189

Dixon-Lewis G, Fukutani S, Miller JA, Peters N, Warnatz J et al. (1985) Calculation of the structure and extinction limit of a methane-air counterflow diffusion flame in the forward stagnation region of a porous cylinder. 20th Symp (Int) Comb, The Combustion Institute, Pittsburgh, S 1893

Dopazo C, O'Brien EE (1974) An approach to the description of a turbulent mixture. Acta Astron 1: 1239

Dreier T, Lange B, Wolfrum J, Zahn M, Behrendt F, Warnatz J (1987) CARS measurements and computations of the structure of laminar stagnation-point methane-air counterflow diffusion flames. 21st Symp (Int) Comb, The Combustion Institute, Pittsburgh, S 1729

Eberius H, Just T, Kelm S, Warnatz J, Nowak U (1987) Konversion von brennstoffgebundenem Stickstoff am Beispiel von dotierten Propan-Luft-Flammen. VDI-Berichte 645: 626

Edwards DH (1969) A survey of recent work on the structure of detonation waves, 12th Symp (Int) Comb, The Combustion Institute, Pittsburgh, S 819

Esser C (1990) Simulation der Zündung und Verbrennung höherer Kohlenwasserstoffe. Dissertation, Universität Heidelberg

Esser C, Maas U, Warnatz J (1985) Chemistry of the combustion of higher hydrocarbons and its relation to engine knock. Proc. 1st Int. Symp. on diagnostics and modeling of combustion in reciprocating Engines. The Japanese Society of Mechanical Engineers, Tokyo, S 335

Faeth GM (1984) Evaporation and combustion of sprays. Prog Energy Combust Sci 9: 1

Fenimore CP (1979) Studies of fuel-nitrogen in rich flame gases. 17th Symp (Int) Comb, The Combustion Institute, Pittsburgh, S 661

Forsythe GE, Wasow WR (1969) Finite-difference methods for partial differential equations. Wiley, New York

Frank-Kamenetskii DA (1955) Diffusion and heat exchange in chemical kinetics. Princeton University Press, Princeton

Frenklach M, Clary D (1983) Ind Eng Chem Fundam 22: 433

Frenklach M, Wang H (1991) Detailed modeling of soot particle nucleation and growth. 23rd Symp (Int) Comb, The Combustion Institute, Pittsburgh, S 1559

Frenklach M, Warnatz J (1987) Detailed modeling of PAH profiles in a sooting low pressure acetylen flame. Comb Sci Technol 51: 265

Fristrom RM, Westenberg AA (1965) Flame structure. McGraw-Hill, New York

Gardiner WC, Niemitz JJ, Simmie JM, Warnatz J, Zellner R (1983) Hydrocarbon induced acceleration of methane-air ignition. In: Bowen JR, Manson N, Oppenheim AK, Soloukhin RI (eds) Flames, Lasers, and reactive systems. AIAA, New York, S 252

Gaydon A, Wolfhard H (1979) Flames, their structure, radiation, and temperature. Chapman and Hall, London

Gehring M, Hoyermann K, Schacke H, Wolfrum J (1973) Direct studies of some elementary steps for the formation and destruction of nitric oxide in the H-N-O system. 14th Symp (Int) Comb, The Combustion Institute, Pittsburgh, S 99

Glarborg P, Miller JA, Kee RJ (1986) Kinetic modeling and sensitivity analysis of nitrogen oxide formation in well-stirred reactors. Comb Flame 65: 177

Görner K (1991) Technische Verbrennungssysteme. Springer Berlin Heidelberg New York

Goyal G, Warnatz J, Maas U (1990a) Numerical studies of hot spot ignition in H_2-O_2 and CH_4-air mixtures. 23rd Symp (Int) Comb, The Combustion Institute, Pittsburgh, S 1767

Goyal G, Maas U, Warnatz J (1990b) Simulation of the transition from deflagration to detonation. SAE 1990 Transactions, Journal of Fuels & Lubricants, Section 4, Vol 99, Society of Automotive Engineers, Inc, Warrendale, PA, S 1

Günther R (1987), 50 Jahre Wissenschaft und Technik der Verbrennung, BWK 39 Nr 9

Gutheil E, Bockhorn H (1987) The effect of multi-dimensional PDF's in turbulent reactive flows at moderate Damköhler number. Physicochemical Hydrodynamics 9: 525

Hall RJ, Eckbreth AC (1984) In: Erf RK (ed) Laser applications Vol V. Academic Press, New York

Heywood JB (1989) Internal combustion engine fundamentals. McGraw-Hill, New York

Hinze J (1972) Turbulence, 2nd ed. McGraw-Hill, New York

Hirschfelder JO (1963) Some remarks on the theory of flame propagation. 9th Symp (Int) Comb, Academic Press, New York, S 553

Hirschfelder JO, Curtiss CF, Bird RB (1964) Molecular theory of gases and liquids. Wiley, New York

Hirschfelder JO, Curtiss CF (1949) Theory of propagation of flames. Part I: General equations. 3rd Symp. Comb, Flame and Explosion Phenomena, Williams and Wilkins Cp, Baltimore, S 121

Homann KH (1975) Reaktionskinetik. Steinkopff, Darmstadt

Homann KH (1984) Formation of large molecules, particulates, and ions in premixed hydrocarbon flames; progress and unresolved questions. 20th Symp (Int) Comb, The Combustion Institute, Pittsburgh, S 857

Homann K, Solomon WC, Warnatz J, Wagner HGg, Zetsch C (1970) Eine Methode zur Erzeugung von Fluoratomen in inerter Atmosphäre. Ber Bunsenges Phys Chem 74: 585

Hottel HC, Hawthorne WR (1949) Diffusion in laminar flame jets. 3rd Symp (Intl) Comb, Williams and Wilkins, Baltimore, S 254

Hurst BE (1984) Report 84-42-1, Exxon Research

John F (1981) Partial differential equations. In: Applied mathematical sciences Vol 1. Springer, New York Heidelberg Berlin, S 4

Jost W (1939) Explosions und Verbrennungsvorgänge in Gasen. Julius Springer, Berlin

Kee RJ, Rupley FM, Miller JA (1987) The CHEMKIN thermodynamic data base. SANDIA Report SAND87-8215

Kent JH, Bilger RW (1976) The prediction of turbulent diffusion flame fields and nitric oxide formation. 16th Symp (Int) Comb, The Combustion Institute, Pittsburgh, S 1643

Kolb T, Jansohn P, Leuckel W (1988) Reduction of NO_x emission in turbulent combustion by fuel-staging / effects of mixing and stoichiometry in the reduction Zone. 22nd Symp (Int) Comb, The Combustion Institute, Pittsburgh, S 1193

Kolmogorov AN (1942) Izw Akad Nauk SSSR Ser Phys 6: 56

Kordylewski W, Wach J (1982) Criticality for thermal ignition with reactant consumption. Comb Flame 45: 219

Launder BE, Spalding DB (1972) Mathematical models of turbulence. Academic Press, London/New York

Liew SK, Bray KNC, Moss JB (1984) A stretched laminar flamelet model of turbulent nonpremixed combustion. Comb Flame 56: 199

Liu Y, Lenze B (1988) The Influence of turbulence on the burning velocity of premixed CH_4-H_2 flames with different laminar burning belocities. 22nd Symp (Int) Comb, The Combustion Institute, Pittsburgh, S 747

Libby PA, Williams FA (1980) Fundamental aspects of turbulent reacting flows. In: Libby PA, Williams FA (eds)Turbulent reacting flows. Springer, New York

Lindacker D, Burmeister M, Roth P (1990) Perturbation Studies of High Temperature C and CH Reactions with N_2 and NO. 23rd Symp (Intl) Comb, The Combustion Institute, Pittsburgh, S 251

Lindemann FA (1922) Trans Farad Soc 17: 599

Lam SH, Goussis DA (1989) Understanding complex chemical kinetics with computational singular perturbation. 22nd Symp (Int) Comb, The Combustion Institute, Pittsburgh, S 931

Long MB, Levin PS, Fourguette DC (1985)Simultaneous two-dimensional mapping of species concentration and temperature in tubulent flames. Opt Lett 10: 267

Long MB, Smooke MD, Xu Y, Zurn RM, Lin P, Frank JH (1993) Computational and experimental study of OH and CH radicals in axisymmetric laminar diffusion flames. 24th Symp (Int) Comb, The Combustion Institute, Pittsburgh, in Druck

Lyon RK (1974) U.S. Patent No 3 900 544

Maas U, Pope SB (1992) Simplifying chemical kinetics: Intrinsic low-dimensional manifolds in composition space. Comb Flame 88: 239

Maas U, Pope SB (1993) Implementation of simplified chemical kinetics based on intrinsic low-dimensional manifolds. 24th Symp (Int) Comb, The Combustion Institute, Pittsburgh, in Druck

Maas U (1988) Mathematische Modellierung instationärer Verbrennungsprozesse unter Verwendung detaillierter Reaktionsmechanismen. Dissertation, Universität Heidelberg

Maas U, Warnatz J (1988) Ignition processes in hydrogen-oxygen mixtures. Comb Flame 74: 53

Maas U, Warnatz J (1989) Solution of the 2D navier-stokes equation using detailed chemistry. Impact of Computing in Science and Engineering 1: 394

Mathur S, Tondon PK, Saxena SC (1967) Heat conductivity in ternary gas mixtures. Mol Phys 12: 569

Mittelbach G, Voje H (1986) Anwendung des SNCR-Verfahrens hinter einer Zyklonfeuerung. In: NOx-Bildung und NOx-Minderung bei Dampferzeugern für fossile Brennstoffe. VGB-Handbuch

Moss JB (1979) Simultaneous measurements of concentration and velocity in an open premixed turbulent flame. Comb Sci Technol 22: 115

Nowak U, Warnatz J (1988) Sensitivity analysis in aliphatic hydrocarbon combustion. In: Kuhl AL, Bowen JR, Leyer J-C, Borisov A (eds) Dynamics of reactive systems, Part I. AIAA, New York, S 87

NO_x-Symposium Karlsruhe, Proceedings. Rentz O, Ißle F, Weibel M (Hrsg) VDI, Düsseldorf (1985)

Oppenheim AK, Manson N, Wagner HGg (1963) AIAA J 1: 2243

Peters N (1988) Laminar flamelet concepts in turbulent combustion. 21st Symp (Int) Comb, The Combustion Institute, Pittsburgh, S 1231

Peters N, Warnatz J (eds) (1982) Numerical methods in laminar flame propagation. Vieweg-Verlag, Wiesbaden

Pitz WJ, Warnatz J, Westbrook CK(1989) Simulation of auto-ignition over a large temperature Range. 22nd Symp (Int) Comb, The Combustion Institute, Pittsburgh, S 893

Pope SB (1986) PDF methods for turbulent reactive flows. Prog Energy Combust Sci 11: 119

Prandtl L (1925) Über die ausgebildete Turbulenz. Zeitschrift für Angewandte Mathematik und Mechanik 5: 136

Prandtl L (1945) Über ein neues Formelsystem der ausgebildeten Turbulenz. Nachrichten der Gesellschaft der Wissenschaften Göttingen, Mathematisch-Physikalische Klasse, S 6

Raffel B, Warnatz J, Wolfrum J (1985) Experimental study of laser-induced thermal ignition in O_2/O_3 mixtures. Appl Phys B 37: 189

Raffel B, Warnatz J, Wolff H, Wolfrum J, Kee RJ (1986) Thermal ignition and minimum ignition energy in O_2/O_3 mixtures. In: Bowen JR, Leyer J-C, Soloukhin RI (eds), Dynamics of reactive systems, Part II, AIAA, New York, S 335

Razdan MK, Stevens JG (1985) CO/air turbulent diffusion flame: Measurements and modeling. Comb Flame 59: 289

Reynolds WC (1989) The potential and limitations of direct and large eddy simulation. In: Whither turbulence? Turbulence at crossroads. Lecture notes in physics, Springer, New York, S 313

Riedel U, Schmidt R, Warnatz J (1989) Different levels of air dissociation chemistry and Its coupling with flow models. Proc. 2nd Joint US-Europe Short Course on Hypersonics, Colorado Springs, in Druck

Rhodes RP (1979) In: Murthy SNB (ed) Turbulent mixing in non-reactive and reactive flows, Plenum Press, New York, S 235

Robinson PJ, Holbrook KA (1972) Unimolecular reactions. Wiley-Interscience, New York

Rogg B, Behrendt F, Warnatz J (1987) Turbulent non-premixed combustion in partially premixed diffusion flamelets with detailed chemistry. 21st Symp (Int) Comb, The Combustion Institute, Pittsburgh, S 1533

Roshko A (1975) Progress and Problems in Turbulent Shear Flows. In: Murthy SNB (ed) Turbulent Mixing in Nonreactive and Reactive Flow, Plenum, New York

Rosten H, Spalding B (1987) PHOENICS: Beginners guide; user manual; photon user Guide. Concentration Heat and Momentum LTD, London

Schäfer M, Dinkelacker F, Buschmann A, Wolfrum J (1993) Simultane Bestimmung momentaner Konzentrations- und Temperaturfelder zur Strukturanalyse turbulenter Erdgasflammen. 8. TECFLAM Seminar, Darmstadt 1992, in Druck

Schwanebeck W, Warnatz J (1972) Reaktionen des Butadiins I: Die Reaktion mit Wasserstoffatomen. Ber Bunsenges Phys Chem 79: 530

Semenov NN (1928) Z Phys Chem 48: 571

Seitzman JM, Kychakoff G, Hanson RK (1985) Instantaneous temperature field measurements using planar laser-induced fluorescence. Opt Lett 10: 439

Shvab VA (1948) Gos Energ izd Moscow-Leningrad

Sick V, Arnold A, Dießel E, Dreier T, Ketterle W, Lange B, Wolfrum J, Thiele KU, Behrendt F, Warnatz J (1990) Two-dimensional laser diagnostics and modeling of counterflow diffusion flames. 23rd Symp (Int) Comb, The Combustion Institute, Pittsburgh, S 495

Solomon PR, Hamblen DG Carangelo RM, Serio MA, Deshpande, GV (1987) A general model of coal devolatilization. ACS paper 58/ WP No 26

Sirignano WA (1984) Fuel droplet vaporization and spray combustion theory. Prog Energy Combust Sci 9: 291

Smith JR, Green RM, Westbrook CK, Pitz WJ (1984) An experimental and modeling study of Engine Knock. 20th Symp (Int) Comb, The Combustion Institute, Pittsburgh, S 91

Smooke MD ed (1991) Reduced kinetic mechanisms and asymptotic approximations for methane-air flames. Lecture notes in physics 384, Springer, New York

Smooke MD, Mitchell RE, Keyes DE (1989) Numerical solution of two-dimensional axisymmetric laminar diffusion flames. Comb Sci Technol 67: 85

Spalding DB (1970) Mixing and chemical reaction in steady confined turbulent flames. 13th Symp (Int) Comb, The Combustion Institute, Pittsburgh, S 649

Stahl G, Warnatz J (1991) Numerical investigation of strained premixed CH_4-air flames up to high pressures. Comb Flame 85: 285

Stapf P, Maas U, Warnatz J (1991) Detaillierte mathematische Modellierung der Tröpfchenverbrennung. 7. TECFLAM Seminar, Partikel in Verbrennungsprozessen, ISBN-Nr. 3-926751-12-6

Stapf P, Maas U, Warnatz J (1993) Veröffentlichung in Vorbereitung

Stefan J (1874) Sitzungsberichte Akad. Wiss. Wien II 68: 325

Stein SE, Walker JA, Suryan MM, Fahr A (1991) A new path to benzene in flames, 23rd Symp (Int) Comb, The Combustion Institute, Pittsburgh, S 85

Strehlow RA (1985) Combustion fundamentals. McGraw-Hill, Inc

Stull DR, Prophet H (eds) (1971) JANAF thermochemical tables. U.S. Department of Commerce, Washington DC, and addenda

Tsuji H, Yamaoka I (1967) The counterflow diffusion flame in the forward stagnation region of a porous cylinder. 11th Symp (Int) Comb, The Combustion Institute, Pittsburgh, S 979

Tsuji H, Yamaoka I (1971) Structure analysis of counterflow diffusion flames in the forward stagnation region of a porous cylinder. 13th Symp (Int) Comb, The Combustion Institute, Pittsburgh, S 723

v. Karman Th (1930) Mechanische Ähnlichkeit und Turbulenz. Nachrichten der Gesellschaft der Wissenschaften Göttingen, Mathematisch-Physikalische Klasse, S 58

Wagner HGg (1979) Soot formation in combustion. 17th Symp (Int) Comb, The Combustion Institute, Pittsburgh, S 3

Warnatz J, Bockhorn H, Möser A, Wenz HW (1983) Experimental investigations and computational simulations of acetylene-oxygen flames from near stoichiometric to sooting Conditions. 19th Symp (Int) Comb, The Combustion Institute, Pittsburgh, S 197

Warnatz J (1978a) Calculation of the structure of laminar flat flames I: Flame velocity of freely propagating ozone decomposition flames. Ber Bunsenges Phys Chem 82: 193

Warnatz J (1978b) Calculation of the structure of laminar flat flames II: Flame velocity of freely propagating hydrogen-air and hydrogen-oxygen flames. Ber Bunsenges Phys Chem 82: 643

Warnatz J (1979) The structure of freely propagating and burner-stabilized flames in the H_2-CO-O_2 system. Ber Bunsenges Phys Chem 83: 950

Warnatz J (1981) The structure of laminar alkane-, alkene-, and acetylene flames. 18th Symp (Int) Comb, The Combustion Institute, Pittsburgh, S 369

Warnatz J (1981a) Concentration-, pressure-, and temperature dependence of the flame velocity in the hydrogen-oxygen-nitrogen mixtures. Comb Sci Technol 26: 203

Warnatz J (1981b) Chemistry of stationary and Instationary combustion processes. In: Ebert KH, Deuflhard P, Jäger W (eds) Modelling of chemical reaction systems, Springer, Heidelberg, S 162

Warnatz J (1982) Influence of transport models and boundary conditions on flame structure. In: Peters N, Warnatz J (eds), Numerical methods in laminar flame propagation, Vieweg, Wiesbaden

Warnatz J (1983) The mechanism of high temperature combustion of propane and butane. Comb Sci Technol 34: 177

Warnatz J (1984) Critical survey of elementary reaction rate coefficients in the C/H/O system. In: Gardiner WC jr. (ed) Combustion chemistry. Springer-Verlag, New York

Warnatz J (1987) Production and homogeneous selective reduction of NO in combustion processes. In: Zellner R (ed) Formation, distribution, and chemical Transformation of air Pollutants. DECHEMA, Frankfurt, S21

Warnatz J (1988) Detailed studies of combustion chemistry. Proceedings of the Contractors' Meeting on EC combustion Research, EC, Bruxelles, S 172

Warnatz J (1990) NO_x Formation in high-temperature processes. Eurogas '90, Tapir, Trondheim, S 303

Warnatz J (1991) Simulation of ignition processes. In: Larrouturou B (ed) Recent advances in combustion Modeling. World Scientific, Singapore, S 185

Warnatz J (1993) Resolution of gas phase and surface chemistry into elementary reactions. 24th Symp (Int) Comb, The Combustion Institute, Pittsburgh, in Druck

Westbrook CK, Dryer FL (1981) Chemical kinetics and modeling of combustion processes. 18th Symp (Int) Comb, The Combustion Institute, Pittsburgh, S 749

Williams A (1990) Combustion of liquid fuel sprays. Butterworth & Co (Publishers) Ltd

Williams FA (1984) Combustion theory. Benjamin/Cummings, Menlo Park

Wilke CR (1950) A viscosity equation for gas mixtures. J Chem Phys 18: 517

Wolfrum J (1986) Einsatz von Excimer- und Farbstofflasern zur Analyse von Verbrennungsprozessen VDI Berichte 617: 301

Wolfrum J (1992) Laser in der Reaktionstechnik-Analytik und Manipulation. Chem Ing-Tech 64, Nr 3: 242

Yang JC, Avedisian CT (1988) The combustion of unsupported heptane/hexadecane mixture droplets at low gravity. 22nd Symp (Int) Comb, The Combustion Institute, Pittsburgh, S 2037

Zeldovich YA (1946) The oxidation of nitrogen in combustion and explosions. Acta Physicochim. USSR 21: 577

Zeldovich YB, Frank-Kamenetskii DA (1938) The theory of thermal propagation of flames. Zh Fiz Khim 12: 100

Zeldovich YB (1949) Zhur Tekhn Fiz 19, 1199; englisch: NACA Tech Memo No 1296 (1950)

Springer-Verlag und Umwelt

Als internationaler wissenschaftlicher Verlag sind wir uns unserer besonderen Verpflichtung der Umwelt gegenüber bewußt und beziehen umweltorientierte Grundsätze in Unternehmensentscheidungen mit ein.

Von unseren Geschäftspartnern (Druckereien, Papierfabriken, Verpackungsherstellern usw.) verlangen wir, daß sie sowohl beim Herstellungsprozeß selbst als auch beim Einsatz der zur Verwendung kommenden Materialien ökologische Gesichtspunkte berücksichtigen.

Das für dieses Buch verwendete Papier ist aus chlorfrei bzw. chlorarm hergestelltem Zellstoff gefertigt und im ph-Wert neutral.

F. Häfner, D. Sames, H.-D. Voigt

Wärme- und Stofftransport

Mathematische Methoden

1992. XVIII, 626 S. 280 Abb. 34 Tab. (Springer-Lehrbuch)
Brosch. DM 88,– ISBN 3-540-54665-0

Das Buch behandelt Aufgaben und Lösungen der Strömung und des Transports von Stoff und Wärme. Im Mittelpunkt stehen Wärmeleitung, Diffusion, Konvektion und Fluidströmung bzw. Stofftransport in porösen Festkörpern.
Der Stoff wird in einer für Studium und Praxis geeigneten, aufgelockerten Form dargestellt. Lösungswege und Algorithmen zur Simulation von Transportproblemen sind durch Beispiele ergänzt. Das Buch eignet sich für den Lernenden und auch als Nachschlagewerk zur Lösung konkreter Probleme.

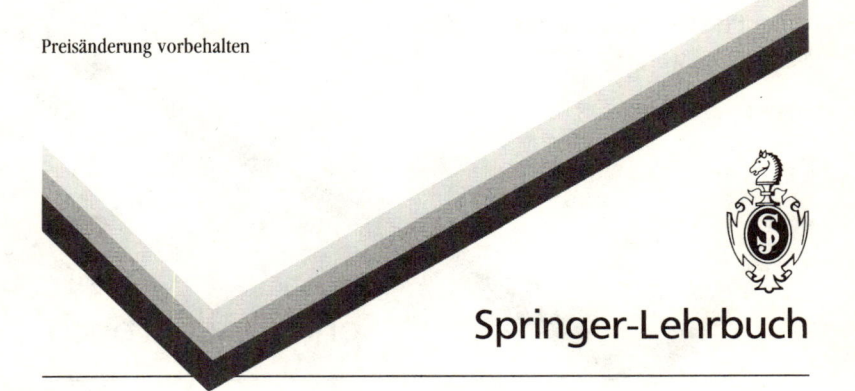

Preisänderung vorbehalten

Springer-Lehrbuch

H. D. Baehr
Thermodynamik
Eine Einführung in die Grundlagen und ihre technischen Anwendungen

8. Aufl. 1992. XVI, 460 S. 262 Abb. und zahlr. Tab. sowie 57 Beispiele (Springer-Lehrbuch) Brosch. DM 78,– ISBN 3-540-54672-3

Dieses Lehrbuch der Thermodynamik hat sich in vielen Auflagen und Sprachen bewährt. Es bietet eine gründliche und verständliche Einführung in die Thermodynamik und ihre technischen Anwendungen.
Die Energiebilanz des ersten Hauptsatzes und die Aussagen des zweiten Hauptsatzes werden ausführlich dargestellt unter Einschluß des Energiebegriffs, der für das Verständnis und die Bewertung von Energieumwandlungen wichtig ist. Neben den Grundlagen der Thermodynamik werden die thermodynamischen Aspekte aller wesentlichen Teile der Energietechnik umfassend behandelt: Stationäre Fließprozesse, Verbrennungsprozesse und Verbrennungskraftanlagen, thermische Kraftwerke, Heizsysteme und Kälteanlagen. Diese moderne Darstellung der technischen Thermodynamik eignet sich besonders als Lehrbuch für Studierende an Universitäten und Fachhochschulen. Dem Ingenieur in der Praxis dient sie als zuverlässiges Nachschlagewerk.

Preisänderung vorbehalten

Springer-Lehrbuch